INHALTSVERZEICHNIS

VORWORT

Die agrarpolitischen Rahmenbedingungen in der Europäischen Union haben sich in den letzten Jahren sehr stark gewandelt. Waren früher die Steigerung der Produktion und die Vermarktung von Überschüssen die zentralen Anliegen, so geht es heute in vielen Bereichen um produktionssenkende und umweltorientierte Lenkungsmaßnahmen, wie z.B. die Extensivierung der Produktion von Rindfleisch. Durch die Mutterkuhhaltung gelingt es dabei, bei niedrigen Kosten und gezieltem Arbeitseinsatz eine wirtschaftlich zumindest ausgeglichene Bilanz zu erreichen, wenn die betrieblichen Voraussetzungen dies zulassen. Der typische mitteleuropäische Mutterkuhbetrieb hat genügend Flächen und Quoten und erzeugt Qualitätsrindfleisch durch gezieltes Herdenmanagement oft im Nebenerwerb. Durch das Hinzukommen von Ausgleichsprämien hat diese Form der Rinderhaltung sehr stark zugenommen und ist auch wirtschaftlich interessant.

Die Idee, ein Buch zu diesem Thema zu schreiben, entstammt dem Bedarf, dem Mutterkuhhalter ein Handbuch vorzulegen, das Informationen zur Verbesserung der Wirtschaftlichkeit der Mutterkuhhaltung vermitteln kann. Themen wie Herdenführung, Fruchtbarkeit, Fütterung und Gesundheit der Mutterkuh sind dabei von zentraler Bedeutung und stellen sich oft etwas anders dar als in der Milchviehhaltung. Diese Unterschiede herauszuarbeiten und den Leser damit vertraut zu machen ist ein wichtiges Anliegen dieses Buches und soll zum Verständnis der relativ jungen Produktionsform Mutterkuhhaltung beitragen. Bereits erfahrene Mutterkuhhalter werden viel Bekanntes vielleicht bewußter erkennen, Neueinsteiger bringen alltägliche Probleme in Erfahrung und finden Antworten auf ihre Fragen. Insgesamt soll dieses Buch eine intensive und sachliche Auseinandersetzung für Interessierte bieten, die auch in Zukunft Freude an der Arbeit mit Rindern haben und davon – zumindest teilweise – auch leben wollen!

Die Autoren

EINLEITUNG

VORAUSSETZUNGEN UND STRUKTUR DER MUTTERKUHHALTUNG

Rund 56% der landwirtschaftlichen Nutzflächen Österreichs sind Grünland und Almen. Diese Flächen können überwiegend nur über den Wiederkäuer genutzt werden, und daher hat die Rinderhaltung eine entscheidende ökonomische und ökologische Bedeutung für die Bewirtschaftung des Landes.
Von den 2,1 Millionen ha Grünland wird etwa die Hälfte über die Milchkühe genutzt. Die andere Hälfte steht für Jungrinder, Schafe, Pferde, Ziegen, Wildtiere und vor allem auch für Mutterkühe zur Verfügung. Österreich hat ein Kontingent von 325.000 Mutterkühen, die mit der Nachzucht ca. 450.000 ha benötigen. Wir sehen also, daß ein beträchtlicher Teil des vorhandenen Grünlandes über die Mutterkuhhaltung genutzt wird.

Grünlandflächen und Almen wurden in der Vergangenheit überwiegend mit Milchkühen, Jungrindern, Ochsen und Schafen genutzt. Die Mutterkuhhaltung war dagegen völlig bedeutungslos. Züchterische und fütterungstechnische Verbesserungen in der Milchviehhaltung haben zu einer steigenden Milchleistung der Kühe aller Rassen geführt. Die Folge war letztlich eine beachtliche Milchüberproduktion und die unvermeidliche Richtmengenregelung im Jahre 1978.
Die geringe Milchquote vieler Betriebe und die staatliche Förderung der Mutterkuhhaltung bewirkten immer stärker ein Umdenken in Richtung Umstellung von Milchvieh auf Mutterkuhhaltung. Besonders kleine Milchviehbetriebe im Nebenerwerb und große Betriebe mit einem zweiten wirtschaftlichen Standbein (Wald, Gastwirtschaft, Zuerwerb) gaben die arbeitsintensive Milchviehhaltung auf und stellten auf die extensivere Bewirtschaftung der Flächen im Rahmen der Mutterkuhhaltung um. Aus der Grafik ist ersichtlich, daß in Österreich im Jahre 1980 in 178.294 rinderhaltenden Betrieben noch 963.847 Milchkühe gehalten wurden.
Mit Beginn der Förderung 1979 wurden erstmals 4541 Mutterkühe gezählt, die Zahl der Mutterkuhbetriebe wird mit 620 angegeben. Seither erfolgte bis 1989 eine anfangs eher zögernde und später eine etwas raschere Zunahme der Anzahl an Mutterkühen. Ab 1990 setzte aber eine schnelle Entwicklung ein. Die Entscheidung Österreichs zum EU-Beitritt 1994 bewirkte eine überraschend rasante Zunahme der Zahl an Betrieben mit Mutterkuhhaltung. Gleichzeitig ging die Zahl der rinderhaltenden Betriebe von 245.075 im Jahre 1970 auf 120.285 im Jahre 1994 zurück. Die Anzahl an Milchkühen nahm im gleichen Zeitraum um 260.152 Stück ab. Im ersten Jahr der

Entwicklung des Kuhbestandes in Österreich seit 1979

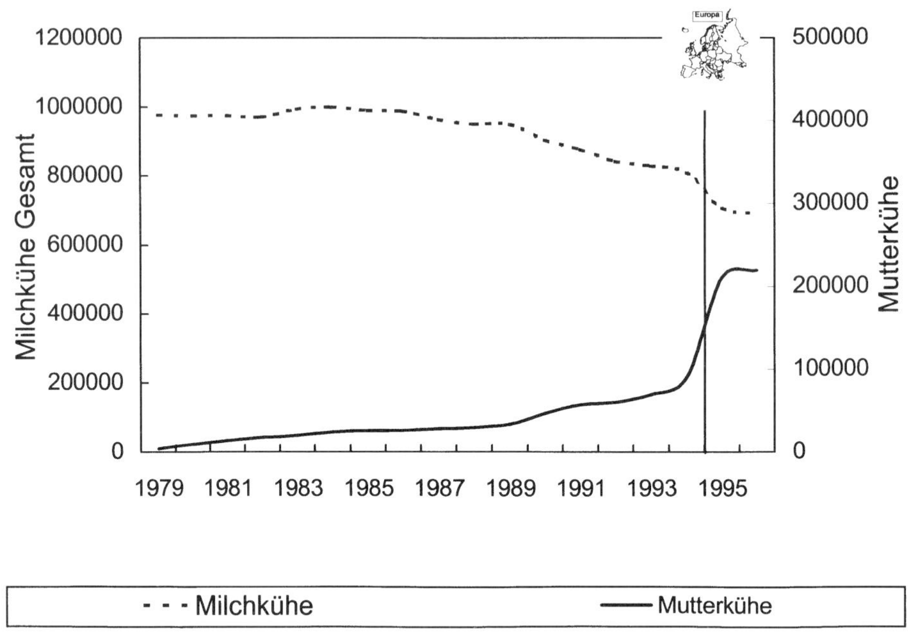

Mitgliedschaft bei der EU sind in Österreich die Milchkühe in einem Jahr um 103.483 Stück zurückgegangen, die Zahl der Mutterkühe ist aber um 120.480 Stück gestiegen. Diese rasche Entwicklung wird in den nächsten Jahren bis zur Erreichung der EU-Quote für Mutterkühe weiter anhalten.

War 1979 der Impuls für die Förderung der Mutterkuhhaltung in Österreich die 1978 eingeführte Milchkontingentierung, so waren 1994 die von der EU vorgesehene Referenzmenge von 325.000 Mutterkühen und die beachtliche Verschiebung in der ökonomischen Beurteilung der einzelnen Betriebszweige der Tierhaltung ausschlaggebend für die unerwartet rasche Zunahme der Zahl der Mutterkühe. In diesem Zusammenhang muß auf die überragende Bedeutung der tierischen Erzeugung in ihrem Anteil an der Endproduktion der Landwirtschaft hingewiesen werden.

In den 15 Mitgliedsländern der EU betrug die Mutterkuhquote mit Ende 1995 insgesamt 11,37 Mio. Mutterkühe, zwei Drittel davon in den drei Ländern Frankreich (36%), Großbritannien (17%) und Spanien (14%). Österreich, die Bundesrepublik

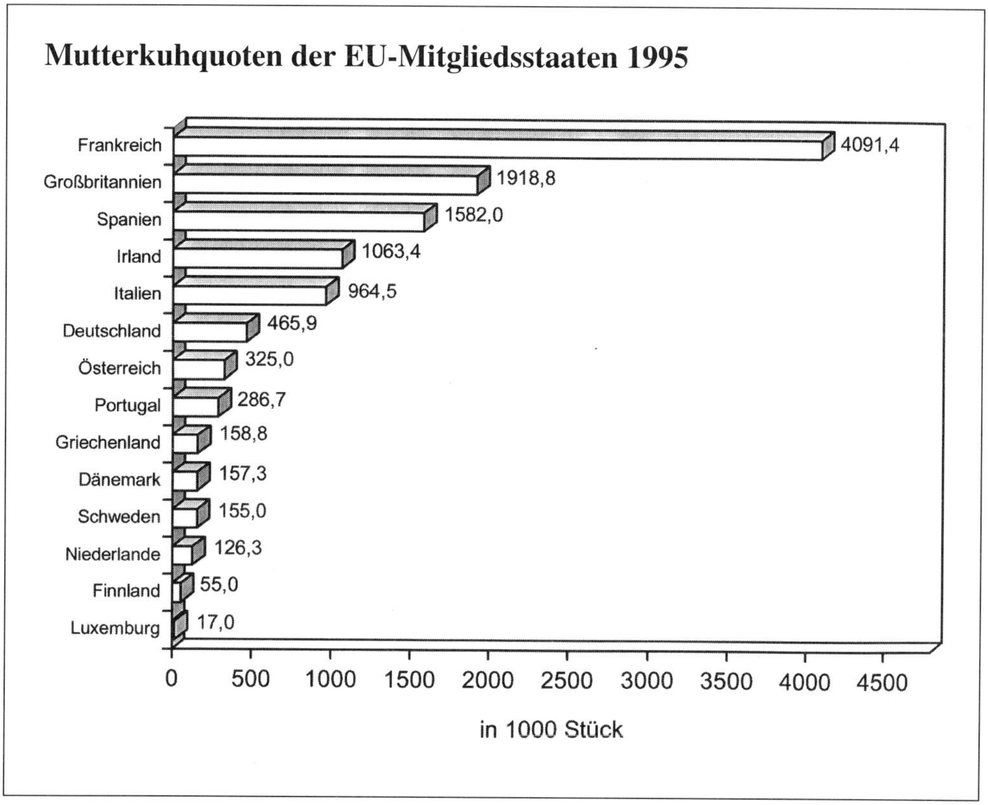

Deutschland und die Niederlande hatten dagegen nur eine bescheidene Anzahl an Mutterkühen. Der Anteil der Mutterkühe am Gesamtkuhbestand ist länderweise sehr unterschiedlich, in den traditionellen Mutterkuhländern Frankreich, Großbritannien und Spanien beträgt der Anteil über 50%, in den Niederlanden aber nur etwa 2%.

ARGUMENTE FÜR DIE UMSTELLUNG

Für die Mutterkuhhaltung spricht eine Reihe von Argumenten. Neben ökonomischen und marktwirtschaftlichen Gründen müssen auch ökologische und agrarpolitische Überlegungen angeführt werden, die langfristig gesehen vor allem für die Gesamtbe-

völkerung eines Landes von größter Bedeutung sind. Auch die Wechselwirkungen zu anderen Betriebszweigen der Landwirtschaft sind dabei zu beachten.
In den meisten Fällen wird der Bestandsaufbau der Mutterkuhhaltung aus der Umstellung von der Milchviehhaltung resultieren. Aus Wirtschaftlichkeitsgründen soll daher mit den vorhandenen Kühen begonnen werden, wenn es sich um Kühe einer Zweinutzungsrasse handelt, für die auch Förderungsmittel vorgesehen sind. Der für den Betrieb optimale und rassemäßig gewünschte Mutterkuh- und Absetzertyp kann dann mit Hilfe der gezielten Verdrängungs- bzw. Gebrauchskreuzung erreicht werden. Der Zukauf reinrassiger Tiere wird nur in Ausnahmefällen sinnvoll sein. Vermeiden soll man unter allen Umständen den Ankauf von übermäßig teuren Tieren aus sogenannten „Moderassen“ oder aufgrund seuchenhygienischer Bedenken aus dem Ausland.

Betriebswirtschaftliche Gründe

- Die Mutterkuhhaltung erfordert durch den Wegfall der täglichen Melkarbeit und durch die weniger zeitaufwendige Fütterung und Betreuung der Tiere gegenüber der Milchviehhaltung einen wesentlich geringeren Arbeitsaufwand. Dadurch ist ein deutlich höherer Stundenlohn zu erreichen. Die im Betrieb vorhandene Arbeitskapazität kann und muß effizienter und vielseitiger in anderen Bereichen eingesetzt und verwertet werden.
- Die im Betrieb vorhandenen Grünlandflächen und Wirtschaftsgebäude werden nach einer Umstellung in den meisten Fällen über die Mutterkuhhaltung wirtschaftlich am sinnvollsten genutzt. In einer meist etwas niedrigeren Bewirtschaftungsintensität können die Flächen und Gebäude und damit der Gesamtbetrieb für die Zukunft zumindest als Teil der Existenzgrundlage gesichert und erhalten werden.
- Mit der Umstellung auf die Mutterkuhhaltung ist immer eine Verbesserung der Lebensqualität für die bäuerliche Familie verbunden. In Neben- und Zuerwerbsbetrieben muß die tägliche und streng zeitgebundene Melkarbeit überwiegend von der Bäuerin erledigt werden. Bei den Mutterkühen fällt die Melkarbeit gänzlich weg, und Fütterung sowie Betreuung sind nicht so streng zeitgebunden, wodurch ein oftmals sehr belastender Arbeits- und Zeitdruck wegfällt.

Marktwirtschaftliche Gründe

- Die zunehmende Nachfrage nach hochwertigem und naturnah erzeugtem Rindfleisch ist nur mit bestens geeigneten Tieren und gezielten Zuchtstrategien zu erfüllen. Hier gilt es, hochwertige Markenprodukte kontinuierlich und in ausreichender Menge dem Handel anzubieten. Diese Ware muß – dem immer sensibler werdenden Kunden entsprechend – vom Produzenten bis hin zum Konsumenten lückenlos kontrollierbar sein. Dabei wird der naturnahen Fütterung ohne unnötige Zusatzstoffe, der tiergerechten Haltung, dem höchstmöglichen Gesundheitsstatus der Tiere und der ausreichenden Reifezeit der Schlachtkörper größte Aufmerksamkeit zu schenken sein. Zu beachten ist auch, daß der Trend eindeutig zu niedrigeren Schlachtkörpergewichten bei Mastrindern und zu jüngeren Tieren zum Zeitpunkt der Schlachtung geht. Verstärkt sollte daher die Babybeef- bzw. die Jungrindfleischproduktion forciert werden.

- Der seit 1970 rapide Rückgang des Milchkuhbestandes hat einen ebenso starken Rückgang des Kälberangebotes aus der Milchviehhaltung bewirkt. Die fehlenden Kälber müssen und können nur über die Mutterkuhhaltung ersetzt werden. Als positiver Nebeneffekt ist zu erwähnen, daß die Kälber aus der Mutterkuhhaltung in vielen Fällen für die Mast und zur Erzeugung bester Fleischqualität durch Einkreuzung mit Fleischrassen besser geeignet sind.

Ökologische Gründe

- Es muß ein besonderes Anliegen der Gesamtbevölkerung und gleichermaßen der Landwirtschaft im alpenländischen Raum sein, die Grünlandflächen, welche durch die Reduzierung des Milchkuhbestandes freiwerden, anderweitig wirtschaftlich zu nutzen. Hier bietet sich in erster Linie die etwas extensivere Nutzung dieser Flächen in einem geschlossenen Nährstoffkreislauf durch die Mutterkuhhaltung oder durch andere alternative Tierhaltungsformen wie Schafe, Ziegen, Pferden oder Damtiere an. Auch die verstärkte Nutzung von Almflächen ist durch Mutterkühe mit Kälbern, mit Ochsen oder Kalbinnen eventuell auch im Rahmen eines Markenprogramms möglich und wünschenswert. Nur auf dieser Basis ist die langfristige Offenhaltung und Erhaltung unserer in Jahrhunderten geschaffenen und geprägten Kulturlandschaft möglich.
- Unter Aspekten des Tierschutzes können bei richtiger Umstellung durch die neuen Haltungsformen artgerechtere Bedingungen für Kuh und Kalb geschaffen werden, die auch die Gesundheit der Tiere fördern. Die Beobachtung der Mutterkühe muß aber trotzdem laufend durchgeführt werden.

Agrarpolitische Ziele

- Die Entlastung des Milchmarktes ist nur durch eine weitere Reduzierung des Milchkuhbestandes zu erreichen. Die Milchviehhaltung wird im alpenländischen Raum zunehmend in klimatische Gunstlagen mit der Möglichkeit der Vollmechanisierung der Betriebe verlagert werden. Die freiwerdenden Hanglagen müssen daher als Weideflächen für die Mutterkuhhaltung genutzt werden.

- Die alpenländische Kulturlandschaft kann nur weiterbestehen, wenn ihre Funktion als Lebensraum für die Land- und Forstwirtschaft, für Gewerbe, Handel und Industrie und als Erholungsraum erhalten bleibt.
- Die Erhaltung der Kulturlandschaft und besonders der Almregionen ist aus der Sicht der Schutzfunktion gegen Lawinen, Hochwasser und Muren sowie als Lebensraum der hochalpinen Flora und Fauna unverzichtbar.

FÜR WELCHE BETRIEBE KOMMT DIE MUTTERKUHHALTUNG IN FRAGE?

Vorweg ist zu sagen, daß Mutterkuhhaltung als alleiniger oder überwiegender Betriebszweig nur in Betrieben mit entsprechend großer Flächenausstattung und damit ausreichender Tierzahl möglich ist. Unter österreichischen Verhältnissen wird die Mutterkuhhaltung in den allermeisten Fällen nur als zweites Standbein zusätzlich zu einem einkommenssicheren Neben- oder Zuerwerb zu betreiben sein, da vorwiegend kleine und mittlere Betriebe die Milchwirtschaft aufgeben.

Mutterkuhhaltung ist interessant:

- für Betriebe, die keine oder nur eine geringe Referenzmenge, aber genug Grünlandflächen und Wirtschaftsgebäude haben und auf die Nutzung derselben durch Rinder nicht verzichten wollen. Es ist oft zu beobachten, daß Bauern, die bisher Milchviehhaltung betrieben haben, auch nach einer fälligen Umstellung weiter mit Rindern arbeiten wollen und Schafe oder Ziegen aus emotionalen Gründen ablehnen. Die meisten dieser Betriebe mußten bereits vor der Umstellung auf Mutterkuhhaltung einem Neben- oder Zuerwerb nachgehen, um das für die Familienerhaltung nötige Einkommen zu erwirtschaften. Für diese Betriebe war oder ist die Umstellung – in welche Richtung immer – stets auch eine Existenzfrage.
- für Betriebe, wo die Neben- oder Zuerwerbstätigkeit die überwiegende Arbeitskraft erfordert. Hier ist es besonders wichtig, daß die tägliche Melk- und Stallarbeit reduziert werden kann. In der Mutterkuhhaltung fällt vor allem die streng zeitgebundene und arbeitsaufwendige Melkarbeit weg und erleichtert damit die Arbeitssituation ganz wesentlich, indem zeitliche Kollisionen mit familiären Tätigkeiten (Schulkinderbetreuung u.ä.) vermieden werden können.
- für Betriebe, die andere einkommensergiebige Betriebszweige nutzen können. Dazu zählen Betriebe mit ausreichender Forstfläche, Gastbetriebe mit der Möglichkeit der Verwertung zumindest eines Teiles der selbsterzeugten Ware im eigenen Betrieb

oder aber Direktvermarkter, die einen beachtlichen Teil ihrer Arbeitskapazität in die Verarbeitung und Vermarktung ihrer Produkte investieren.

- für Betriebe, die über ausreichend Altgebäude verfügen und sich mit der weniger anspruchsvollen Mutterkuhhaltung teure Stallneubauten oder teure Umbauten und Investitionen für Milchvieh ersparen wollen. Sind für die Mutterkühe dennoch Umbauten notwendig, sollen diese einfach, funktionell und möglichst billig ausgeführt sein.

Die richtig verstandene Kombination von Mutterkuhhaltung als das eine, die Existenz des Betriebes erhaltende Standbein und ein einkommenssicherer Neben- oder Zuerwerb bzw. andere Betriebszweige als zweites Standbein liegen auch ganz im Trend der zunehmend stärker beachteten und europaweit in Diskussion stehenden Form der ökosozialen Landwirtschaft.

Vor der Besprechung der unterschiedlichen Produktionsverfahren soll noch die Begriffsbestimmung **Mutterkuh-** und **Ammenkuhhaltung** kurz erläutert werden.

In der **Mutterkuhhaltung** wird die Kuh nicht gemolken, sondern das eigene Kalb wird die gesamte Laktation hindurch von der Mutterkuh gesäugt. Die normale Laktation dauert je nach Rasse und Futtergrundlage etwa 8 bis 10 Monate. Nach dem Abspänen des Kalbes von der Mutter wird dieses als Babybeef vermarktet oder als Einsteller im eigenen Betrieb bzw. von spezialisierten Mästern ausgemästet. Reinrassige Tiere können bei guter Abstammung und Gewichtsentwicklung auch als Zuchttiere verkauft bzw. für die eigene Bestandsergänzung verwendet werden.

Eine Mutterkuh ist eine Kuh,

- die aus einer anerkannten Zweinutzungs- oder Fleischrasse oder durch Kreuzung mit einer dieser Rassen entstanden ist,
- die zu einem Bestand gehört, der zur Aufzucht von Kälbern zum Zweck der Fleischerzeugung dient;
- von der keine Milch abgeliefert werden darf
- für die eine Prämie in Anspruch genommen werden kann (sinngemäß nach Verordnung EWG Nr. 1357/80, 1980)

In der **Ammenkuhhaltung** wird der Mutterkuh (= Amme) neben oder nach dem eigenen Kalb noch ein oder mehrere zugekaufte Kälber zum Säugen und Aufziehen beigegeben. Voraussetzung dafür ist, daß die Ammenkuh tatsächlich so viel Milch gibt, daß sich alle Kälber gut entwickeln können. Daher werden das meist Kühe von Zweinutzungsrassen sein. Gegenüber der Mutterkuhhaltung erfordert die Ammenkuhhaltung mehr Arbeit und Betreuung, mehr Organisation für den zeitlich gut abgestimmten Kälberzukauf, und das Risiko sowie die Ausfälle sind höher.

Mutterkuhhaltung ja, aber wie?	
Falsch	**Richtig**
Kühe melken und anschließend Milch verfüttern	Kälber über die ganze Laktationszeit saugen lassen
Viel Arbeitszeit je Mutterkuh aufwenden (100 Stunden im Jahr und mehr)	Wenig Arbeitskraftstunden je Mutterkuh aufwenden (ca. 50 Stunden je Jahr)
Halten wie Milchkühe; Anbindehaltung, ganzjährige Stallhaltung	Halten wie Schafe; Laufstallhaltung, Weidehaltung im Sommer
Stark termingebundene Arbeitsabläufe	Zeitlich flexiblere Arbeitsabläufe
Keine Fleischrassen einkreuzen und womöglich auch noch milchbetonte Tiere verwenden	Fleischrasse einkreuzen und verwenden (als F_1 eventuell auch als Mutterkühe)
Konventionelle Ware und gleiche Produkte erzeugen, wie sie jeder Rindermäster herstellt	Markenware, Spezialitäten erzeugen

DIE BIOLOGISCHE WIRTSCHAFTSWEISE IM MUTTERKUHBETRIEB

Nahezu alle Markenprogramme erzeugen ihre Produkte nach den Richtlinien des biologischen Landbaues. Jedes Markenprogramm hat darüber hinaus spezielle Richtlinien, nach denen sich die Mitglieder streng zu richten haben. Auch die meisten Mutterkuhbetriebe erfüllen mit ihrer Wirtschaftsweise die Richtlinien des biologischen Landbaues und haben sich aus Förderungsgründen diesen Richtlinien angeschlossen. Als Beispiel seien die Produktionsrichtlinien für den organisch-biologischen Landbau in Österreich mit Stand 1995 in gekürzter und auf wesentliche Punkte für die Mutterkuhhaltung ausgerichteter Form wiedergegeben. Die allgemeinen Bestimmungen

sehen vor allem die Verbindlichkeit zur Einhaltung der Vorschriften, die Umstellungs- und Anerkennungsvoraussetzungen, die Bestimmungen der Kennzeichnung und Vermarktung und das strenge Kontrollwesen vor.
Im Bereich Pflanzenbau sind bei der Düngung alle chemisch-synthetisch hergestellten Handelsdünger (N, P, K) verboten. Handelsdünger zur Phosphor- und Kaliversorgung der Böden dürfen nur in einer nicht direkt für die Pflanzen verfügbaren oder nicht chloridhältigen Form verabreicht werden. Die wirtschaftseigenen Dünger dürfen die Menge von zwei Gesamtdünge-Großvieheinheiten (DGVE) je ha Nutzfläche nicht überschreiten. Gülle und Jauche sind möglichst aerob oder mikrobiell aufzubereiten oder stark verdünnt auszubringen. Ergänzungsdünger sind Urgesteinsmehle, Patentkali, Rohphosphate, Algen- und Muschelkalke und ähnliche Formen.
Zum Schutz der Pflanzen vor Krankheiten und Schädlingen sind vorbeugende pflanzenbauliche und mechanische Maßnahmen anzuwenden. Chemisch-synthetische Pflanzenschutzmittel, Wachstumsregulatoren und Beizmittel sind verboten. Ebenso ist die Lagerbehandlung mit Konservierungsmitteln untersagt.
Im Bereich Tierhaltung muß der Tierbestand an die Nutzfläche angepaßt sein und darf 2 DGVE je ha nicht überschreiten. Gentechnische Eingriffe und Embryotransfer sind untersagt. Intensivtierhaltung oder nicht artgerechte Haltungsformen sind verboten. Der Tiergerechtheitsindex (TGI) muß mindestens 21 Punkte, bei Neubauten 24 Punkte erreichen. Die Stallfläche pro Kuh muß 5 m^2 betragen, und für das notwendige Sozialverhalten ist der Gruppenhaltung der Vorrang zu geben.
Im Bereich Tierbetreuung ist stets zu bedenken, daß unsere Haustiere Mitgeschöpfe sind und dementsprechend behandelt werden müssen. Das Saugen des Kalbes an der Kuh ist in der Mutterkuhhaltung kein Thema. Dafür sind Klauenpflege, fachgerechte Behandlung von Krankheiten sowie Enthornung, allenfalls Kastration und Parasitenbekämpfung unerläßlich.
Bei der Fütterung sind vorwiegend eigene Futtermittel einzusetzen. Bei Futterzukauf dürfen maximal 15% des Gesamtfutters auf Trockenfutterbasis aus nichtbiologischer Erzeugung stammen. Der Trend geht aber dahin, daß alle eingesetzten Futtermittel aus biologischem Anbau stammen sollen. Chemo-synthetische Futterzusätze (Antibiotika, Coccidiostatika u.ä.) sind untersagt. Rationen aus hofeigenem Grundfutter sind zu bevorzugen. Mineralstoffe, Salz, Spurenelemente und Vitamine sind nur zur Absicherung des unbedingten Bedarfes der Tiere einzusetzen.
Gummiringe zur Kastration oder Amputation des Schwanzes sind verboten. Wichtig ist die artgerechte Fütterung, Haltung und Betreuung der Tiere zur Vorbeugung gegen Krankheiten. Der Einsatz von Chloramphenicol, chlorierten Kohlenwasserstoffen, bovinem Somatotropin, Sedativa und Beta-Blockern als Beruhigungsmittel ist verboten.

PRODUKTIONSVERFAHREN

Die Mutterkuhhaltung verlangt ein wohlüberlegtes und betriebsangepaßtes Produktionsverfahren und eine ausgefeilte, kostengünstige Produktionstechnik. Bereits vor dem Einstieg in diesen Betriebszweig muß geklärt werden, was mit den Kälbern bzw. mit den Einstellern nach dem Abspänen von den Mutterkühen geschehen und welches Produktionsverfahren gewählt werden soll. In der Zeit vor der Umstellung sollen genügend Betriebsbesichtigungen erfolgen, kritische Fachgespräche geführt und ausreichende fachliche, bauliche, ökonomische und marktwirtschaftliche Informationen eingeholt werden. Unüberlegte Umstellungen führen oftmals zu Enttäuschungen und unnötigen finanziellen Belastungen. Vor oder während der Umstellungsphase sind größere und teure Investitionen möglichst zu vermeiden.

Die Wahl des Produktionsverfahrens hängt wesentlich von folgenden Faktoren ab:

- von der **Futtergrundlage:** Dabei sind das Flächenausmaß, die Ertragslage, Streulage und Anzahl der Einzelflächen, vorhandener ackerfähiger Flächen und von Almflächen zu beachten.
- vom vorhandenen und ohne großen Aufwand adaptierbaren **Stallraum.** Auch die Lage des Stalles zu den Weideflächen und die Möglichkeit eines geordneten Weideumtriebes müssen berücksichtigt werden.
- vom **Tierbestand** und der **Rasse** zum Zeitpunkt vor der Umstellung auf die Mutterkuhhaltung. Eine Rassenumstellung sollte (soferne überhaupt notwendig oder sinnvoll) erst als zweiter Schritt nach den ersten eigenen Erfahrungen in der Mutterkuhhaltung erfolgen.
- von der längerfristig abschätzbaren **Arbeitssituation im Betrieb.** Dies ist besonders bei einem absehbaren Generationswechsel sorgfältig zu überlegen.
- von den **Absatzmöglichkeiten** der abgespänten Kälber. Da das Kalb im wesentlichen das einzige Verkaufsprodukt ist, muß auf die bestmögliche Verwertung und Vermarktung größtes Augenmerk gelegt werden.

Die Mutterkuhhaltung ist demnach an die meisten Betriebssituationen anpassungsfähig und erlaubt (je nach der persönlichen Fähigkeit und Neigung des Betriebsleiters) die Wahl verschiedener Produktionsverfahren und Intensitätsstufen sowie individueller Absatz- und Vermarktungsstrategien. Siehe Schema, Seite 213.

Einstellerproduktion

Die Einstellerproduktion ist das häufigste Verfahren der Mutterkuhhaltung und ist besonders für reine Grünlandbetriebe und für kleine Betriebe geeignet. Die weiblichen

Kälber werden nach 8- bis 10monatiger Säugeperiode mit 250 bis 300 kg und die Stierkälber mit 280 bis 350 kg als Absetzer an die Mäster zur Weitermast verkauft. Gut entwickelte und gesunde Kälber sowie Einsteller aus richtig gewählten Gebrauchskreuzungen werden für die Weitermast bevorzugt und erzielen auch bessere Preise. Die Erzeugung von weiblichen Einstellern ist jedoch aufgrund des niedrigen Verkaufspreises und der deutlich schlechteren Mastleistung der Mastkalbinnen meist unwirtschaftlich. In der Ammenkuhhaltung können bei nur 5- bis 6monatiger Säugezeit auch leichtere männliche Einsteller mit ca. 200 kg verkauft werden.

Babybeef-Erzeugung

Die Erzeugung von Babybeef stellt im Grünlandgebiet ein finanziell günstiges Verfahren dar. Dazu sollen und werden vorwiegend weibliche Kälber verwendet. Die 280 bis 400 kg schweren Absetzer werden überwiegend als exklusives Qualitätsrindfleisch entweder in der Direktvermarktung oder über den Fleischfachhandel vermarktet. In dieser Erzeugungssparte können Markenprogramme mit lokaler oder überregionaler Absatzstrategie, durchgehender Kontrollierbarkeit der naturnahen Erzeugung der Ware und der artgerechten Haltung der Tiere am leichtesten und am sichersten durchgeführt werden, da dabei der Weg vom Produzenten zum Konsumenten am kürzesten gehalten werden kann. Bei der Direktvermarktung ist außerdem die Möglichkeit gegeben, dem Konsumenten den gesamten Produktionsablauf von der Geburt des Kalbes über die Aufzucht und Schlachtung bis zum Verkauf des Fleisches im Betrieb selbst zu zeigen und zu demonstrieren. Der direkte Kontakt zum Konsumenten und das darauf aufbauende Vertrauensverhältnis sind dabei von unschätzbarem Wert.

Zuchtviehproduktion

Die Zuchtviehproduktion ist zwar in der Regel die wirtschaftlichste Form der Mutterkuhhaltung, sie eignet sich jedoch nur für Betriebe, die bereits Erfahrungen aus der Rinderzucht mitbringen. Zuchtbetriebe müssen entweder in Reinzucht arbeiten oder konsequent die Verdrängungskreuzung betreiben. Das Ziel der Zuchtviehproduktion muß sein, genetisch hochwertige Tiere anderen Mutterkuhbetrieben anzubieten. Nur so ist auf beiden Seiten ein finanzieller Erfolg möglich. Es ist aber zu beachten, daß in der Zuchtviehproduktion der Aufwand für Futter und Betreuung höher liegt und die Teilnahme an der amtlichen Fleischleistungskontrolle Bedingung ist, da nur auf Basis dieser Daten Leistungszucht und Zuchtauslese betrieben werden kann. Ein Teil der weiblichen Tiere wird meistens im Betrieb selbst für die Bestandesergänzung der Mutterkuhherde verwendet werden. Bei der Zuchtviehproduktion ist aber immer die erforderliche Milchleistung der Mutterkuh zu beachten, und reine Fleischrassen als Mutterkühe sind aus dieser Sicht mit einiger Skepsis zu beurteilen.

Kalbinnenmast

Der Verkauf der weiblichen Tiere als Einsteller zur Kalbinnenmast ist nur dann rentabel und empfehlenswert, wenn die hervorragende Qualität des Fleisches von richtig ausgemästeten Kalbinnen auch entsprechend bezahlt wird. Theoretisch wäre auch die Kalbinnenvornutzung zu überlegen, doch bei den derzeitigen Kälberpreisen ist diese Form der Kalbinnenmast nicht rentabel. Die Kalbinnenmast ist aber dann zu überlegen, wenn der Absatz an Babybeef-Produkten bei gleichzeitig sinkenden Preisen stagniert.

Kälbermast

Die Kälbermast wird in der Regel im Rahmen der Ammenkuhhaltung durchgeführt. Aus Wirtschaftlichkeitsgründen sollten dafür aber nur weibliche Kälber verwendet werden. Nach etwa 3 Monaten Säugezeit wird das Milchmastkalb mit 120 bis 150 kg zum Schlachten verkauft und der Ammenkuh ein zweites und drittes Milchmastkalb oder aber ein Stierkalb für die Aufzucht zu einem leichten Einsteller mit etwa 200 kg zugegeben. Einer höheren Wirtschaftlichkeit stehen jedoch ein deutlich höherer Arbeitsaufwand und ein höheres Zukaufs- und Aufzuchtrisiko gegenüber.

Ausmast im eigenen Betrieb

Die Einsteller im eigenen Betrieb auszumästen ist nur dann möglich, wenn genügend Ackerflächen für den Silomaisbau zur Verfügung stehen, um die Ausmast in entsprechend intensiver Form zur Erzeugung bester Fleischqualität durchführen zu können. Selbstverständlich muß auch ausreichend Stallraum für die Mastrinder vorhanden sein. Als mögliche Variante in Betrieben mit Almflächen ist auch die Ochsenproduktion zu erwähnen. Damit kann höchste Fleischqualität auch auf extensiven Flächen produziert werden, und nebenbei werden Almen sinnvoll genutzt und bleiben als Kulturland erhalten.

Daneben gibt es in Österreich verbreitet auch noch Mutterkühe, die gemolken werden und deren Milch den Kälbern verfüttert wird („Prämienkühe").

HERDENFÜHRUNG

Das Erstkalbealter der Mutterkuh sollte etwa zwei Jahre betragen und in den normalen Abkalbeturnus der Herde passen. Für die Bestandsergänzung nachzustellende Kalbinnen werden daher im Alter von 15 bis 16 Monaten und mit einem Lebendgewicht von rund 400 kg erstmals belegt oder besamt. Bei schwächerer Entwicklung der Tiere infolge schlechter Grundfutterverhältnisse muß die Erstabkalbung entsprechend später erfolgen. Mit der frühzeitigen Abkalbung können eher leichtere Mutterkühe erreicht werden. Die Kühe müssen grundsätzlich so lange genutzt werden, wie sie zuchttauglich und gesund sind. Die durchschnittliche Nutzungsdauer einer Mutterkuhherde soll mindestens 6 bis 7 Jahre betragen. Damit reduziert sich die Nachstellrate auf etwa 15% der Herdengröße, und die Selektion der dafür erforderlichen Kalbinnen kann dementsprechend streng sein.

Die Vorteile älterer Mutterkühe sind:

- Ausgeprägte Muttereigenschaften
- Leichtere Abkalbungen
- Höhere Milchleistung
- Höhere Absetzgewichte der Kälber
- Geringere Remontierungsrate

Die benötigte Anzahl an Kalbinnen für die Nachstellung (Remontierung) hängt vom Erstkalbealter und der Abgangsrate in der Herde ab und steigt mit der Zunahme beider Werte an.

WAHL DES ABKALBEZEITRAUMES

Es kann grundsätzlich zwischen konzentrierter und kontinuierlicher Abkalbung unterschieden werden. Je nach dem gewählten Produktionsverfahren muß man sich für die passende Abkalbung entscheiden.

Vorteile der kontinuierlichen (= asaisonalen) Abkalbung über das ganze Jahr

- Die Absetzer können über das ganze Jahr angeboten werden. Dies ist bei der Direktvermarktung oder bei der Belieferung von einer Vertrags-Handelskette bzw. von Gastronomiebetrieben ohnehin zwingend notwendig. Außerdem ist die Abhängigkeit von saisonalen Preisschwankungen geringer, und die Einnahmen sind über das ganze Jahr gleichmäßig verteilt.
- Die Bestandsergänzung kann etwas geringer sein, da Mutterkühe wegen Nachstierens oder sonstiger Fruchtbarkeitsstörungen und dadurch bedingter verlängerter Zwischenkalbezeit nicht vorzeitig ausgemerzt werden müssen.

- Die Erstkalbung kann auch später als mit zwei Jahren erfolgen, da bei eigener Bestandsergänzung kein unbedingtes Hineinzwängen in einen Abkalberhythmus erforderlich ist.
- Die Abkalbungen verteilen sich auf das ganze Jahr, dadurch sind nur wenige Abkalbebuchten erforderlich, und die Betreuung von Mutterkuh und Kalb sowie die Beobachtung der Kühe können besser erfolgen.

Vorteile der konzentrierten (= saisonalen) Abkalbung

- Die kurze Abkalbezeit erfordert eine intensive Beobachtung und Betreuung der Herde, und es treten erfahrungsgemäß dadurch weniger Krankheiten bei den Kälbern auf.
- Da die Geburten über zwei bis maximal drei Monate verteilt sind, ist die Herdentrennung erst ab etwa sechs Monaten Alter der Kälber notwendig und dadurch auch viel leichter durchführbar. Die Herde kann daher einschließlich der Trockenstehzeit über 6 bis 7 Monate gemeinsam gehalten werden.
- Der Deckstier muß nur ca. 3 Monate pro Jahr im Betrieb zur Verfügung stehen und kann während der übrigen Zeit in Betrieben mit anderer Abkalbezeit oder in asaisonal geführten Herden eingesetzt werden. Genetisch hochwertige Stiere können so besser genutzt werden und dazu beitragen, die Kosten zu reduzieren.
- Dadurch, daß die Kälber im annähernd gleichen Alter und Entwicklungsstadium sind, ist die Gefahr des Milchdiebstahls durch starke und dominante Kälber nicht besonders groß. Eine gleichmäßigere Entwicklung der Kälber ist damit gegeben.
- Das Futterangebot kann sehr gut dem Bedarf der Kühe und Kälber angepaßt werden. Alle Kühe stehen annähernd zur gleichen Zeit trocken und können dann ihrem geringeren Nährstoffbedarf entsprechend richtig gefüttert werden. Unnötige Verfettung der Tiere und damit häufig verbundene Schwergeburten können so wirksam vermieden werden. In der Anfangsphase der Laktation kann ebenfalls knapper gefüttert und damit ein nicht erwünschter Milchüberschuß für die neugeborenen Kälber vermieden werden. Die optimale Nährstoffversorgung nach Weideaustrieb bringt einen neuerlichen Anstieg der Milchleistung zu einer Zeit, wo die Kälber sowohl die Milch als auch schon das Weidefutter bestens nutzen können.
- Durch die gute Nährstoffversorgung und die Ruhe in der Herde durch nicht mehr brünstige Kühe entwickeln sich alle Kälber, besonders aber die Stierkälber, besser.
- Während des relativ kurzen Abkalbe- und Deckzeitraumes ist durch die erforderliche intensive Beobachtung der Herde ein erhöhter Arbeitsaufwand gegeben, die überwiegende Zeit des Jahres ist aber dafür ein deutlich geringerer Arbeitsaufwand zu verzeichnen. Außerdem fällt die konzentrierte Abkalbung in vielen Betrieben in die arbeitsärmere Winterzeit und belastet daher nicht so stark.

Vor- und Nachteile von Winter-, Frühjahrs-, Sommer- und Herbstabkalbungen

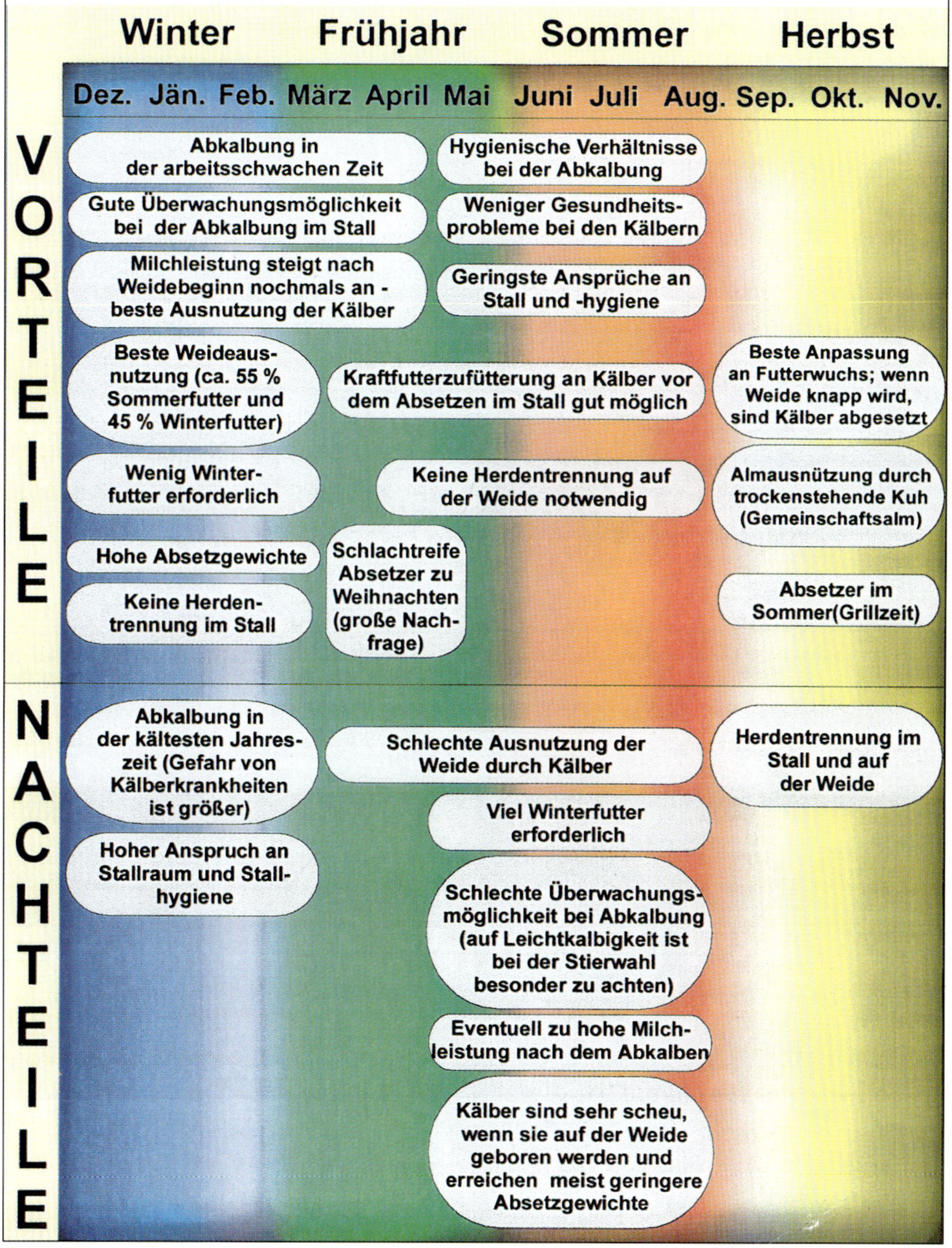

In der Übersicht auf S. 25 wurden nochmals die Vor- und Nachteile von Frühjahrs-, Sommer-, Herbst- und Winterabkalbungen gegenübergestellt.

KENNZEICHNUNG

Für die Gewährung von Prämien für Mutterkühe müssen alle im Betrieb vorhandenen weiblichen Rinder spätestens 30 Tage nach der Geburt mit Ohrmarken gekennzeichnet werden, die nach den Vorschriften der Tierkennzeichnungsverordnung 1995 zugelassen sind. Darüber hinaus müssen auch die männlichen Kälber gekennzeichnet sein, um den Aufzuchterfolg und die Gewichtsentwicklung der Einzeltiere feststellen zu können. Bei der Erzeugung von Markenfleisch mit Produktionsrichtlinien und Kontrollsystem ist die durchgehende Markierung aller Tiere ohnehin Voraussetzung für die Teilnahme.

Österreichische Ohrmarke

WIEGEN

Um den wirtschaftlichen und züchterischen Erfolg feststellen zu können, sind die Erfassung des Geburtsgewichtes und Geburtsdatums sowie das Absetzgewicht und Absetzdatum erforderlich. Bei der Wiegung des neugeborenen Kalbes sollen gleichzeitig die Kennzeichnung, Nabeldesinfektion und die Kontrolle des Gesundheitszustandes von Mutter und Kalb durchgeführt werden. Daß auf jedem Betrieb eine Viehwaage vorhanden sein muß, erscheint selbstverständlich.

ENTHORNEN

Bei der Umstellung auf die Mutterkuhhaltung sollen alle Kühe enthornt werden. Der Einsatz genetisch hornloser

Stiere erübrigt das Enthornen. Bei Laufstallhaltung wird die Enthornung besonders empfohlen, um Verletzungen bei Rangkämpfen zu vermeiden. Neugeborenen Kälbern wird im Alter von 4 bis 6 Wochen der Hornansatz entfernt. Enthornte Einsteller sind bei der späteren Ausmast ruhiger und werden von den Mästern bevorzugt. Bei Behandlungen, Impfungen oder Besamungen sind Hörner beim Einsperren in den Behandlungsstand oder ein Selbstfangfreßgitter stets hinderlich und auch gefährlich.

BELEGEN DER KÜHE

In asaisonal geführten Herden muß der Stier ständig mitlaufen, bei konzentrierter Abkalbung bleibt der Deckstier maximal 3 Monate bei der Herde. Jungstieren sollen nicht mehr als 20 Kühe zugeteilt werden, ältere Stiere können bis zu 35 Kühe erfolgreich decken. Stiere aus Anbindehaltung müssen rechtzeitig in Laufställe überstellt werden, um sich noch vor der Decksaison an die neue Haltungsform zu gewöhnen.
Die Besamung kommt für Reinzuchtbetriebe und für kleinere Betriebe in der Umstellphase sowie bei Anbindehaltung in Betracht. In Reinzuchtbetrieben muß sie zur Erreichung eines entsprechenden Zuchtfortschrittes sogar gezielt eingesetzt werden.
Eine Trächtigkeitsuntersuchung am Ende der Weidezeit ist unbedingt erforderlich, damit nichtträchtige Kühe nicht nutzlos über die Winterperiode durchgefüttert werden. Außerdem kann dadurch der voraussichtliche Bedarf an Jungkalbinnen für die Remontierung noch vor Verkauf der weiblichen Einsteller leichter berücksichtigt werden.

DIE HERDENTRENNUNG

Bereits im Alter von 6 bis 7 Monaten werden die weiblichen Kälber geschlechtsreif und brünstig. Die gleichaltrigen Stierkälber beginnen naturgemäß brünstige Tiere zu treiben und können diese auch erfolgreich belegen. Dadurch können Trächtigkeiten bei noch nicht ausgewachsenen Tieren mit sehr unangenehmen Folgen bei der Abkalbung auftreten. In der Herde bewirkt das ständige Treiben der Stierkälber große Unruhe und eine Verschlechterung der Zunahmen. Mutterkuhherden sind daher etwa 7 Monate nach Beginn der Abkalbeperiode in eine Teilherde mit den männlichen Kälbern und eventuell mit dem Altstier und in eine Teilherde mit den weiblichen Kälbern zu trennen und in der Folge separat zu weiden. Die Trennung erfolgt bei Winterabkalbungen am besten gleichzeitig mit dem Almauftrieb im Juni oder bei sehr früher Winterabkalbung mit dem Weideaustrieb. Bei kontinuierlicher Abkalbung über das ganze Jahr muß

Der Treibgang ermöglicht ein ungefährliches Arbeiten am Tier

Zwangsstand – beste Fixierungsmöglichkeit des Tieres am Ende des Treibganges

Fahrbarer Zwangsstand – geeignet für eine Gemeinschaftsinvestition

Fixiereinrichtung am Endes des Treibganges

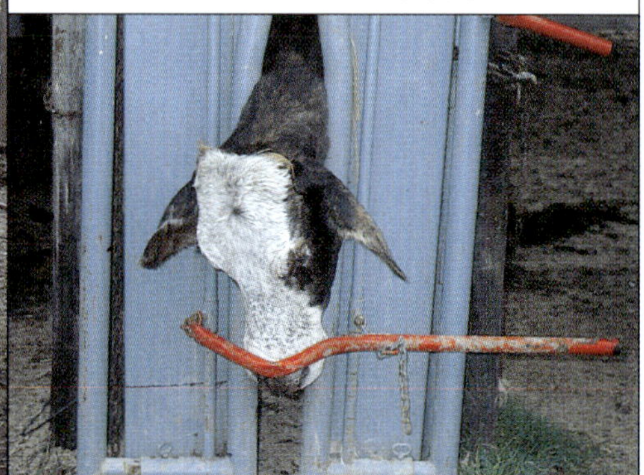

Möglichkeit der Kopfarretierung für die Enthornung

der Stier immer mit der Herde mitgeführt werden, und brünstige Kälber müssen daher aus der Herde abgesondert werden.
Die Herdentrennung ist in kleineren Herden sicherlich mit Schwierigkeiten verbunden. Nicht unbedingt notwendig ist die Herdentrennung dann, wenn alle weiblichen Kälber nach Absetzen als Babybeef geschlachtet werden. Auch die Kastration der Stierkälber ist möglich, aber wirtschaftlich nur dann sinnvoll, wenn für Jungochsen bessere Preise bezahlt werden bzw. auf eigenen Almflächen die Ochsen fertiggemästet werden können.

ABSETZEN DER KÄLBER

Das Absetzgewicht ist das entscheidende Merkmal für die Beurteilung der Leistung von Mutterkuh und Kalb und ist für die Wirtschaftlichkeit der Mutterkuhhaltung von größter Bedeutung. Ein hohes Absetzgewicht ist nur unter folgenden Voraussetzungen erreichbar:

- bei entsprechend guter genetischer Veranlagung der Kälber durch Abstammung von sehr gut veranlagten Kühen und durch den Einsatz bester Deckstiere. Die Gebrauchskreuzung bietet den einfachsten und raschesten Weg zur Erzielung hoher Leistungsveranlagungen bei den Kälbern
- hohe Milchleistung der Mutterkuh und gute Muttereigenschaften
- bestmögliche Nutzung einer gut geführten Weide durch die Kuh und das Kalb. Zu Weidebeginn sollen die Kälber bereits grasen können und zusätzlich zur Milch genügend Gras aufnehmen
- Herdentrennung

Bei Winterabkalbung ist der Absetzzeitpunkt durch das vegetationsbedingte Weideende im Spätherbst vorgegeben. Mit der Winterfütterung beginnt auch die Trockenstehzeit aller Kühe. Nach 8 bis 10 Monaten Säugezeit sollen die Kälber abgesetzt werden, um der Kuh etwa 2 bis 3 Monate Ruhepause zur Bildung von Körperreserven und zur Austragung des nächsten Kalbes zu gönnen. Das Absetzen der Kälber wird sich aber immer nach dem gewählten Produktionsverfahren richten müssen.
Für die Mutterkuh und ihr Kalb ist das Absetzen immer ein großer Streß und führt zu starker Unruhe bei den Tieren. Es empfiehlt sich daher, immer mehrere oder aber gleichzeitig alle Kälber aus der Herde zu nehmen. Nach 2 bis 3 Tagen ist der Trennungsschmerz bei den Müttern und Kälbern überwunden, und es kehrt wieder Ruhe ein. Zur Absonderung der Tiere sind eine Sortiereinrichtung, eine im Triebweg integrierte Waage und ein Behandlungsstand eine große Hilfe und für Mensch und Tier eine große Erleichterung bei der Wiegung und Verladung.

Schema einer Sortiereinrichtung

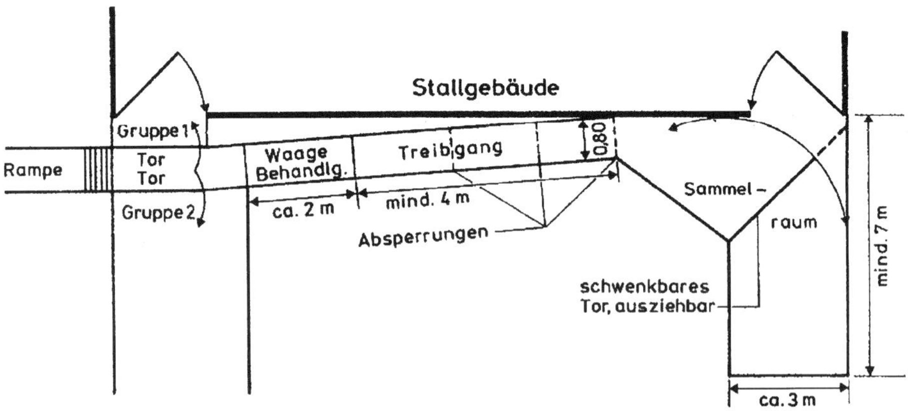

AUFZUCHTERFOLG UND GEWICHTSENTWICKLUNG DER KÄLBER

Die Wirtschaftlichkeit der Mutterkuhhaltung wird ganz wesentlich vom Aufzuchtergebnis und dem Absetzgewicht der Einsteller bestimmt. Um sich an realistischen Ergebnissen hinsichtlich Aufzuchterfolg und Gewichtsentwicklung orientieren zu können, werden im folgenden Ergebnisse eines Mutterkuhversuches dargestellt, den die Bundesanstalt für alpenländische Landwirtschaft Gumpenstein gemeinsam mit der Kammer für Land- und Forstwirtschaft in Kärnten auf dem kammereigenen Betrieb „Ossiacher Tauern" von 1977 bis 1987 durchgeführt hat (STEINWENDER und GOLD 1989). Der Betrieb liegt in 960 m Seehöhe, hat 65,5 ha arrondierte Grünland- und Weideflächen, großteils ebene bis mittlere Hanglage und etwa 1000 mm Jahresniederschlag. Als Mutterkühe standen während der gesamten Versuchsdauer 65 Fleckviehkühe in Reinzucht zur Verfügung. Die Herde wurde in drei Untergruppen geteilt und im Rotationsverfahren mit den Vaterrassen Fleckvieh (FV), Deutsch Angus (DA), Charolais (CH) und Limousin (LI) angepaart. Dadurch war gewährleistet, daß jede Kuh mehrmals in allen Rassenkombinationen als Mutterkuh vertreten war und allfällige erbliche Unterschiede zwischen den Mutterkuhgruppen damit ausgeschaltet waren. Die Abkalbungen erfolgten im Zeitraum Mitte Jänner bis Mitte März, Weidebeginn war um den 10. Mai, und die Kälber wurden meistens Mitte Oktober abgesetzt.

Abkalbeverlauf 1978–1987

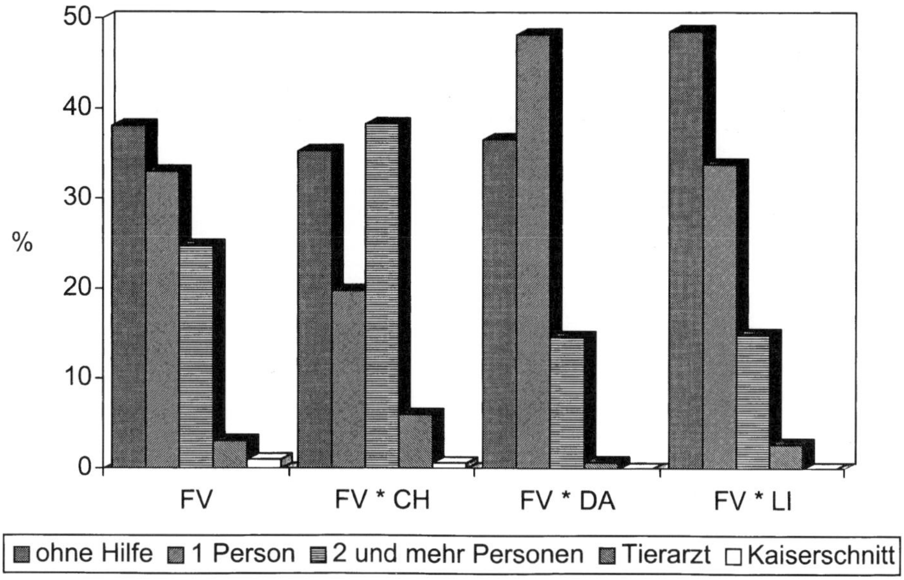

Abkalbeverlauf

Der Abkalbeverlauf zwischen den Gebrauchskreuzungsgruppen zeigt eine deutliche Differenzierung zwischen den großrahmigen und den mittelrahmigen Rassen. Werden die Abkalbungen ohne Hilfe bzw. mit leichter Geburtshilfe durch eine Person zusammengefaßt, ergibt sich für die DA- und LI-Gruppe ein hoher Anteil von 85 bzw. 82%, beim FV von 71% und beim CH von 55%.

Daraus ist zu ersehen, daß die Forderung nach Einsatz von auf Leichtkalbigkeit geprüften Stieren bei großrahmigen Rassen durchaus berechtigt ist. Stiere der Rasse Charolais sollen auf keinen Fall bei Kalbinnen eingesetzt werden.

Aufzuchtverluste

Im gesamten Versuchszeitraum wurden bei 629 Abkalbungen 645 Kälber geboren. Das ergibt einen Zwillingsgeburten-Anteil von 2,5%. Von den geborenen Kälbern wurden bei FV x DA 96,7%, FV x CH 95,8%, bei FV 92,8% und bei FV x LI 88,8% aufgezogen.

Die Aufzuchtergebnisse differieren zwischen den Gruppen beträchtlich und sind bei

Aufzuchtergebnisse 1978–1987

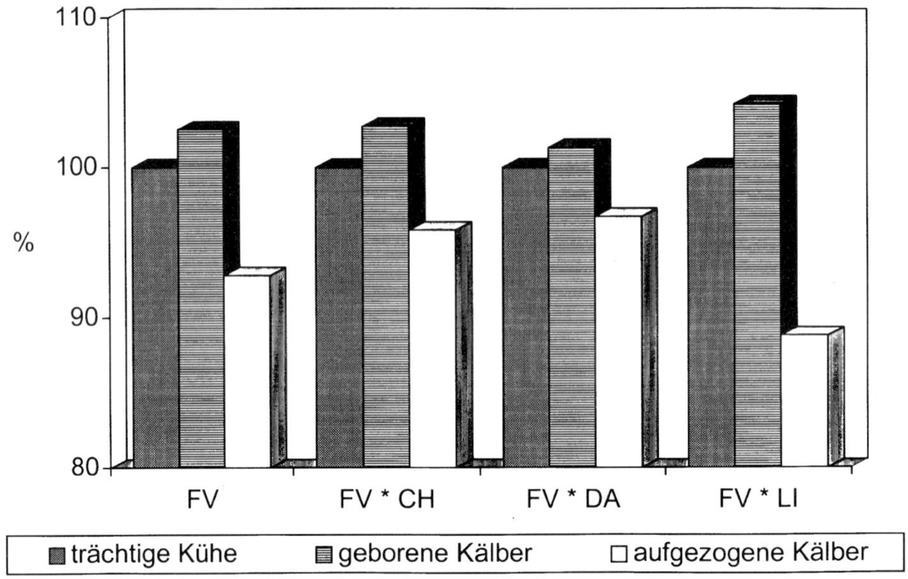

FV x DA und FV x CH als sehr günstig zu beurteilen. FV x LI zeigte deutlich höhere Aufzuchtverluste als die beiden anderen Kreuzungsgruppen. Der Verlust eines Kalbes bedeutet im praktischen Betrieb, daß aus wirtschaftlichen Gründen die Mutterkuh ausgeschieden und durch eine Kalbin ersetzt werden muß.

Geburts- und Absetzgewichte

In der nachfolgenden Tabelle sind die Geburts- und Absetzgewichte sowie die Tageszunahmen der Kreuzungsgruppen getrennt für Stier- und Kuhkälber angegeben. Das Geburtsgewicht der Stierkälber liegt im Mittel aller Rassen bei 42,5 kg und ist bei den großrahmigen Rassen deutlich höher als bei den mittelrahmigen Rassen.

Gewichtsentwicklung bei den Kreuzungsgruppen

Merkmal		Stierkälber				Kuhkälber			
		FV	FVxCH	FVxDA	FVxLI	FV	FVxCH	FVxDA	FVxLI
Anzahl	n	98,0	78,0	60,0	39,0	80,0	88,0	68,0	16,0
Geburtsgew.	kg	42,5	43,7	37,9	40,9	37,6	40,1	35,6	36,7
Absetzgew.	kg	328,0	336,2	310,5	323,6	287,5	295,5	269,7	290,5
Absetzalter	Tg	236,0	233,0	235,0	252,0	240,0	236,0	233,0	251,0
Tageszun.	g	1210,0	1250,0	1162,0	1125,0	1047,0	1084,0	1005,0	1014,0

Die weiblichen Kälber haben mit 37,6 kg ein um etwa 11% niedrigeres Geburtsgewicht. Das Absetzgewicht der Stierkälber liegt im Mittel bei 328 kg, das der Kuhkälber bei 287,5 kg. Das relativ hohe Absetzgewicht der Kreuzungsgruppe FV x LI resultiert aus einem um 16 Tage höheren Absetzalter. In den Tageszunahmen sind die beiden mittelrahmigen Rassen bei Stier- bzw. Kuhkälbern annähernd gleich, liegen aber

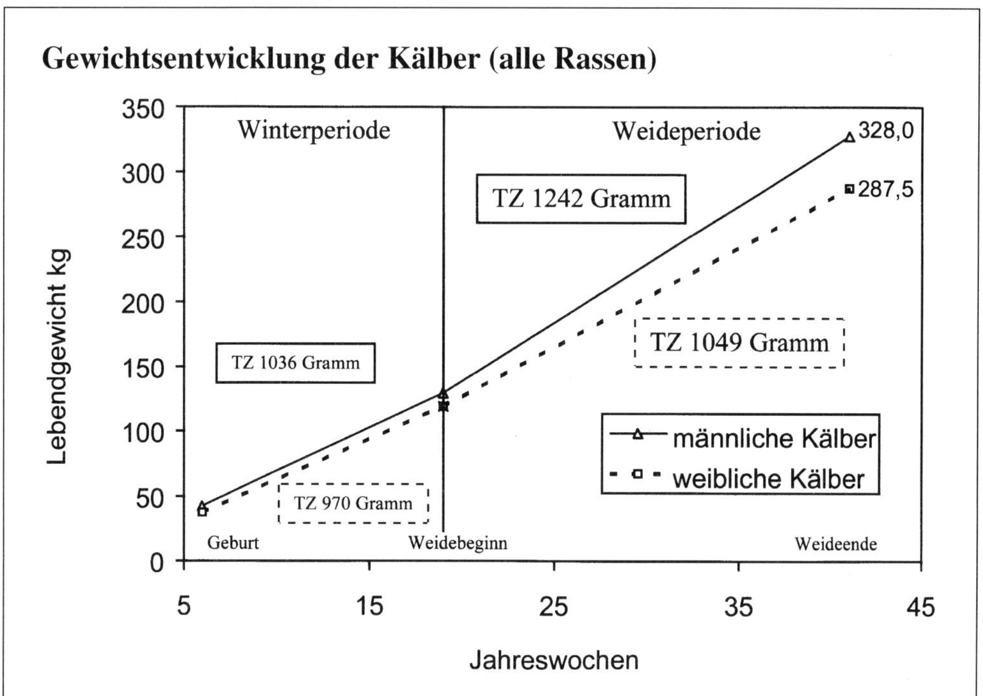

besonders bei den Stierkälbern deutlich hinter den großrahmigen Rassen. Über alle Rassengruppen gerechnet sind die Tageszunahmen der Stierkälber um 12% höher als bei den Kuhkälbern. Während der Winterperiode betrug die mittlere Tageszunahme bei den Stierkälbern 1036 g und bei den Kuhkälbern 970 g, in der Weideperiode dagegen 1242 bzw. 1049 g.

Die Mutterkuhgruppe mit den weiblichen Kälbern wurde in den Jahren der zweiten Hälfte der Versuchsperiode gealpt, da ab dieser Zeit eine kammereigene Alm zur Verfügung stand. Die Alpung erfolgte von Mitte Juni bis Anfang September. Bis zum Absetzen lief die Gruppe wieder auf der Heimweide. Es zeigten sich bei den Alpungsgruppen gegenüber den weiblichen Tieren, die früher nur auf dem Heimbetrieb geweidet wurden, keine wesentlichen Unterschiede in der Gewichtsentwicklung. Es handelt sich aber um eine sehr gute Almfläche in zwei Höhenstufen, wobei zuerst die niedrige Stufe, dann die höhere Lage und zeitlich vor Abtrieb wieder die niedrige Höhenstufe beweidet wurde. Auf sehr kargen und steilen Almflächen ist jedoch die Entwicklung der Kälber deutlich schwächer, da die Milchleistung der Kühe zurückgeht, die Futteraufnahme abnimmt und ein höherer Energieaufwand für die Futtersuche benötigt wird. Solche Almflächen sollen nur von Jungvieh und Ochsen genutzt werden.

STALLBAU UND STALLEINRICHTUNGEN

Um einen mutterkuhhaltenden Betrieb wirtschaftlich und effizient zu gestalten, sind kostengünstige Unterbringungsmöglichkeiten und zeitsparende Sortier- bzw. Zwangseinrichtungen notwendig. Was in den Vereinigten Staaten in Betrieben mit extensiver Rinderhaltung eine Selbstverständlichkeit ist, nämlich eine Fixierungsmöglichkeit der Rinder für ein ungefährliches Untersuchen und Behandeln, ist leider bei uns noch nicht selbstverständlich.
Mit sogenannten Corral-Einrichtungen wird ein problemloses Einfangen der Tiere ermöglicht. Durch Verbindung mit einem schmalen Gang, der nur eine Tierbreite beträgt, wird auch ein Stau vor dem eigentlichen Zwangsstand vermieden.
Diese auch bei uns erhältlichen stationären oder auch mobilen Zwangsstände fixieren das Rind, und nach dem Öffnen kann das Tier den Stand wieder verlassen. Durch einen seitlich angebrachten Hebel werden die Seitenteile gegen das Tier gedrückt, um ein Herumspringen und Ausschlagen zu verhindern. Die Seitengitter sind zu öffnen und ermöglichen dadurch eine ungefährliche Trächtigkeitsuntersuchung oder Blutabnahme. Ein am Kopfende zusätzlich angebrachter, leicht gebogener Bügel wird zur Fixierung des Kopfes benützt, um eine risikolose Enthornung vornehmen zu können.
Wie schon zuvor angesprochen, soll der zentrale Sammelraum in einem engen Treibgang münden. Die durch feste Holzpfosten im Boden verankerten, gut mannshohen Seitenwände sollen ein Überspringen verhindern. Weiters können auch quergestellte Holzpfosten über dem Rücken der Tiere ein Aufreiten in der Warteschlange verhindern. Ist ein solcher Stand noch nicht vorhanden, kann man behelfsmäßig am Ende des Treibganges eine Tür mit Selbstfanggitter einrichten. Hinter dem Rind sollte man auf jeden Fall ein bis zwei starke Holzstangen fixieren können, damit man ungefährdet hinter den Tieren manipulieren kann. Außerdem darf nicht darauf vergessen werden, daß man einen genügend weiten Abstand zu den dahinter wartenden Rindern haben soll.
Diese Fangeinrichtungen werden auch in mobiler Ausführung angeboten und eignen sich so auch für kleinere Mutterkuhbetriebe, die keine stationäre Anlage finanzieren können oder wollen.
So könnten sich durch eine Gemeinschaftsanschaffung eines solchen Standes mehrere kleinere Betriebe zusammenschließen und Kosten senken. Jedenfalls spart eine solche Fixiermöglichkeit viel Zeit und ermöglicht ein effizientes und bequemes Entwurmen, Impfen, Behandeln etc.
In die Stallanlagen sollte sowenig wie möglich investiert werden, was nicht bedeuten soll, daß die Tiere in unhygienischen, stark verschmutzten, zugigen und dunklen Räumen untergebracht werden sollen. Bei den Aufstallungsformen kommen eigentlich nur Laufställe in Frage, die eine tiergerechte Haltung ermöglichen.

Man unterscheidet folgende Laufstallformen:

Tiefstreulaufstall: Einraum
Zweiraum

Tretmiststall
Liegeboxenlaufstall

Diese Einteilung bezieht sich auf die Bodenflächennutzung eines Stalles und hängt auch von der Verfügbarkeit von Einstreu ab. Die für strohreiche Betriebe billigste Aufstallung ist sicherlich der Einraum-Tiefstreulaufstall. Hier werden etwa 10 kg Stroh pro Tier und Tag benötigt. Wie in allen Laufställen ist eine Kuh/Kalb-Fläche von mindestens 8 m^2 zu veranschlagen.
Beim Zweiraum-Tiefstreulaufstall ist nur die hintere Liegefläche, die durch einen Sockel vom Kot- und Freßgang abgetrennt ist, eingestreut.
Wesentlich bei beiden Aufstallungsformen ist die Möglichkeit zur regelmäßigen Entmistung mit einem Traktor, wofür zwei gegenüberliegende breite Türen vorhanden sein müssen, um problemlos und zeitsparend auszumisten. Nachteile sind der hohe Strohverbrauch und die Tatsache, daß sich bei unzureichenden hygienischen Verhältnissen Klauenprobleme aufgrund der ätzenden Eigenschaften von Kot und Harn ergeben. Außerdem ist der Mist ein guter Nährboden für Parasiten und Bakterien.
Beim Tretmistlaufstall haben die Liegeflächen der Tiere ein Gefälle von 5 bis 8% zum Mistgang aufzuweisen. Dadurch wird der Mist durch das Gehen der Tiere in den Mistgang getreten, wo er dann problemlos mittels Faltschieber oder Traktor ins Freie befördert werden kann. Vorteile sind der geringere Strohverbrauch, der zwischen 2 und 4 kg/Tier/Tag liegt, und die einfache Entmistung. Nachteilig wirken sich Baukosten im Falle eines Neubaues aus.
Der Liegeboxenlaufstall ist mit einem Verbrauch von knappen 0,5–1 kg Stroh/Tier/Tag der sparsamste. Allerdings sind die Baukosten eines solchen Stalles sehr hoch und daher für die Mutterkuhhaltung nur bedingt geeignet.
Spaltenböden sollten in der Mutterkuhhaltung nicht verwendet werden, da für die Kälber die Gefahr des Hängenbleibens mit den Klauen in den Spalten besteht.
In keinem Mutterkuhbetrieb darf ein nur von den Kälbern betretbarer Kälberschlupf fehlen. Ein einfacher, durch Holzstangen in Kälberhöhe und -breite abgetrennter Platz ermöglicht den Kälbern ein ungestörtes Ruhen und eine ungestörte Kraftfutteraufnahme.
In Mutterkuhbetrieben hat sich, wie in Milchbetrieben, die **Kaltstallhaltung** bewährt. Rinder vertragen sehr gut Minusgrade, soweit es einen zugfreien und trockenen Unterstand gibt. **Offenfrontstallungen,** wo die offene Seite durch ein Selbstfangfreßgitter begrenzt ist und die geschlossenen Teile des Stalles gegen die Wet-

So darf eine Tränke nicht aussehen!

Unbefestigter Boden bei der Tränke erhöht das Parasitenrisiko

Selbsttränker auf der Weide – eine saubere Wasserversorgung

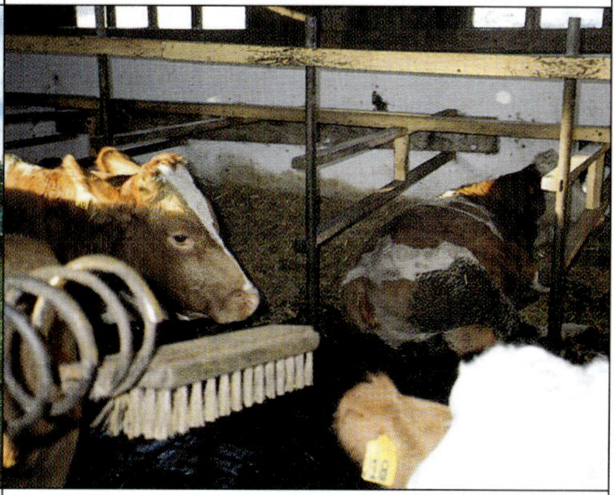

Bürsten zur Selbstreinigung werden gut angenommen

Einfacher Kälberschlupf – vermindert Verletzungs- und Infektionsgefahr

terfront gerichtet sind, haben sich bewährt. Ebenfalls als vorteilhaft haben sich Holzbretter von 15 cm Breite in 2–3 cm weiten Abständen über einer festgemauerten Wand erwiesen (Wandhöhe der gemauerten Wand 2,5–3 m). Sie ermöglichen einen guten Luftaustausch im Sommer, ohne kostspielige Belüftungsanlagen einbauen zu müssen.

Freßplatzstände sollten in einem Stall immer mehr als Tiere vorhanden sein, um Rangeleien bei der Futteraufnahme zu vermeiden. Sehr zweckmäßig sind Selbstfangfreßgitter, die eine leichte Neigung nach vorne haben. Diesen Winkel brauchen die Tiere, um beim Fressen nicht dauernd mit dem Buggelenk am Freßgitter anzustoßen. Palisaden-, Parallelogramm- oder andere selbstgebaute Freßgitter müssen stabil genug sein. Der Sockel soll nicht über die Höhe des halben Unterarmes eines ausgewachsenen Rindes gehen, da sonst die Tiere bei der Futteraufnahme behindert werden. Der Futtertisch sollte etwas zum Tier hingeneigt sein, damit nicht zuviel Futter für die Rinder außerhalb des Freßbereiches unerreichbar liegenbleibt.

Der einwandfreien Versorgung mit Trinkwasser kommt in Mutterkuhbetrieben ebenfalls sehr große Bedeutung zu. Im Durchschnitt rechnet man mit einem Tagesverbrauch einer erwachsenenen Kuh an Wasser von 30 bis 70 Liter, bei jungen Tieren zwischen 40 und 50 Liter. Steigt die Außentemperatur an, so erhöht sich der Tagesverbrauch pro zusätzlichem Grad um 1 Liter.

Tränken sollten in einem Stall im Falle von Trog- oder Kugeltränken immer etwas erhöht auf einem ca. 20 cm hohen Sockel stehen, damit die Tiere nicht mit dem Wasser zu spielen anfangen. Kugeltränken sind besonders im Winter von Vorteil, da das Wasser nicht einfriert. Die Tiere müssen vor jedem Trinken den Ball mit dem Flotzmaul ins Wasser drücken, was ein Spielen mit dem Wasser zusätzlich verhindert. Sind Schalentränken vorhanden, so ist für sieben Tiere je eine Schalentränke zur Verfügung zu stellen.

Bei Trogtränken sollte eine Mindestlänge des Troges von 1 m je 15 Tiere bzw. 2 m je 25 Tiere berechnet werden.

Das Tränken mittels Wassertanks auf der Weide ist relativ zeitaufwendig und vom parasitologischen Gesichtspunkt eher abzulehnen. Ist kein befestigter Boden um den Tank vorhanden, so bilden sich durch den Wasserverlust (Spielen etc.) Lachen, in denen sich Leberegel und andere Parasiten vermehren können.

Futterraufen für Heurundballen sind eine gute Einrichtung, da die Verluste durch Verschwendung durch die Tiere geringer gehalten werden können. Ebenfalls sehr gut bewährt haben sich mobile Kraftfutterspender, die höhenverstellbar sind und eine gezielte Zusatzfütterung ausschließlich für die Kälber ermöglichen. Mineralfuttermischungen und Viehsalz müssen für die Tiere jederzeit zur Entnahme bereitstehen.

Als Schattenspender sollten auf einer Weide immer genügend Bäume zur Verfügung stehen, was besonders in den Sommermonaten wichtig ist. Eingezäunt werden die Weiden am besten mit leicht verstellbaren Elektrozäunen. Diese sind kostengünstig, sehr effizient und im Vergleich zu Holzzäunen arbeitssparend und flexibel. Stacheldrahtzäune sollten der Vergangenheit angehören, da sie häufig Grund für Euterverletzungen und Fremdkörpererkrankungen waren.

DIE FÜTTERUNG

FÜTTERUNG DER MUTTERKÜHE

Den größten Einfluß auf die Wirtschaftlichkeit der Mutterkuhhaltung hat die Fütterung. Vorrangiges Ziel muß daher sein, den Tieren bestmögliches Weidefutter in der Vegetationszeit und sehr gutes Grundfutter in der Winterfutterperiode anzubieten.
In den klassischen Mutterkuhländern kalben die meisten Mutterkühe im späteren Winter oder im beginnenden Frühjahr ab. Die Weide ist dabei die wichtigste Futter- und Nährstoffquelle und diese wird weitgehend für die Hauptlaktation, für einen guten Teil der Körperreservenbildung und für den überwiegenden Teil der Kälberzunahmen genutzt.
Bei der Winterkalbung wird dem physiologischen Jahresablauf der Mutterkuh und der Entwicklung des Kalbes am besten entsprochen. Im ersten Drittel der Laktation geben die Kühe aufgrund des normalen Laktationsverlaufes auch bei Winterfütterung mit gutem Grundfutter genügend Milch für die Kälber. Mit Weidebeginn erfolgt ein neuerlicher Anstieg der Milchleistung, und das schon gut entwickelte Kalb kann dann die Milch und das junge, nährstoffreiche Grünfutter bestens nutzen. In der Trockenstehzeit müssen die Mutterkühe verhalten gefüttert werden, um eine zu hohe Nährstoffaufnahme und damit die unerwünschte Verfettung, insbesondere im Beckenbereich, zu verhindern und – als häufige Folge davon – Schwergeburten zu vermeiden. Bei freier Wahl des Abkalbezeitraumes wird daher die Winterabkalbung im Jänner bis März ernsthaft in Erwägung zu ziehen sein.
Bei kontinuierlicher Abkalbung müssen Winter-, Frühjahrs-, Sommer- und Herbstabkalbungen differenziert beurteilt und dementsprechend in der Fütterung berücksichtigt werden, da das Futterangebot und damit die Nährstoffversorgung für jede Situation sehr unterschiedlich ist. Bevor auf die Einzelheiten zwischen Winter- und Sommerfütterung bei unterschiedlichen Abkalbezeitpunkten eingegangen wird, soll der Bedarf der Mutterkühe für die jeweiligen Leistungsbereiche dargestellt werden.
In der Grafik ist der Energiebedarf für eine Mutterkuh mit 600 kg Lebendgewicht und einer geschätzten Milchleistung von 3000 kg Milch zugrunde gelegt. Der Erhaltungsbedarf nimmt darin einen sehr hohen Anteil ein und bestätigt damit die Forderung nach einer gewichtsmäßig eher leichten Mutterkuh. Der Bedarf für die Milchleistung ist naturgemäß abhängig von der für das Kalb verfügbaren Milchmenge. Dieser Anteil nimmt nach der Abkalbung langsam zu und erreicht sein Maximum zwischen dem ersten und dritten Monat in Abhängigkeit von der Milchaufnahmekapazität des Kalbes und der Leistungsveranlagung der Kuh. Erstlingskühe haben etwa 20% weniger Milch als gleichveranlagte ältere Kühe. Der für die Milchleistung erforderliche Energieanteil kommt aber unmittelbar der Entwicklung und Gewichtszu-

Energiebedarf der Mutterkühe im Jahresablauf

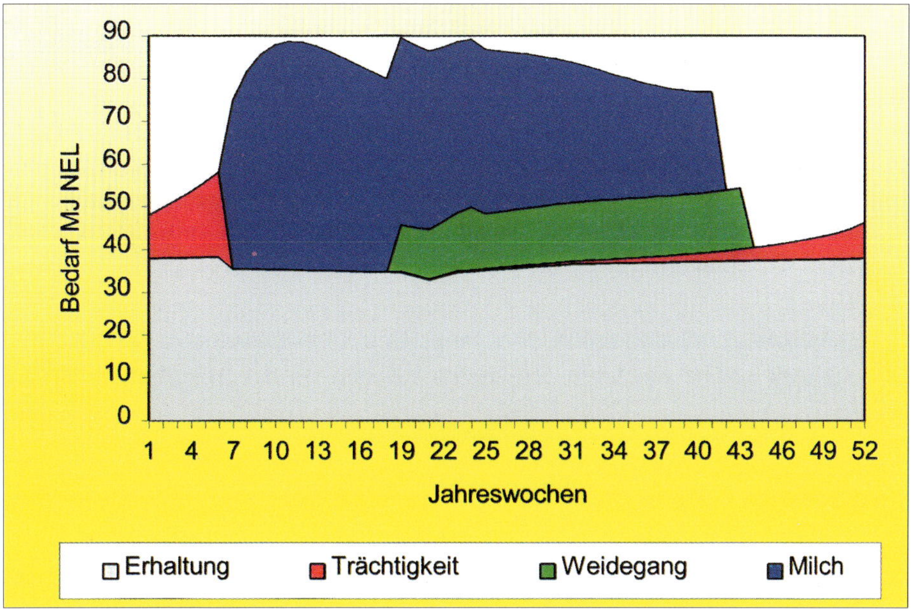

nahme des Kalbes während der Aufzuchtperiode zugute und bestimmt das Absetzgewicht sehr entscheidend.

Die Tatsache, daß die „Ernte“ des Weidegrases in Form des Abgrasens durch die Kuh und die dafür erforderliche Futtersuche einen beachtlichen Aufwand an „Bewegungsenergie“ erfordert, wird oft übersehen oder zuwenig berücksichtigt. Die Ertragshöhe und die Geländeverhältnisse der Weideflächen sind hier entscheidende Einflußfaktoren. Während der Weidezeit der Mutterkuh ist daher dieser zusätzliche Energieaufwand mitzuberücksichtigen und in den Energieaufwand einzurechnen.

Dieser Mehraufwand wurde früher aufgrund von Erfahrungswerten pauschal zum Erhaltungsbedarf dazugerechnet, wobei die Höhe der Zuschläge teilweise stark unterschiedlich angegeben wurde (WEISSBACH 1993). Der in der Grafik angegebene Energieaufwand für den Weidegang wurde so ermittelt, daß der Ertrag der Weidefläche, die Geländeverhältnisse, die Trockenmasseaufnahme auf der Weide, die Verdaulichkeit der organischen Substanz des Weidegrases und das Lebendgewicht der Kühe in der Weidezeit in der Berechnung berücksichtigt wurden (SCARS 1990). Diese Berech-

nung basiert auf umfangreichen Versuchen mit Fleischrindern zur Ermittlung des Energiebedarfes beim Weidegang. Die Grafik für die Energieversorgung im Jahresablauf zeigt den starken Einfluß des sich sehr rasch verändernden Vegetationsstadiums des ersten Aufwuchses vom sehr jungen Weidegras über die optimale Weidereife bis hin zum überständigen Gras. Die damit verbundene rasche Abnahme der Energiekonzentration im Weidegras des ersten Aufwuchses ist in der nächsten Übersicht dargestellt. Zu erklären ist dies mit dem besonders intensiv ablaufenden Wachstum der Pflanzen im Mai und Juni und der ebenso raschen Zunahme des Rohfaseranteils, insbesondere in den Stengeln. Auch der Wechsel zum zweiten Aufwuchs ist deutlich zu erkennen.
Mit zunehmender Dauer der Weideperiode steigt der Energiebedarf für den Weidegang leicht an.
Der Energieaufwand für die Trächtigkeit nimmt in seinem einer exponentiellen Funktion folgenden Verlauf anfänglich über lange Zeit sehr langsam zu. Zu Beginn der Trockenstehzeit und besonders in den letzten Wochen vor der Abkalbung nimmt aber

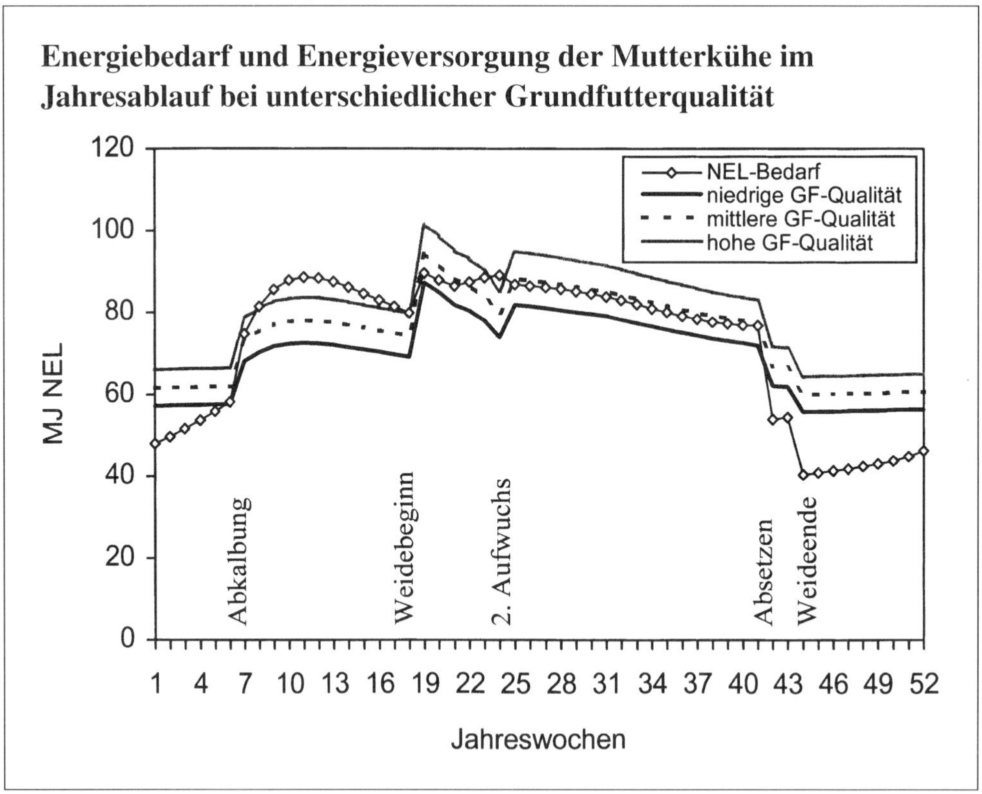

die Entwicklung des Fötus und der Reproduktionsorgane sehr rasch zu und erfordert beachtliche Nährstoffmengen. Bedarfsgerechte Fütterung in dieser Zeit ist ganz besonders wichtig, da starke Unterversorgung zu schwachen und wenig vitalen Kälbern sowie einer Beeinträchtigung der Milchleistung in der darauffolgenden Laktation führt. Eine Überversorgung bedeutet eine starke Verfettung der Mutterkuh, wobei besonders die Fetteinlagerung im Beckenbereich den Geburtsweg verengt und oft zu Schwergeburten mit meist sehr negativen Auswirkungen auf die Fruchtbarkeit in der nachfolgenden Reproduktionsperiode führt.
Nicht übersehen werden darf auch die Tatsache, daß alle Lebewesen und so auch die Rinder in ihrer Evolution als Überlebensstrategie Futter- und somit Nährstoffmangelzeiten durch beachtliche Körperreserven ausgeglichen und überbrückt haben. Ohne diese Strategie hätten die meisten Tiere nicht überleben können. Diese erblich sehr stark manifestierten Veranlagungen sind auch in den hochgezüchteten Rinderrassen weitgehend erhalten geblieben. Unter den heutigen Fütterungsbedingungen hat diese

Abnahme der Energiekonzentration im Weidegras des ersten Aufwuchses

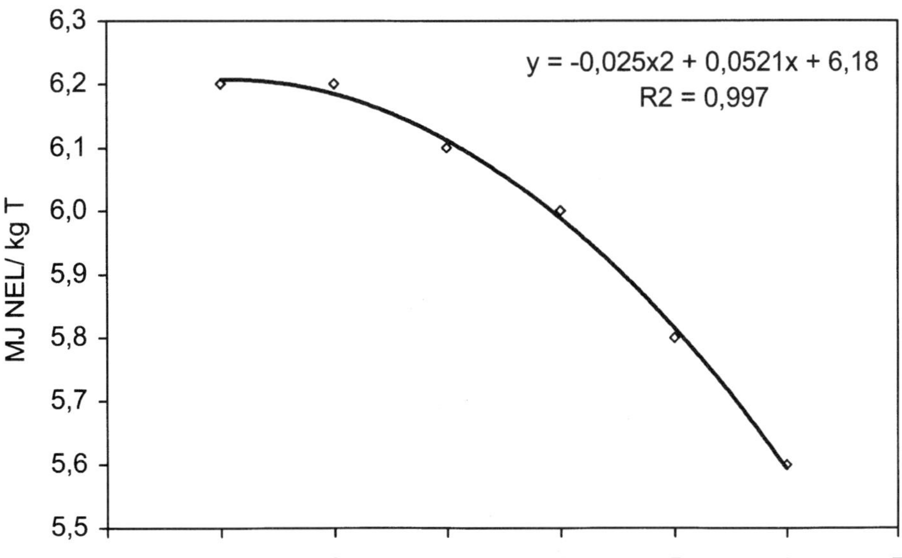

Veranlagung stark an Bedeutung verloren, kann und soll aber in bescheidenem Maße genutzt werden.
Der Energiebedarf für Erhaltung, Milchleistung, Gewichtsveränderung und Trächtigkeit basiert auf den Angaben zu den Fütterungsnormen der Gesellschaft für Ernährungsphysiologie der Haustiere (GEH 1986). Für die Milchleistung wurde eine Standard-Laktationskurve von 3000 kg Milch zugrunde gelegt (HUTH u. SCHUTZBAR 1981). Unter diesen Aufwands- und Regulationsaspekten sollen die folgenden Ausführungen betrachtet werden.
Während des Jahres kann das Lebendgewicht der Mutterkuh um etwa 20% schwanken. Das höchste Lebendgewicht ist bei der Winterabkalbung vor der Abkalbung vorhanden, das niedrigste unmittelbar nach Weideaustrieb als Folge einer radikalen Futterumstellung. Der Gewichtsverlust des Leerkörpers (ohne Verdauungstrakt) resultiert zu etwa 50 bis 65% aus dem Fettabbau und zu 5 bis 10% aus dem Proteinabbau (Uterusrückbildung), wenn die Mutterkühe im Winter eine ausgeglichene Körperkondition haben und zu Beginn der Laktation deutlich an Körpersubstanz verlieren (JARRIGE 1989).

Effekte von unzureichender Nährstoffversorgung

- Kalbgewicht und Vitalität des Kalbes
  Schwache Unterversorgung der Kuh während der Hochträchtigkeit bringt keine merkbare Verringerung des Geburtsgewichtes, aber eine starke und längerdauernde Unterversorgung sehr wohl. Sehr empfindlich reagieren Erstlingskühe, da neben dem Fötus auch noch der Nährstoffbedarf für das Eigenwachstum abgedeckt werden muß. Starke Unterversorgung bedeutet meist niedrigere Geburtsgewichte und geringere Überlebenschancen der Kälber besonders in den ersten Lebenstagen, schlechtere Kälberentwicklung („lebensschwache Kälber"), schwächere Mutterinstinkte und schlechte Qualität und Menge an Kolostrum und Milch.
- Milchleistung der Mutterkühe und Gewichtszunahme der Kälber
  Dauernde Unterversorgung senkt die Milchleistung der Kühe und damit die Gewichtsentwicklung der Kälber. Dies umso mehr, je schlechter die Körperkondition der Mutterkuh bei der Abkalbung ist. Kurze Unterversorgung wird bei guter Körperkondition ohne negative Beeinflussung verkraftet, dabei werden aber die Körperreserven schneller abgebaut.
- Fruchtbarkeit
  Nährstoffunterversorgung zwischen der Kalbung und Konzeption bewirkt eine Verschlechterung der Fruchtbarkeit. Die Körperkondition bei der Abkalbung spielt dabei eine entscheidende Rolle, und es scheint, daß die Zeit bis zur ersten Brunst des kommenden Zyklus dadurch verändert wird (JARRIGE 1989).

Winterfütterung

Die Winterfütterungsration wird in den meisten Betrieben aus Rauhfutter und Grassilage bestehen. Allenfalls können geringe Anteile an gutem Futterstroh in der ersten Trockenstehzeit zugefüttert werden. Je höher der Grassilageanteil in der Ration ist, umso stärker soll auf den rechtzeitigen Schnittzeitpunkt des Grases geachtet und ein optimaler Anwelkgrad zwischen 35 und 40% T-Gehalt angestrebt werden. Dies deshalb, weil neben einer ausreichenden Futter- und Nährstoffaufnahme auch die Kotkonsistenz verbessert und die Verschmutzung der Mutterkühe und besonders ihrer Euter während der Stallhaltung verringert werden kann.
Maissilage soll und wird aus ökonomischen Gründen in der Mutterkuhhaltung stets die Ausnahme sein. Wenn dennoch Maissilage vorhanden ist, soll diese keinesfalls in der Trockenstehzeit eingesetzt werden, um eine zu hohe Energieversorgung in der Zeit des geringsten Bedarfes und damit eine zu starke Verfettung der Kühe zu vermeiden. Während der Laktation bringt Maissilage aber eine hohe Energieversorgung und stellt eine gute Ergänzung zu Heu und Grassilage dar. Der Einsatz von Maissilage ist im Grünlandgebiet ausschließlich bei der Herbst- und frühen Winterabkalbung aktuell, und die Wirtschaftlichkeit des Einsatzes dieses Futtermittels in der Mutterkuhhaltung ist in allen Fällen besonders kritisch zu prüfen.
In der Grafik ist der Energiebedarf der Mutterkuh über das ganze Jahr dargestellt, wobei als Abkalbezeitpunkt der 20. Februar, der Weideaustrieb etwa mit 10. Mai und der Absetztermin für die Kälber kurz vor dem Ende der Weideperiode mit 15. Oktober angenommen wurde.
Unter Berücksichtigung der Abkalbung, des Laktationsverlaufes, der Trächtigkeit, der Gewichtsveränderung der Mutterkuh, der Aktivität während des Weidens und des jahreszeitlich unterschiedlichen Futterangebotes in Qualität und Quantität ergibt sich der dargestellte Energiebedarf im Ablauf des Jahres einer Mutterkuh.
Bei mittlerer Grundfutterqualität zeigt sich, daß die Futteraufnahme und damit die Nährstoffversorgung nach der Abkalbung unter dem Bedarfsniveau bleibt. Dies ist die Zeit, in der die Mutterkuh aus ihren Körperreserven die nötige Energie mobilisiert und in die für das Kalb notwendige Milch umsetzt. Dabei nimmt die Körperkondition der Kühe mit guter Milchleistungsbereitschaft deutlich ab, ohne jedoch die Milchmenge bzw. die Fruchtbarkeit zu reduzieren. Bei hoher Grundfutterqualität liegt die Nährstoffversorgung nur im ersten Drittel der Laktation knapp unter dem Bedarf, sonst die ganze Zeit hindurch darüber. Diese hohe Nährstoffversorgung ist vor allem für Ammenkühe mit zwei oder drei Kälbern und einer Milchmenge deutlich über 3000 kg Laktationsleistung erforderlich. Für die normale Mutterkuh wird bei sehr gutem Grundfutter in der Trockenstehzeit die Zufütterung von etwas Futterstroh notwendig sein, um

eine zu starke Verfettung der Tiere zu vermeiden. Außerdem ist die Gefahr der nachgeburtlichen Fettmobilisation in Form des „Fat Cow Syndroms" gegeben. Dieses Syndrom wird im Krankheitskapitel unter Ketose näher behandelt.
Bei niedriger Futterqualität liegt die Versorgung nur über einen kurzen Zeitraum in der Trockenstehphase über dem Energiebedarf der Kühe. Als Folge davon kann die in der Hochlaktation erforderliche Mobilisierung der Körperreserven im Stadium der Spätlaktation und in der Trockenstehzeit nicht mehr ausgeglichen werden. Die Kühe kommen mit zu geringen Körperreserven und in schlechter Körperkondition in die folgende Abkalbung und reagieren mit geringerer Milchleistung und schwächerer Fruchtbarkeit. Ganz besonders sensibel reagieren Erstlingskühe, die mit zwei Jahren abkalben und

Winterfutterrationen in der Mutterkuhhaltung

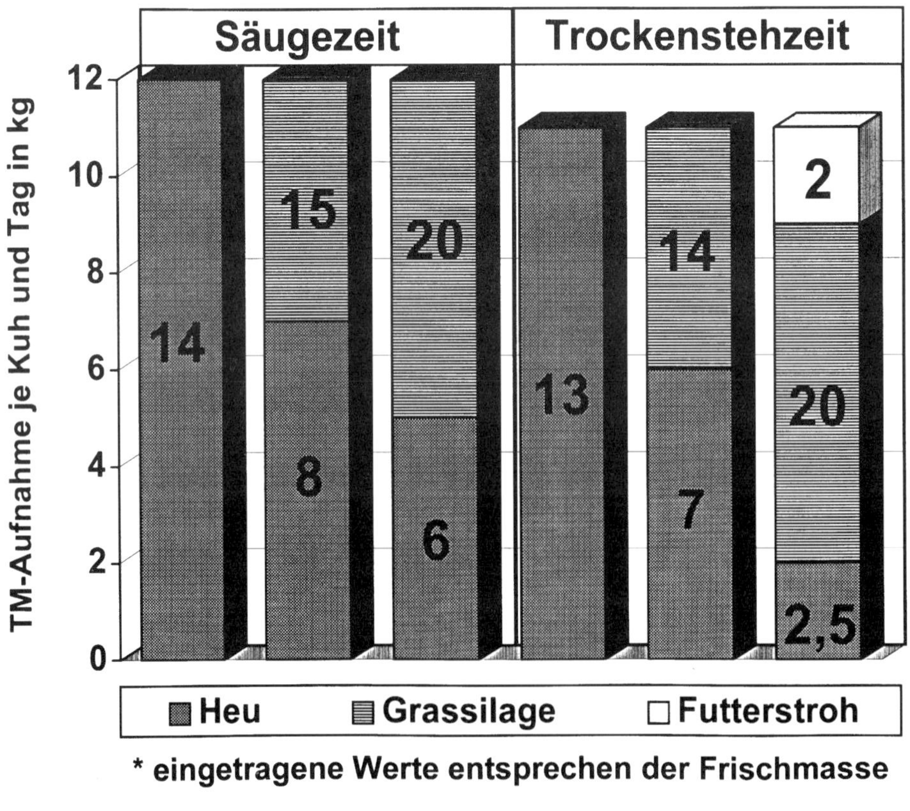

noch für das eigene Wachstum Nährstoffe benötigen. Bei der Winterabkalbung ist die beste im Betrieb vorhandene Grundfutterqualität in der Zeit nach der Abkalbung zu verabreichen, um die Leistungsbereitschaft optimal auszunützen. In der Trockenstehzeit ist etwas schlechtere Futterqualität ausreichend. In der Übersicht sind Rationsbeispiele von Grünlandbetrieben angegeben, wie Mutterkühe in der Säugezeit bzw. in der Trockenstehzeit bedarfsgerecht versorgt werden können.
Bei der Sommerabkalbung bleibt die Energieaufnahme aus dem Weidefutter ebenfalls unter dem Gesamt-Energiebedarf, und auch in der Weidezeit müssen die Körperreserven zur Energieabdeckung herangezogen werden. In der auslaufenden Winterfutterperiode und beginnenden Weidezeit liegt die Energieaufnahme deutlich über dem Bedarf, und die Körperreserven können aufgefüllt werden. Je später die Abkalbung im Sommer erfolgt, umso weniger effizient kann das energiereiche Weidegras für die Milchbildung genutzt werden. Das Winterfutter muß dabei zunehmend gute Qualität haben, und es werden auch größere Mengen davon benötigt, soll die Energieversorgung annähernd optimal erfolgen.
Bei Herbst- und früher Winterabkalbung muß ganz besonderer Wert auf hohe Qualität von Rauhfutter und Grassilage gelegt werden, da der Großteil der Laktation in die Winterfutterzeit fällt. Außerdem ist der Winterfutteranteil deutlich höher zu veranschlagen, da die Futteraufnahme in der Laktation größer ist.
Die Gewichtszunahme der Kälber ist dabei gegenüber der Winterabkalbung vom Jänner bis März etwas schwächer, da die Milchleistung der Kühe niedriger und die Futteraufnahme und damit die Nährstoffversorgung der Kälber über Heu und Grassilage nicht so hoch ist wie auf der Weide. Bei Herbstabkalbung können die Kälber auch bei begrenzter Stallraumkapazität länger als 10 Monate auf dem Betrieb bleiben, und es kann die für derzeit ab 10 Monate Alter der Tiere gewährte Prämie 1 für männliche Rinder in Anspruch genommen werden. Auch bei der Babybeef-Produktion können die Kälber noch während der Weide im eigenen Betrieb auf ein höheres Gewicht gebracht werden. Die Qualität des Schlachtkörpers kann und soll bei Bedarf durch eine zusätzliche Energieversorgung über Kraftfuttergaben noch verbessert und optimiert werden.
Bei über das ganze Jahr verteilter Abkalbung ist ein differenziertes Nährstoffangebot über die Rationsgestaltung ungleich schwieriger.
Bei der konventionellen Bodentrocknung sind meist beachtliche Nährstoffverluste in Kauf zu nehmen; die Futterqualität ist dadurch beeinträchtigt. Vorzuziehen ist deshalb die Kaltbelüftung, da die Abhängigkeit von der Witterung geringer und die Bröckelverluste deutlich niedriger sind. Auf rechtzeitigen Schnittzeitpunkt ist aber stets zu achten. Die Futterkonservierung über die Silierung erfolgt am zweckmäßigsten im Fahrsilo mit Anwelksilage. Die Grundregeln der Silagegewinnung sind dabei genau einzuhalten, um einwandfreies Winterfutter zur Verfügung zu haben.

Nähr- und Mineralstoffbedarf von Mutterkühen
(je Kuh u. Tag; GfE* 1993 u. GEH 1986)

	RP g	**NEL** MJ	**Ca** g	**P** g	**Na** g
Erhaltungsbedarf					
550 kg LG	433	33,3	22	22	7
600 kg LG	475	35,5	24	24	8
650 kg LG	512	37,7	26	26	9
Laktierend, 600 kg LG					
12,2 kg Milch/Tag	1512	74,0	56	45	15
Trockenperiode					
6.–4. Wo. vor Abk.	1070	49,5	36	27	12
3. Wo. vor Abkalbung bis Abkalbung	1160	56,0	36	27	12

*Ausschuß für Bedarfsnormen der Gesellschaft für Ernährungsphysiologie

Sommerfütterung

Vom Standpunkt der effizientesten Nährstoffausnützung ist der Nutzung der Weide höchste Beachtung zu schenken. Weidefutter bietet Nährstoffe in hoher Konzentration in der Trockenmasse und zu wirtschaftlichsten Bedingungen. Leider ist unter alpenländischen Verhältnissen die Weidezeit begrenzt und die lange Winterfutterzeit klimatisch vorgegeben. Um so mehr muß die Weidezeit optimal genutzt werden. Dies kann durch die Wahl des Abkalbezeitraumes und durch die bestmögliche Weideführung erfolgen.

Nährstoffgehalt der Futtermittel (in 1 kg T); DLG-Futterwerttabellen für Wiederkäuer, 1997)

Futtermittel	T g	RP g	NEL MJ	Rfa g	Verd. OM %
Rauhfutter (bodengetrocknet)					
1. Aufwuchs:					
Beginn Blüte	880	110	5,45	287	68
Mitte der Blüte	850	104	5,38	316	67
Ende Blüte bis überständig	850	93	5,11	339	65
2. Aufwuchs:					
Rispen schieben	870	138	5,79	258	71
Beginn Blüte	850	125	5,64	286	69
Ende Blüte	840	115	5,55	309	68
Grassilage					
1. Aufwuchs:					
Beginn Blüte	360	136	6,02	286	72
Mitte der Blüte	340	130	5,81	312	70
Ende Blüte bis überständig	340	106	5,43	358	67
2. Aufwuchs:					
Beginn Blüte	350	157	5,62	284	68
Mitte der Blüte	340	142	5,61	308	68
Ende Blüte bis überständig	330	125	5,46	355	67
Weidegras					
1. Aufwuchs:					
jung	180	160	6,27	223	75
weidereif	200	133	5,93	257	72
überständig	220	101	5,21	310	66
2. u. weit. Aufwüchse:					
jung	220	160	5,45	225	68
weidereif	220	138	5,37	254	67
überständig	250	118	4,96	310	64
Futterstroh	870	36	3,58	443	49

Der Abkalbezeitraum ist stark durch das gewählte Produktionsverfahren vorgegeben. Bei der Weideführung muß vorweg gesagt werden, daß die auf dem Betrieb vorhandenen Flächen überhaupt für die Weideführung geeignet sein müssen.
Grundsätzlich wird zwischen der Umtriebsweide mit einer Mindestanzahl an Koppeln und der Standweide unterschieden. Beide Formen haben Vor- und Nachteile, wobei die Umtriebsweide umso mehr Vorteile bietet, je intensiver die Weideführung ist und je höher die Flächenerträge sind. Dies ist aber keine generelle Wertung, und die Entscheidung für die eine oder andere Weideform muß von Betrieb zu Betrieb je nach Wirtschaftsintensität, Flächenausstattung und Flächenstruktur unterschiedlich gefällt werden.
Ein Problem stellt die Umstellung von der Winterfütterung auf den Weidegang dar. Die Verdauungsphysiologie der Wiederkäuer würde eine über zwei Wochen dauernde allmähliche Umstellung mit kontinuierlicher Reduzierung des Anteils an Winterfutter zugunsten der Weide verlangen. Diese lange Umstellungsphase ist in der Praxis nicht durchführbar. Es muß aber gefordert werden, daß zumindest über eine Woche die An-

Abnahme der Energiekonzentration im Weidegras vom 2. Aufwuchs bis Ende der Weideperiode

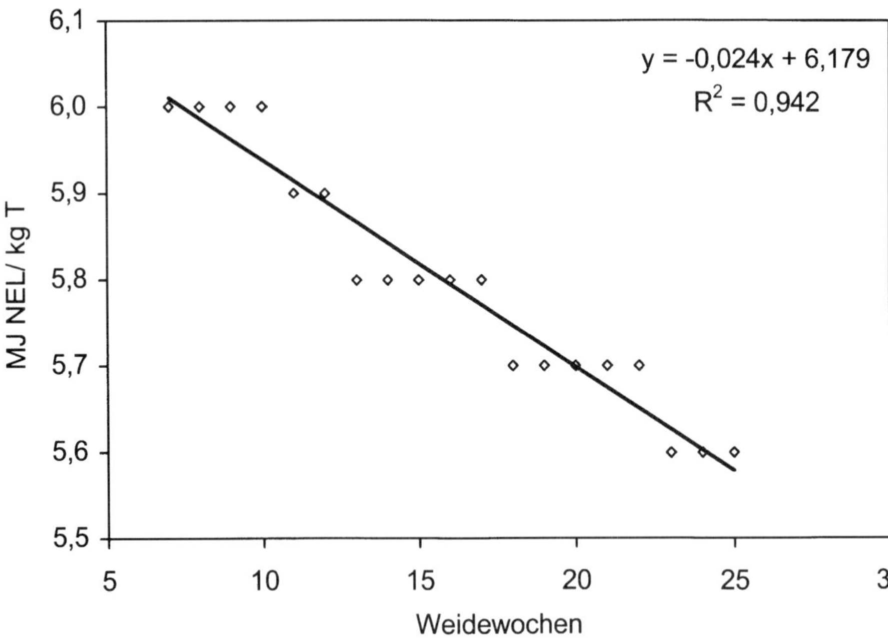

gewöhnung an die Weide erfolgt. Zu rasche Umstellung bringt fast immer Durchfälle und starke Gewichtsverluste bei den Kühen. Auch der Wechsel vom 1. zum 2. Weideaufwuchs bringt immer wieder Schwierigkeiten mit sich. Das sehr junge Weidegras bei Weidebeginn ändert sich in dieser intensiven Vegetationsphase in relativ kurzer Zeit zur optimalen Weidereife und weiter zu altem und schließlich zu überständigem Weidegras, bevor wieder junge Weide vom 2. Aufwuchs zur Verfügung steht.
Später ist der Wechsel zum nächsten Aufwuchs weitgehend entschärft und bringt keine Schwierigkeiten mehr. Auch längere Regenperioden führen zu verminderter Futteraufnahme auf der Weide, und die gezielte und kurzfristige Beifütterung von gutem Rauhfutter kann hier teilweise Abhilfe schaffen.
Die Grafik zeigt den Verlauf des Rückganges der Energiekonzentration im 1. Weideaufwuchs von 6,2 MJ NEL zu Beginn der Weide auf unter 5,8 MJ NEL in der 5. Weidewoche. Durch die geringere Energiekonzentration und die niedrigere T-Aufnahme bei älterem Weidefutter geht die Energieaufnahme von anfänglich 94 auf 79 MJ NEL

Verdaulichkeit der organischen Masse in Abhängigkeit vom Energiegehalt des Weidegrases

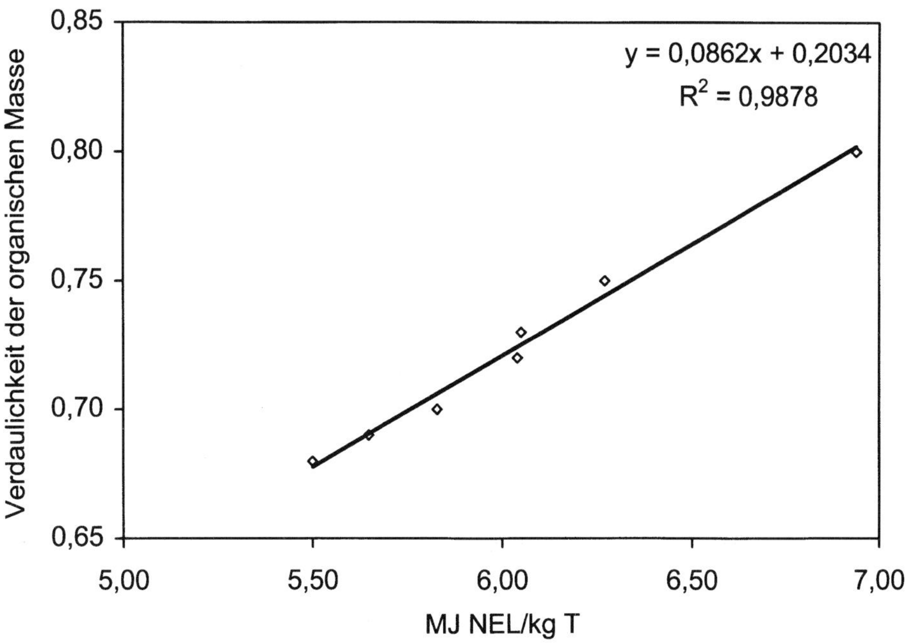

pro Kuh und Tag zurück. Mit dem Wechsel zum 2. Aufwuchs steigen die Futteraufnahme und die Energieversorgung wieder deutlich an. Im Laufe der weiteren Weideperiode geht die Futteraufnahme der Kühe in Abhängigkeit von der abnehmenden Milchleistung und des stetigen Rückganges der Energiekonzentration mit zunehmendem Aufwuchs von etwa 15 kg auf 12 kg Trockenmasse zurück. Die Energiekonzentration sinkt von 6,0 MJ NEL im 2. Aufwuchs auf etwa 5,6 MJ NEL im 4. Aufwuchs ab, und die Verdaulichkeit der organischen Masse geht von 72 auf 68% zurück.
Das Lebendgewicht der Kühe nimmt nach der Abkalbung im Februar aufgrund des Energiedefizits bis Weidebeginn stetig ab. Als Folge der Futterumstellung kommt es in den ersten zwei Weidewochen zu einer sehr starken Gewichtsabnahme. Ab der dritten Weidewoche steigt das Gewicht rasch wieder auf das Niveau vor der Umstellung an. Im Laufe der weiteren Weideperiode nehmen die Kühe bei guter Weide ständig an Gewicht zu und füllen allmählich die Reserven wieder auf, die im ersten Laktationsdrittel vom Körper abgebaut wurden.

Veränderung des Lebendgewichtes der Mutterkuh im Jahresablauf bei unterschiedlicher Grundfutterqualität

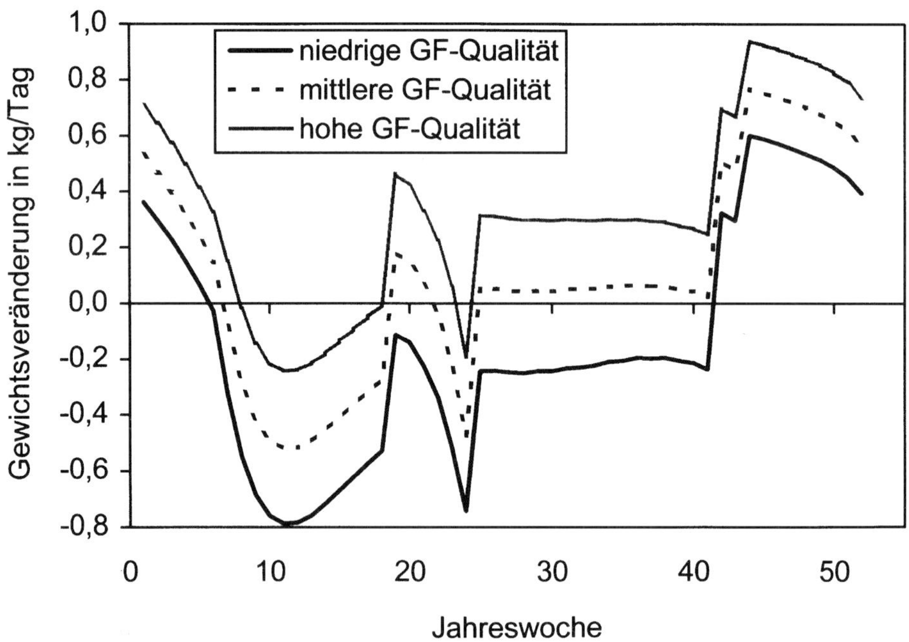

Die Übersicht zeigt die Gewichtsveränderung der Mutterkühe im Laufe des Jahres in Abhängigkeit von der Grundfutterqualität. Bei niedriger Futterqualität haben die Kühe allerdings nur in der kurzen Zeit des Trockenstehens die Möglichkeit der Reservebildung. Das reicht aber nicht aus, um das ursprüngliche Körpergewicht (ohne Trächtigkeit) zu Beginn der Laktation zu erreichen.
Die genaue Beobachtung der Körperkondition der Kühe ist daher sehr wichtig und gibt eine gute Information über die Nährstoffversorgung der Mutterkühe im Verlaufe der Laktation. Die im folgenden beschriebene Körperkondition in 5 Punkten soll in der Hochlaktation nicht unter 2 sinken und in der Trockenstehzeit nicht über 3,0 bis 3,5 ansteigen. Bei diesem Beurteilungsschema, das von 0 bis 5 geht (0 = kachektisch, 1 = geringer Fettüberzug, 2 = Wirbelquerfortsätze nur unter stärkerem Druck tastbar, 3 = Wirbel und Wirbelfortsätze visuell nicht mehr abzugrenzen, mit leichtem Druck aber noch sicher zu fühlen. Die Fläche darüber ist eben. Hüft- und Sitzbeinhöcker sind abgerundet und weich. 4 = dicker Fettpolster, unter dem die Lendenwirbelfortsätze fast nicht mehr zu spüren sind, 5 = adipös), wird rechts auf halber Höhe der Lendenwirbelquerfortsätze mittels Handgriffs der Fettpolster über den Querfortsätzen beurteilt. Im Prinzip werden trockenstehende Kühe so restriktiv gefüttert, daß der Erhaltungsbedarf und die Energie für 5 kg Milch gedeckt ist. Mit dieser Faustregel sollten die Tiere nicht verfetten. Durch den Aufenthalt im Freien wird auch die Vitamin-D3-Synthetisierung mittels UV-Lichteinwirkung gefördert. Frisches Grünfutter enthält auch einen hohen Gehalt an Vorstufen des Vitamins A (Karotine), aus denen dann Vitamin A gebildet werden kann, das für Haut, Schleimhäute, Augen und Fruchtbarkeit sehr wichtig ist.
Auch Krankheiten und sonstige Beeinträchtigungen der Tiere äußern sich in einer raschen Veränderung der Körperkondition und können bei guter Beobachtung der Tiere sofort erkannt werden. In Anlehnung an das alte und sehr weise Sprichwort „Das Auge des Herrn nährt sein Vieh“ muß daher die Körperkondition der gesamten Mutterkuhherde als auch der Einzeltiere genau und ständig verfolgt werden.

WEIDEFORMEN

Die Umtriebsweide

Diese Form der Weideführung verlangt etwa 6 bis 10 Koppeln, die möglichst arrondiert oder in wenigen Teilstücken nahe beisammenliegen sollen, um kurze Triebwege und wenig Zeit für die Umtriebe zu benötigen. Pro Mutterkuh mit Kalb sollen etwa 0,3 ha zusammenhängende Weidefläche zur Verfügung stehen. Je Koppel wird mit einer Weidezeit von 4 bis 6 Tagen und mit einer Koppelfläche von 4 bis 6 Ar pro Mutterkuh mit

Kalb gerechnet. In der wachstumsintensiven Vegetationszeit im Mai und Juni sollen ungefähr zwei Drittel des benötigten Winterfutters gewonnen werden, vom 2. und eventuell 3. Aufwuchs soll das weitere Drittel des Winterfutters geerntet werden. Im Spätsommer und Herbst wird die gesamte Fläche für die Weide benötigt. Insgesamt rechnet man mit 4 bis maximal 5 Aufwüchsen pro Jahr. Neben dem anfallenden Wirtschaftsdünger sollen Handelsdünger nur bei dringendem Bedarf (Trockenperioden oder sonstige extreme Boden- und Klimaverhältnisse) eingesetzt werden. Koppelputzen nach der Weide bringt im darauffolgenden Weidegang höhere Futteraufnahme und sollte deshalb angestrebt werden. Der Umtrieb der Herde und die Unterteilung der Koppeln bedeuten gegenüber der Standweide auch mehr Arbeitszeit und einen höheren Materialaufwand.

Standweide

Wenn eine Standweide betrieben wird, soll eine Kombination von mittlerer bis intensiver Standweide mit 2 bis 3 Koppelunterteilungen gewählt werden. Damit ist gewährleistet, daß neben der Winterfuttergewinnung in Abhängigkeit von der Vegetationsintensität die gesamte Weideperiode über junges und älteres Gras gleichzeitig zur Verfügung steht. Das ermöglicht eine ausgeglichene, wiederkäuergerechte und bedarfsdeckende Nährstoffversorgung von Mutterkuh und Kalb über die ganze Weidezeit. Zu hohe Besatzdichte und zusätzlich zum Wirtschaftsdünger verabreichte Stickstoffgaben über Handelsdünger können die botanische Zusammensetzung des Pflanzenbestandes negativ beeinflussen. Zur Kontrolle des Nährstoffgehaltes im Boden sollen etwa alle 3 bis 4 Jahre Bodenproben analysiert und der darauf aufbauende Düngeplan genau eingehalten werden.

Intensive Standweiden

Sehr häufig, vor allem in den anglikanischen Ländern, findet die extensive Rinderhaltung auf solchen Weideflächen statt. Es handelt sich hierbei um eine Weide, die den Tieren durch die gesamte Vegetationsperiode, also ohne Umtrieb zur Verfügung steht. Aus diesem Grunde kommt auf die Wiesenflora durch den hohen Weidedruck eine enorme Belastung zu. Durch verringerte Besatzdichte kann hier vielfach positiv auf die botanische Zusammensetzung eingewirkt werden.

Um Mutterkühe auf solchen Standweiden rentabel zu halten und um ihren Nährstoffbedarf von der Weide her decken zu können, muß während der Vegetation die Weide mehrmals mit Stickstoffdüngern nachgedüngt werden. Das wirkt sich zwar positiv auf den Aufwuchs und den dadurch höheren Ertrag solcher Weideflächen aus, der botanischen Vielfalt aber schadet es. Durch diese künstliche Leistungssteigerung reduziert sich die ursprüngliche Pflanzenvielfalt auf knappe 40%! Schweinegülle sollte – soferne im Betrieb vorhanden – nicht unmittelbar vor dem Austrieb auf die Weidefläche ausgebracht werden, da sich leicht Nitrat/Nitritvergiftungen bei den Rindern einstellen können, wenn die Gülle noch nicht ausreichend abgebaut worden ist. Deshalb ist in jedem Fall der Düngeplan genauestens einzuhalten!

Nutzung von Almflächen

Almflächen können über die Mutterkuhhaltung unter bestimmten Voraussetzungen wirtschaftlich sinnvoll genutzt werden. In Frage kommen aber nur Niederalmen oder nicht zu karge und steile Mittelalmen. Ideal ist eine Almfläche, die in zwei Höhenstufen unterteilt werden kann. Zu Beginn und am Ende der Weideperiode wird die niedrige Fläche bestoßen, die höheren Regionen werden im Hochsommer beweidet. Dadurch ist stets genug junges Gras zur Verfügung. Almen werden auch oft zur Herdentrennung genutzt. Ob die Mutterkühe mit den weiblichen oder männlichen Kälbern gealpt werden sollen, ist von Fall zu Fall unterschiedlich zu entscheiden.
Häufiger werden die weiblichen Kälber gemeinsam mit dem Jungvieh zur Remontierung gealpt, während die Kühe mit den Stierkälbern auf der Heimweide verbleiben. In Jahren mit günstiger Witterung wird der Zuwachs der Kälber auf der Alm etwa gleich hoch sein wie bei den Kälbern auf der Heimweide. In naßkalten Sommern muß aber mit schlechteren Zunahmen auf der Alm gerechnet werden.
Auf Niederalmen unter 1300 m Seehöhe kann die Weidezeit bis zu 120 Tage betragen. Mit zunehmender Höhenlage verkürzt sich die Weideperiode aber beträchtlich. Die genaue Beobachtung der Körperkondition der Kälber ist besonders gegen Ende der Weideperiode wichtig, um eine durch Futterknappheit bedingte Verschlechterung der Zunahmen zu vermeiden und die Tiere rechtzeitig abzutreiben. Die Kondition der Kühe kann dabei – ohne Grund zur Sorge – etwas schlechter sein. Wichtig ist, daß die Kälber einen guten Ernährungszustand zeigen.
Vorsicht ist auf Almflächen geboten, wo erfahrungsgemäß beim Jungvieh ein Lungenwurmbefall zu befürchten ist. Während die Kühe nicht befallen werden, können Kälber durch den Lungenwurm schwere gesundheitliche Schäden erleiden.
Karge Mittelalmen und Hochalmen sollen nur als Weidefläche für Jungvieh und Ochsen genutzt werden und kommen für die Mutterkuhhaltung nicht in Frage.
Für alle Weideformen gilt, daß die ausreichende Wasserversorgung über die gesamte Weidezeit in hygienisch einwandfreier Qualität gewährleistet sein muß. Auch die Mineralstoff- und Salzversorgung während der Weideperiode muß sichergestellt sein.
Die Weideflächen werden an den Außengrenzen überlicherweise mit Fixzäunen abgegrenzt, die Innen-Unterteilungen erfolgen mit Elektrozäunen.

Naßstellen auf den Weideflächen müssen entweder ausgezäunt oder richtig trockengelegt werden, um die damit verbundene Parasitengefahr zu vermeiden.

MINERALSTOFFVERSORGUNG

In der Winterfütterung ist zur optimalen Versorgung der Kühe und Kälber eine tägliche Mineralstoffgabe von 70 bis 100 g einer vitaminierten und phosphorreichen Mischung erforderlich. Diese wird üblicherweise auf die Grassilage gestreut und damit sicher aufgenommen.
Salz wird über Salzlecksteine oder Bergkerne zur freien Aufnahme angeboten. Im Sommer erfolgt die Mineralstoffgabe am sichersten über Leckschüsseln mit geeigneter Mineralstoffzusammensetzung und über Bergkerne zur Natrium-Abdeckung. Die erforderlichen Mengen an Spurenelementen müssen in der Mineralstoffmischung enthalten sein.

FÜTTERUNG DER KÄLBER

Oberstes Ziel in der Mutterkuhhaltung ist eine möglichst hohe Aufzuchtquote der Kälber. Voraussetzung dafür ist neben einer leichten und komplikationslosen Geburt die sofortige Aufnahme größerer Mengen Kolostralmilch durch das neugeborene Kalb. Wie sehr die Zusammensetzung der Milch auf den physiologischen Bedarf des Kalbes eingestellt ist, wird vor allem bei der unmittelbar nach der Geburt abgesonderten Ko-

Salz und Mineralstoffe sollten immer verfügbar sein

Gesicherter Futterspender für Kälber

lostralmilch deutlich (KIRCHGESSNER 1992). Der besonders hohe Eiweißanteil im Kolostrum besteht in den ersten Stunden nach der Geburt zu mehr als der Hälfte aus Globulinen mit einem hohem Anteil an Immunglobulinen, das heißt Antikörpern gegen die verschiedensten Infektionskrankheiten. Mit zunehmender Milchsekretion nimmt der Anteil an Immunglobulinen in der Milch rasch ab, und damit hört die Schutzwirkung auf. Kolostrum hat auch einen hohen Mineral- und Wirkstoffgehalt, der mit zunehmender Milchleistung ebenfalls rasch absinkt. Das erste Kolostrum soll daher in den ersten drei Stunden nach der Geburt aufgenommen werden. Nach 24 Stunden nimmt die Durchlässigkeit der Darmwand für die großmolekularen Immunglobuline rasch ab, und nach weiteren 12 Stunden können keine Schutzstoffe mehr als ganzes Molekül direkt resorbiert werden.

Mittlere Zusammensetzung von Normalmilch und Kolostralmilch
(KIRCHGESSNER 1992)

Substanz	**Normalmilch** %	**Kolostralmilch** %
Trockensubstanz	13,1	25,3
Gesamteiweiß	3,6	17,6
Kasein	2,8	4,0
Albumin + Globulin	0,5	13,6
Fett	4,0	3,6
Laktose	4,8	2,7
Asche	0,7	1,6
Kalzium	0,12	0,20
Phosphor	0,10	0,20

Guter Mutterinstinkt mit ausgeprägter Säugebereitschaft der Mutterkuh ist daher sehr wichtig. Bei Erstlingskühen empfiehlt es sich, die Abkalbung und Angewöhnung in der Abkalbebucht ablaufen zu lassen, da Mutter und Kalb ungestört von der übrigen Herde sind und die Beobachtung sehr erleichtert wird.
Die Euterverschmutzung soll in der Hauptabkalbezeit durch ausreichende Einstreu möglichst gering sein. Da die frühzeitige Pansenausbildung für die spätere Grundfutteraufnahme und Entwicklung der Kälber ganz besonders wichtig ist, muß den Kälbern von der 2. bis 3. Lebenswoche an im Kälberschlupf bestes Heu und frisches Wasser, bei Bedarf auch Kraftfutter verabreicht werden.

FÜTTERUNGSBEDINGTE MANGELERKRANKUNGEN DES KALBES

Durch die oftmals unzureichende Futtermenge und schlechte Futterqualität, die den Mutterkühen verabreicht wird, kommt es immer wieder zu Mangelerscheinungen bei Kälbern. Werden die Kühe überwiegend oder ausschließlich mit zu spät gemähtem, schlecht geworbenem und daher gehaltlosem Heu gefüttert, so verringert sich auch gleichzeitig der Vitamin-A-Gehalt in der Milch, was zu Sehstörungen und höherer Infektionsbereitschaft des Kalbes führt. Aus diesem Grunde ist es wichtig, sich der Problematik dieser Mangelkrankheiten speziell anzunehmen.
Der Kälberschlupf darf nur für Kälber zugänglich sein und ist räumlich so anzuordnen, daß stets Sicht- und sonstiger Sinneskontakt zwischen Mutter und Kalb gegeben ist. Der Kälberschlupf wird dann sehr gerne und sofort angenommen und erfüllt neben seiner Funktion als Ruhezone auch die Aufgabe als Futterstelle mit nur für die Kälber vorgesehenen Futtermitteln. Die Angewöhnung an die Silageaufnahme bei Winterabkalbung erfolgt im Fütterungsbereich der Kühe. Bei Sommerabkalbung soll auch auf der Weide ein Kälberschlupf oder eine Spezialraufe vorhanden sein, um den jungen Kälbern auch bestes Heu anbieten zu können. Kraftfuttergaben sind nur bei schlechter Weide oder während längerer Schlechtwetterperioden erforderlich. Sind bei der Winterabkalbung die Milchmenge der Mutterkuh und die Grundfutterqualität sehr gut, ist die Kraftfuttergabe an die Kälber nicht unbedingt nötig. Bei schwacher Milchleistung und/oder schlechter Grundfutterqualität bringt die zusätzliche Kraftfuttergabe an die Kälber eine bessere Pansenentwicklung, die frühere Aufnahme an Grundfutter, bessere Gewichtsentwicklung und höhere Widerstandskraft gegen Krankheiten. Dabei sollen maximal 1,5 kg pro Kalb und Tag und insgesamt nicht mehr als 50 kg pro Winterfutterperiode verabreicht werden. Mit dem Kraftfutter wird den Kälbern auch die als Sicherungszuschlag empfohlene Menge an Mineral- und Wirkstoffen gegeben.

Vitaminmangel	Symptome	Therapie	Prophylaxe
A	vor **Geburt:** Aborte, Frühgeburt, augenlose Kälber, bei **Kälbern:** allgemeine Schwäche, Sehstörungen, Schleimhautdefekte, verminderte Resistenzlage	300.000-500.000 I.E. Vit. A / Tag	ß-Karotin-reiche Ernährung d. Mutterkühe mit gutem Heu. Futterrüben, Grassilage
B1	**CCN** (Cerebro-Cortikal-Nekrose) **Sterngucker-krankheit.** Kohlenhydratstoffwechselstörung im Gehirn durch B1-Mangel. Muskelzittern, Sehstörungen, Schielen, aufgerissene Augen, stolpernder Gang, **Sterngucker!** Festliegen, Tod binnen 3 Tagen.	Vit. B-Komplex	
D3	**Rachitis,** Vit. D-Wirkung nur bei UV-Licht möglich. Vit. D für Ca- und P-Resorption im Knochen wichtig. Gespannter Gang, erschwertes Aufstehen, verdickte Gelenke, „Rachitischer Rosenkranz", Gliedmaßendeformationen, Durchfallneigung, Lecksucht	Vitaminstoß, Ca- und P-Gaben	Vitaminmischung, um Bedarf zu decken (5–10 I.E./kg LG/Tag) gutes Heu und regelmäßig viel Auslauf
E/ Se	Antioxidationsmittel, oxid. Fettsäuren, Radikalfänger. **Muskelschwäche,** Tiere liegen viel, Steifheit tritt langsam od. plötzlich auf, gekrümmter Rücken Schluckbeschwerden Atemnot Tod d. Tieres. Sektion: auffallend helles Fleisch!	Vit. E-Se	Vitaminmischungen mit 150 mg Tocopherolacetat 0,25 mg Se/Tag oder 1000 I.E. Vit E. u. 3 mg Se s.c. am 2. Lebenstag u. Wiederholung in 2. und 4. Woche

Spurenelement-mangel	**Symptome**	**Therapie**	**Prophylaxe**
Magnesium	Muskelzittern, steifer Gang, seitl. Festliegen mit weggestreckten Extremitäten, starrer Blick, Schmatzen, gesteigerte Erregbarkeit.		Mineralstoffmischung 6 bis 8 g Mg-Oxid/ Kalb und Tag. Gutes Heu und etwas Getreideschrot
Zink	Hautstoffwechselstörungen, schmierige Beläge mit zahlreichen haarlosen Stellen. Wunden zeigen schlechte Heilungstendenz.	Zinkoxid	
Kupfer	auf kupferarmen Böden, Nervenscheiden werden nicht gut ausgebildet, Bewegungsstörungen mit auffallender Schwäche der Hinterhand. Tiere brechen hinten zusammen. Nach Pause gehen sie wieder normal bis zum nächsten Anfall. Pigmentierungsstörungen mit typischer Kupferbrille und rotbraunem Fell, Überbeinbildung an Fessel- u. Karpalgelenk. Durchfall!	Kupfersulfat	Cu-haltige Lecksteine (0,15% Cu-Sulfat) Weidebesprühung im Mai u. Juni mit 1,5 max. 2 kg $CuSO_4$ in Wasser gelöst/ha.
Jod	Auf jodarmen Böden in den Alpen **Kropfbildung.** Auch durch bestimmte Pflanzen (Kreuzblütler) entsteht ein Jodmangel	mehrmaliges Bestreichen mit Jodlösung	Lecksteine mit 0,01% Jodgehalt
Mangan	auf Torf und Sandböden sehr häufig! Oft Aborte, Lecksucht, Gliedmaßenverkrümmungen, Steilstellung der Hinterhand	Kälber: 1–2 g Mangansulfat p.o. tägl. Kühe: 2–4 g Mangansulfat p.o. tägl.	

FÜTTERUNG DER JUNGRINDER

In Betrieben mit Einstellerproduktion erfolgt die Bestandsergänzung normalerweise aus dem eigenen Bestand. Beim Produktionsverfahren mit Aufzucht der weiblichen Tiere zum Verkauf als Zuchtrinder oder als Mastkalbinnen müssen die dafür geeigneten Kuhkälber nach dem Abspänen abgesondert und entsprechend gefüttert werden. Ziel soll sein, die Kalbinnen mit 24 bis 25 Monaten Alter erstmals abkalben zu lassen, um die Erstlingskühe möglichst nahtlos in den bestehenden Abkalberhythmus einreihen zu können. Bei kontinuierlicher Abkalbung kann auch ein höheres Erstkalbealter gewählt werden.

DIE LEISTUNGSKONTROLLE

Wirtschaftlichen Erfolg wird und kann nur der Betrieb haben, in dem genau beobachtet und gewogen wird und Daten aufgezeichnet werden. Diese Daten erlauben eine objektive Beurteilung der Leistungen der einzelnen Tiere, Vergleiche mit anderen Betrieben und erforderlichenfalls Korrekturen der Produktionstechnik in den nicht optimalen Bereichen. Identität, Abstammung und Leistungsdaten sind auch für amtsärztliche Untersuchungen, Schutzimpfungen und den Ein- und Verkauf erforderlich. Dazu reicht das für die Prämiengewährung geforderte Bestandsverzeichnis keineswegs aus. Zur sicheren Identifizierung müssen alle Tiere mit Kennzeichen, die nach den Vorschriften der Tierkennzeichnungsverordnung 1995 zugelassen sind, markiert sein.

Folgende Daten werden unbedingt benötigt:

- Abstammung von Kuh und Stier
- Belegdatum der Kuh und Zeitraum des Deckeinsatzes des Stieres
- Kalbeverlauf
- Geburtsdatum und Geburtsgewicht
- Absetzdatum und Absetzgewicht der Einzeltiere

Daraus lassen sich die täglichen Zunahmen und die Zwischenkalbezeit errechnen sowie die Milchleistung der Kuh abschätzen. Aufzeichnungen über Zahl und Ursache von Kälberausfällen können mögliche haltungsbedingte Fehlerquellen aufzeigen. Beim Vergleich der Absetzgewichte ist zu beachten, daß die Gewichte von weiblichen Kälbern etwa 10 bis 15% unter denen der Stierkälber liegen. Kälber von Erstlingskühen erreichen wegen der geringeren Milchleistung etwa um 15 bis 20% niedrigere Absetzgewichte als Kälber von älteren Kühen. Bis zum dritten Kalb steigen die Absetzgewichte an.

Die Dauer der Zwischenkalbezeit soll möglichst nahe bei 365 Tagen liegen, um den an die Betriebssituation angepaßten Ablauf des „Jahres der Mutterkuh" mit Geburt, Aufzuchtphase, Absetz- und Trockenstehzeit nicht unnötig zu stören oder zu verlängern. Kühe mit längerer Zwischenkalbezeit geben oft hormonell bedingt mehr Milch, und ihre Kälber können beim Absetzen schwerer sein. Treten bei einzelnen Kühen öfters Probleme beim Trächtigwerden auf, sind weibliche Kälber solcher Tiere nicht für die Bestandsergänzung zu verwenden.

Wenn keine kontinuierliche Abkalbung und über das ganze Jahr verteilter Absatz erforderlich ist, schneidet die Winterabkalbung im Jänner bis März am besten ab. Der große Vorteil dabei ist, daß damit die beste Anpassung an das Futterangebot und die bestmögliche Nutzung des billigen Weidefutters durch Kuh und Kalb erreicht werden kann.

Die notwendigen Aufzeichnungen erfolgen am besten und übersichtlichsten mit Hilfe von Mutterkuh- und Aufzuchtblättern. Im Anhang ist ein Musterblatt mit allen nötigen

Aufzeichnungen, einem Beurteilungsschema für den Geburtsverlauf und die Berechnung der durchschnittlichen täglichen Zunahmen bzw. der Tagesentwicklung angeführt. Für jede Kuh wird ein eigenes Aufzuchtblatt geführt und laufend in Evidenz gehalten. Die Aufzeichnungen sind neben der wirtschaftlichen Beurteilung auch eine wertvolle Hilfe für die züchterische Einschätzung des eingesetzten Stieres sowie eine wertvolle Selektionshilfe für die eigene Nachzucht bzw. der für den Verkauf bestimmten Zuchttiere. Nur wenn die weibliche Nachzucht von den besten Mutterkühen abstammt, ist die dauerhafte Einhaltung des geforderten hohen Leistungsniveaus in der Mutterkuhherde gewährleistet.

GRUNDSÄTZE FÜR DIE DURCHFÜHRUNG DER LEISTUNGSPRÜFUNGEN

Voraussetzungen

Die erfaßten Daten müssen wahre Angaben über die Identität, das Geschlecht, die Rasse und das Geburtsdatum des Tieres sein. Rinder, die zur Leistungsprüfung angemeldet sind, müssen dauerhaft und unverwechselbar entsprechend den gesetzlichen Vorschriften gekennzeichnet werden. Für die Kennzeichnung ist die beauftragte Organisation zuständig. Die Gewichtsfeststellung erfolgt mit einer Tierwaage von einer unabhängigen Leistungsprüfungsorganisation.

Fleischleistungsprüfung

Die Fleischleistungsprüfung wird am Tier selbst (Eigenleistungsprüfung), an seinen Geschwistern (Geschwisterprüfung) oder an seinen Nachkommen (Nachkommensprüfung) durchgeführt. Sie wird als Stationsprüfung in einer Prüfanstalt oder einer Aufzuchtstation oder als Feldprüfung in Zucht-, Mast- oder Schlachtbetrieben oder bei Veranstaltungen der Zuchtorganisationen durchgeführt.
Die Fleischleistungsprüfung bei Extensivrassen beschränkt sich auf eine Bewertung von Rahmen, Bemuskelung und Form nach einem Notensystem (von 1 bis 9). Extensivrassen (Hochlandrinder, Galloway und Luing u.a.) sind von einer Gewichtsfeststellung ausgenommen.

Eigenleistungsprüfung

- **Stationsprüfung**
  Die Stationsprüfung erstreckt sich bei Stieren der Fleischrassen auf mindestens 120 Tage, bei Stieren der Zweinutzungsrassen auf mindestens 200 Tage. Sie beginnt innerhalb der ersten acht Lebensmonate und wird unter möglichst einheitlichen Fütterungs- und Haltungsbedingungen durchgeführt. In der Prüfung werden mindestens die Futteraufnahme und die durchschnittliche tägliche Gewichtszunahme im Prüfungszeitraum ermittelt sowie zur Schätzung des Fleischanteiles die Bemuskelung bei Prüfungsende bewertet.

- **Aufzuchtstation**
  In der Prüfung wird mindestens die durchschnittliche tägliche Gewichtszunahme im Prüfungszeitraum ermittelt sowie zur Schätzung des Fleischanteiles die Bemuskelung bei Prüfungsende bewertet.

- **Feldprüfung**
  Die Feldprüfung erstreckt sich vom Tage der Geburt bis mindestens zum Ende des ersten Lebensjahres. In der Prüfung wird mindestens die durchschnittliche tägliche Gewichtszunahme im Prüfungszeitraum ermittelt sowie zur Schätzung des Fleischanteiles die Bemuskelung bei Prüfungsende bewertet. Zur Ermittlung der durchschnittlichen täglichen Zunahme werden Alter und Gewicht bei Prüfungsende ermittelt und das Gewicht, abzüglich des Geburtsgewichtes, durch die Anzahl der Lebenstage dividiert. Ist das Geburtsgewicht nicht ermittelt worden, so wird ein rassetypisches Geburtsgewicht zugrunde gelegt. In Mutterkuhherden (Fleischrinderzuchtbetrieben) wird das auf 210 Tage hochgerechnete Absetzgewicht ermittelt, zusätzlich kann das 365-Tage-Gewicht ermittelt werden.

Nachkommensprüfung

- **Stationsprüfung**
  Die Stationsprüfung beginnt bei Fleischrassen innerhalb der ersten acht Lebensmonate und erstreckt sich auf mindestens 120 Tage; sie beginnt bei Zweinutzungsrassen und bei Kreuzungskälbern nach einer Eingewöhnungsperiode spätestens am 112. Lebenstag und dauert in der Regel bis zum 420. Lebenstag. In der Prüfung werden vor der Schlachtung mindestens die durchschnittliche tägliche Gewichtszunahme im Prüfungszeitraum sowie die Bemuskelung von Keule,

Rücken und Schulter und der Verfettungsgrad nach einem Notensystem ermittelt. Nach der Schlachtung werden die Nettogewichtszunahme, der Verfettungsgrad und zur Ermittlung des Fleischanteils die Handelsklasseneinstufung ermittelt. Die Nettogewichtszunahme ergibt sich aus dem Zweihälftengewicht (warm) dividiert durch die Zahl der Lebenstage. Ergebnisse der Eigenleistungsprüfung nach Stationsprüfung können zusammengefaßt werden.
Zusätzlich können die Körpermaße und die Futteraufnahme ermittelt werden:
Nach der Schlachtung können noch das Nierenfettgewicht und das Vierfüßegewicht zur Ermittlung des Fettanteils und des Knochenanteils, der Fleischanteil mittels Zerlegung der Fleisch- und Knochendünnung, die Schlachtausbeute, der Pistolenanteil und die Schlachtkörperlänge festgestellt werden.

- **Feldprüfung**

  Einfache Feldprüfung

  Eine Prüfungsgruppe besteht aus einer Stichprobe der männlichen Nachkommen des Prüfstieres. Die Ergebnisse werden an den Schlachtstätten ermittelt. Es werden mindestens der Mastbetrieb, das Datum der Schlachtung, der Schlachtbetrieb, die Lebensnummer des Schlachttieres, die Kategorie, das Lebendgewicht, das Zweihälftengewicht, die Handelsklasse und der Klassifizierer ermittelt.

  Gelenkte Feldprüfung

  Sie wird entsprechend der Stationsprüfung durchgeführt. Eine Prüfungsgruppe besteht aus männlichen Kälbern des Prüfstieres, die eine Stichprobe seiner Nachkommen darstellen. Eine Prüfungsgruppe muß auf mindestens drei Mastgruppen und soll auf mindestens drei Betriebe verteilt sein.

- **Prüfung auf Kälber-Absatzveranstaltungen**

  Eine Prüfungsgruppe besteht aus männlichen Kälbern des Prüfstieres. Es werden mindestens das Alter, das Lebendgewicht und der Preis je Kilogramm Lebendgewicht ermittelt. Die Bewertung der weiblichen Nachkommen des Stieres erfolgt nach rassenspezifischen Grundsätzen.
  Eine Stichprobe von Töchtern des Prüfstieres wird innerhalb von sechs Monaten nach der ersten Kalbung beurteilt.

- **Prüfung in Mutterkuhherden**

  Es werden die auf 210 Tage standardisierten Absetzgewichte der Kälber unter Berücksichtigung des Geschlechts ermittelt. Zusätzlich kann das 365-Tage-Gewicht ermittelt werden.

Leistungsprüfung auf funktionale Merkmale

Fruchtbarkeit auf Grund der Non-Return-Rate (NRR):
Die NRR ist die statistisch ermittelte Verbleiberate nach Erstbesamungen. Sie wird für die männliche Fruchtbarkeit über den Befruchtungserfolg des Stieres, für die weibliche Fruchtbarkeit über den Befruchtungserfolg bei den Kühen ermittelt. Bei der Berechnung der Non-Return-Rate von Stieren bleiben die Abgänge unberücksichtigt.

Kalbeverlauf

Der Kalbeverlauf sowie Kälberverluste, Mehrlingsgeburten und Mißbildungen werden getrennt für erste und spätere Abkalbungen durch Befragen der Tierhalter und Tierärzte ermittelt.

Nutzungsdauer

Der Zuchtwert für die Nutzungsdauer wird – soferne möglich – mittels eines statistischen Schätzwertes errechnet.

Mutterkuhherden

In Mutterkuhherden werden das Erstkalbealter, die Zwischenkalbezeit, die Anzahl geborener Kälber und die Muttereigenschaften ermittelt.

Äußere Erscheinung

Weibliche und männliche Tiere können in den Punkten Typ, Rahmen, Bemuskelung, Form oder Euter mit Noten beurteilt werden. Bei den männlichen Tieren tritt an Stelle der Euternote eine Note für das Fundament. Die Nachzuchten eines Stieres können im Rahmen einer Nachzuchtbeurteilung in genau definierten Unterpunkten von Typ, Rahmen, Bemuskelung, Form und Euter mittels einer linearen Benotungsskala bewertet werden. Der Zuchtwert eines Stieres wird mittels Relativzahlen der Merkmale Rahmen, Bemuskelung, Form und Euter ausgedrückt. Diese Einzelzuchtwerte können zu einem Gesamtzuchtwert zusammengefaßt werden.
Außerdem kann das äußere Erscheinungsbild noch durch Körpermaße wie Kreuzhöhe, Widerristhöhe, Körperlänge, Brusttiefe, Brustumfang, Beckenbreite und Gewicht charakterisiert werden.
Ergänzend kann eine verbale Beschreibung vorgenommen werden.

Eignung zur Landschaftspflege

Zur Beurteilung der Eignung zur Landschaftspflege werden die Merkmale Widerstandsfähigkeit, Genügsamkeit, Marschfähigkeit, klimatische Anpassungsfähigkeit und Betreuungsaufwand bewertet.

GRUNDSÄTZE FÜR DIE FESTSTELLUNG DES ZUCHTWERTES BEI RINDERN

Allgemeines

Der Zuchtwert wird nach wissenschaftlichen Methoden festgestellt. Dabei werden verwandtschaftliche Beziehungen berücksichtigt und Leistungsunterschiede, die nicht genetisch bedingt sind, nach Möglichkeit ausgeschaltet.
Werden Leistungsmerkmale (Milch-, Fleisch-, Zuchtleistung) in einem Index zusammengefaßt, so werden sie nach ihrer sich aus dem Zuchtprogramm ergebenden Bedeutung gewichtet.

Fleischleistung

Es wird ein Zuchtwert für die Mastleistung und für die Schlachtleistung bzw. für Teilbereiche davon festgestellt. Die Zuchtwerte werden als Relativzahlen dargestellt. Die Teilzuchtwerte werden zu einem integrierten Zuchtwert Fleischleistung zusammengefaßt.

Zuchtleistung

Die Leistungsmerkmale männliche und weibliche Fruchtbarkeit, der Kalbeverlauf und die Nutzungsdauer werden entsprechend ihrer Bedeutung gewichtet.

DIE RASSENWAHL

Der Weltrinderbestand umfaßt 1,25 Milliarden Tiere und setzt sich aus ca. 300 Rassen zusammen. Davon gehören 80 Rassen dem Milchnutzungstyp und 220 Rassen, zumindest teilweise, dem Fleischnutzungstyp an.
Es gibt also dreimal so viele Rassen, die für die Fleischproduktion in Frage kommen. Zusätzlich spielen Kreuzungsprogramme eine große Rolle.

DIE REINZUCHT INTENSIVER FLEISCHRASSEN

Auswahl der Rasse

Die Art der speziellen Fleischrasse für die Zucht und Mutterkuhhaltung hängt von verschiedenen Faktoren ab, die in folgender Tabelle dargestellt werden.

Wechselwirkungen von Rasse bzw. Genotyp, Standort- und Haltungsbedingungen sowie Produktionsziel und Betriebsform in ihrer Komplexität (mod. n. GOLZE, 1996)

Produktionsziel
- Zuchtvieh, Kälber
- Ochsen, Kalbinnen
- Stiere, Einsteller

Betriebsform
- Haupterwerbsbetrieb
- Zu- und Nebenerwerbsbetrieb
- Hobbytierhaltung
- Vermarktung
  - Direkt/Indirekt
  - Saisonalität
  - Lebend/Totvermarktung
  - Markenfleischprogramm

Rasse bzw. Genotyp in der Fleischrinder- und Mutterkuhhaltung

Aufstallungsform
- Stallose Haltung
- Schutzhütte
- Kaltlaufstall
  - Tieflaufstall mit/ohne Laufhof
  - Tretmiststall
  - Liegeboxenstall u.a.
- Anbindestall mit Auslauf

Standort/Futtergrundlage
Mastdauer
- Landschaftspflege
- Extensive Grünlandnutzung
- Nutzung ertragreichen Grünlands
- Ackerbaustandort
- Futterabfälle und Restflächen
- Almnutzung

Dabei unterscheiden sich die in Frage kommenden Rassen in folgenden Merkmalen:

Größe und Gewicht

Die Größe und das Gewicht sind bedeutende Voraussetzungen, da das Wachstum, die täglichen Zunahmen, die Milchproduktion und die Futterkosten beeinflußt werden. Der Erhaltungsbedarf großer Kühe ist höher als der von kleineren Rassen, was bei langen Wintern von Bedeutung sein kann. Bei guten Fütterungsvoraussetzungen haben große Rassen eindeutige Vorteile.

Großrahmige Tiere sind nur auf besten Weidestandorten und nicht zu steiler Hanglage einzusetzen, da die Futteransprüche dieser Tiere relativ hoch sind. Sind die Kälber als Einsteller für die anschließende Ausmast vorgesehen, sollen unbedingt großrahmige Tiere gewählt werden. Hohe Tageszunahmen, gute Bemuskelung und beste Ausschlachtungsergebnisse sind die wesentlichsten Kriterien, die speziell die großrahmigen Rassen Charolais, Blonde d'Aquitaine, Fleckvieh und Gelbvieh erfüllen. Diese Rassen werden auch als Intensivrassen bezeichnet.

Tiere mit mittlerem Rahmen stellen an die Weide und an die Futtergrundlage etwas geringere Ansprüche. Die Absetzer sind sowohl für die Ausmast als auch für die Babybeef-Produktion gut geeignet. Zur Ausmast werden eher die männlichen Einsteller und als Babybeef die weiblichen Kälber verwendet. Die wichtigsten und bei uns häufigsten Rassen dafür sind Limousin, Angus, Pinzgauer und Grauvieh.

Kleinrahmige Rassen stellen relativ geringe Ansprüche an die Weide und Fütterung im Winter, an Stallgebäude und an die Betreuung. Durch das leichtere Gewicht können auch steilere Weideflächen ohne größere Grasnarbenschäden genutzt werden. Fallweise ist auch ganzjährige Freilandhaltung möglich. Die Mast- und Schlachtleistung dieser Tiere ist allerdings gering, und der Schlachtkörper erfüllt nicht immer die geforderten Qualitätsansprüche. Das Halten von kleinrahmigen Extensivrassen ist nur dann wirtschaftlich, wenn ein hoher Anteil extensiver Weiden genutzt werden muß, wenn langfristig Zuchtvieh zu guten Preisen verkauft oder für die Absetzer im Rahmen der Direktvermarktung überdurchschnittlich hohe Fleischpreise erzielt werden. Vertreter dieser Rassen sind Hochlandrinder, Galloway und Luing.

In der folgenden Übersicht sind wirtschaftlich ausschlaggebende Eigenschaften hinsichtlich Aufzucht, Mast- und Schlachtleistung sowie Fleischqualität der wichtigsten Fleischrinderrassen zusammengestellt.

Eigenschaften der wichtigsten Fleischrinderrassen

<table>
<tr><th colspan="2">Rassen (Einteilung nach Rahmen, Übergänge fließend)</th><th>Frühreife</th><th>Leichtkalbigkeit</th><th>Milchleistung</th><th>Mastleistung (tägl. Zunahme)</th><th>Ausschlachtung</th><th>Verfettungsneigung</th><th>Fleischanteil</th><th>Marmorierung</th><th>Feinfasrigkeit</th></tr>
<tr><td rowspan="2">Großrahmige Rassen</td><td>CH</td><td rowspan="2">Ø</td><td>–</td><td rowspan="2">Ø</td><td rowspan="2">++</td><td rowspan="2">++</td><td rowspan="2">–</td><td rowspan="2">++</td><td>Ø</td><td rowspan="2">–</td></tr>
<tr><td>BA</td><td>Ø</td><td>–</td></tr>
<tr><td rowspan="4">Mittelrahmige Rassen</td><td>FV, GV</td><td rowspan="2">+</td><td rowspan="2">Ø</td><td rowspan="2">++</td><td rowspan="2">+</td><td rowspan="2">+</td><td rowspan="2">Ø</td><td rowspan="2">+</td><td rowspan="2">Ø</td><td rowspan="2">Ø</td></tr>
<tr><td>PI</td></tr>
<tr><td>DA</td><td></td><td></td><td>+</td><td rowspan="2">+</td><td>+</td><td>+</td><td rowspan="2">++</td><td>++</td><td>++</td></tr>
<tr><td>LI</td><td>+</td><td>+</td><td>Ø</td><td>++</td><td>Ø</td><td>+</td><td>+</td></tr>
<tr><td></td><td>AA</td><td>++</td><td>++</td><td>Ø</td><td>Ø</td><td>+</td><td>++</td><td>+</td><td>++</td><td>++</td></tr>
<tr><td rowspan="2">Kleinrahmige Rassen</td><td>GA</td><td>Ø</td><td rowspan="2">++</td><td>Ø</td><td rowspan="2">–</td><td>Ø</td><td>+</td><td>Ø</td><td rowspan="2">+</td><td rowspan="2">++</td></tr>
<tr><td>HL</td><td>–</td><td>–</td><td>–</td><td>–</td><td>–</td></tr>
</table>

++ sehr hoch + überdurchschnittlich Ø durchschnittlich – niedrig

CH = Charolais BA = Blonde d´Aquitaine FV = Fleckvieh GV = Gelbvieh PI = Pinzgauer
DA = Deutsch Angus LI = Limousin AA = Aberdeen Angus GA = Galloway HL = Highland

Quelle: BMLF, Beratungsschrift „Mutterkuhhaltung", 1990.

Großrahmige Tiere (z.B. Charolais) brauchen mehr und besseres Futter als kleinrahmige (z.B. Galloway), weil sie nur dann ihre Vorteile ausspielen können, wenn sie intensiv gefüttert werden.
Die heimischen Züchter der speziellen Fleischrinderrassen importierten anfangs reinrassige Tiere aus den Ursprungsländern und verwenden nun in erster Linie geprüfte Vatertiere aus diesen Populationen, da die heimischen Fleischrassen-Populationen für eine effiziente Selektion zu klein sind.
In den letzten Jahren nimmt auch die Reinzucht von Fleischrassen deutlich zu und wird vor allem in Form der Mutterkuhhaltung durchgeführt (z.B. Limousin, Charolais, Angus usw.).

Eignung verschiedener Fleischrassen für extensive Weideverfahren und Haltungsbedingungen sowie zur Landschaftspflege

Extensiv- od. Robustrassen	Mittelintensivrassen	Intensivrassen
Highland Galloway Luing	Welsh Black Salers Hereford Aberdeen Angus Shorthorn Red Lincoln Devon Deutsch Angus	Pinzgauer Rotbunte Gelbvieh Limousin Fleckvieh Piemonteser Chianina Charolais Blonde d'Aquitaine Weißblaue Belgier

Milchproduktion

Grundsätzlich sind die Milch- und Fleischleistung genetisch negativ korreliert. Je milchbetonter eine Rasse ist, umso weniger Fleischfülle kann sie vererben und umgekehrt. Nur bei Zweinutzungsrassen wie z. B. Fleckvieh ist es durch gezielte Zuchtarbeit möglich, beide Merkmale zu kombinieren. Die Milchleistung ist aber auch bei Fleischrassen von Bedeutung, da die Zunahmen des Kalbes hauptsächlich von der Milchaufnahme abhängen (vgl. v.a. Absetzgewicht).

Rinderrassen im Vergleich von Gewicht und Milchproduktion

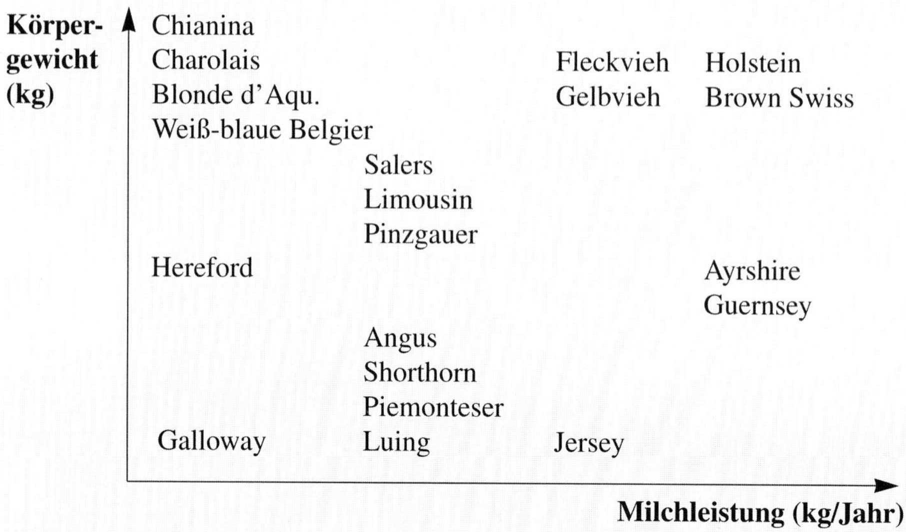

Fruchtbarkeit

Die Fruchtbarkeit ist eine der wesentlichen Produktionsgrundlagen. Ohne sie gibt es weder Milch noch Fleisch von den Nachkommen. Kalbinnen sollten mit ca. zwei Jahren ihr erstes Kalb bringen. Extreme Fleischleistung ist mit der Fruchtbarkeit aber negativ korreliert.
Unterschieden werden:

Weibliche Fruchtbarkeit	**Männliche Fruchtbarkeit**
Eintritt der Pubertät = 1. Brunst Brunstausprägung Trächtigkeitsrate Kalbeverlauf Geburtsgewicht Wiederkommen der 1. Brunst Aufzuchtrate Zwischenkalbezeit	Pubertätseintritt = Gute Samenqualität Deckverhalten Hodenumfang Kalbeverlauf

Spezielle Fleischrassen in Österreich

Die Spezialisierung der Rinder auf die Nutzungseinrichtungen Milch und Fleisch begann etwa in den 60er Jahren. Langsam erfolgte der Schritt weg von den Rinderrassen, die drei Nutzungsrichtungen verfolgten (Arbeit, Milch und Fleisch), hin zu Rassen mit mehr Milchleistung.
Nur wenige Landrassen überlebten diese Entwicklung bis heute (Kärntner-, Waldviertler Blondvieh, Murbodner, Pinzgauer, Tuxer) und werden nun großteils als Genreserven gezüchtet. Erst zu Beginn der 80er Jahre kamen Fleischrassen in namhaften Größen nach Österreich.
Die Fleischrassen werden in großrahmige, mittelrahmige und kleinrahmige Rassen unterteilt. Dieses Beurteilungskriterium läßt Schlüsse auf die Nutzungsintensität und den Reifegrad zu.

Rinderrassen im Vergleich von Größe und Bemuskelung

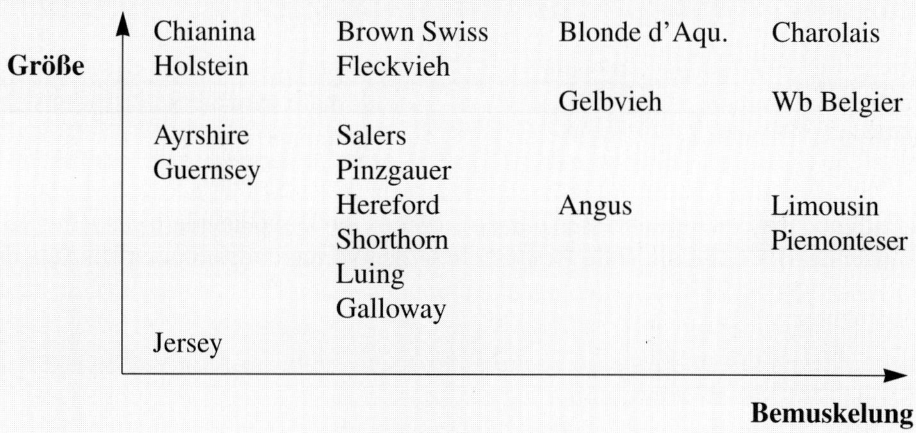

Im folgenden werden die Rassen in alphabetischer Reihenfolge vorgestellt.

Angus

Sie stammen aus Schottland und werden seit etwa 200 Jahren züchterisch bearbeitet. In den letzten Jahrzehnten haben sich in einigen Staaten Anguszuchten entwickelt, die vom ursprünglichen Aberdeen Angus abweichen (z.B. Deutsch Angus).

Vorteile	*Nachteile*
guter Mutterinstinkt, leichte Abkalbung, sehr gute Aufzuchtleistung, bestes Steakfleisch	frühe Verfettung, nicht optimale Futterumwandlung

Kennzeichen: einfarbig schwarz; walzenförmiger Rumpf; kurze und feine Beine; genetisch hornlos. Widerristhöhen von 130 cm werden vom Stier erreicht, Kühe etwa 125 cm. Gewichte von 1200 kg beim Stier und 750 kg bei der Kuh sind möglich.

Weiß-blaue Belgier

Vorteile	*Nachteile*
höchstes Fleischbildungsvermögen, hohe Nettozunahmen, höchste Ausschlachtung	Geburtsprobleme in der Reinzucht, deshalb wird die Rasse bei uns nicht gezüchtet

Diese mittelrahmige Rasse stammt aus Belgien und stellt bezüglich der Muskelfülle das Extrem unter den Fleischrassen dar, da großteils mit Doppellendern gezüchtet wird. Besonders auffällig ist die volle Bemuskelung der Vorhand, des breiten Rückens und der Keulen, die bis zu den Sprunggelenken hinunterreicht. Die Geburtsgewichte liegen bei den Kälbern niedrig, doch ist in der Reinzucht der Kaiserschnitt üblich, da das mütterliche Becken fast weggezüchtet wurde und andererseits das Kalb sehr wertvoll und in Belgien der Kaiserschnitt billig ist.
Trotz befürchteter Probleme scheinen die Gruppen, die bereits seit Jahren Gebrauchskreuzungsprogramme durchziehen, sehr zufrieden zu sein. Die angenommenen Schwierigkeiten bei den Geburten sind in der Gebrauchskreuzung nicht eingetroffen (Doppellendigkeit ist ein rezessives Merkmal, tritt daher nicht in der F1 auf).
Kennzeichen: weiß bis schwarz gefleckte Tiere; feine Knochen und sehr hohe Ausschlachtung. Widerristhöhe der Stiere 150 cm bei Gewichten von etwa 1000 kg.

Angus

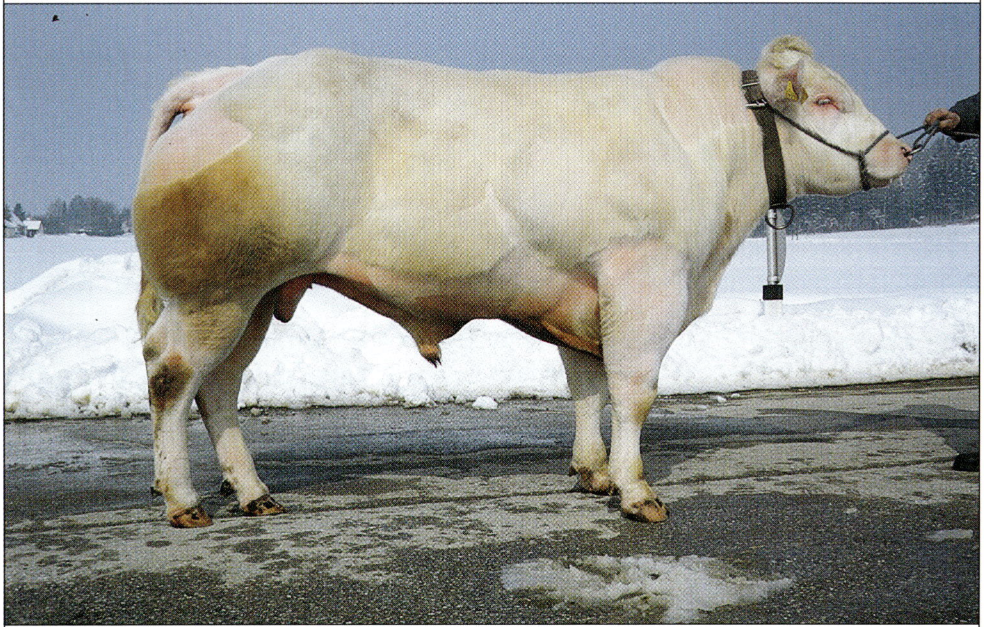

Weiß-blaue Belgier

Blonde d'Aquitaine

Dies ist eine noch junge Rasse in Österreich, 1994 wurden erstmals ca. 20 Kalbinnen und einige Zuchtstiere aus Dänemark eingeführt.
Diese südfranzösische Fleischrasse ist spätreif. Die großrahmigen, einfarbig hellgelben bis weißen Tiere bringen hohe Schlachtausbeuten bei entsprechenden Zuwachsleistungen; auf leichte Abkalbungen ist ebenfalls zu achten.

Vorteile	*Nachteile*
sehr gute Zunahmen, feiner Knochenbau, schwere, lange Schlachtkörper, idealer Kreuzungspartner für Braunvieh und für die Ochsenproduktion	schwere Kälber, Probleme in der Reinzucht (Fruchtbarkeit), Spätreife, wenn Schlachtgewichtsobergrenzen bestehen

Diese Rasse galt in Frankreich als vorzügliche Ochsenrasse.
Kennzeichen: Die Kühe erreichen Widerristhöhen von 145 cm und Gewichte von 750 bis 850 kg; bei Stieren liegen diese Werte bei 150 bis 160 cm und bis zu 1300 kg.

Charolais

Vorteile	*Nachteile*
höchste tägliche Zunahmen, Spätreife, geringe Verfettung, hohe Endgewichte	Abkalbungen nicht problemlos

Das einfarbig weiße, großrahmige und schwere französische Charolais-Rind wird auch in Österreich gezüchtet. Die Schwerpunkte liegen in Niederösterreich und Kärnten. Die besten Ergebnisse können mit Charolais in der Kreuzung mit Fleckvieh erzielt werden.
Kennzeichen: Die Widerristhöhe beträgt bei Kühen etwa 145 cm mit Gewichten von 750 bis 900 kg; bei Stieren von 145 bis 155 cm Widerrist und bis zu 1400 kg.

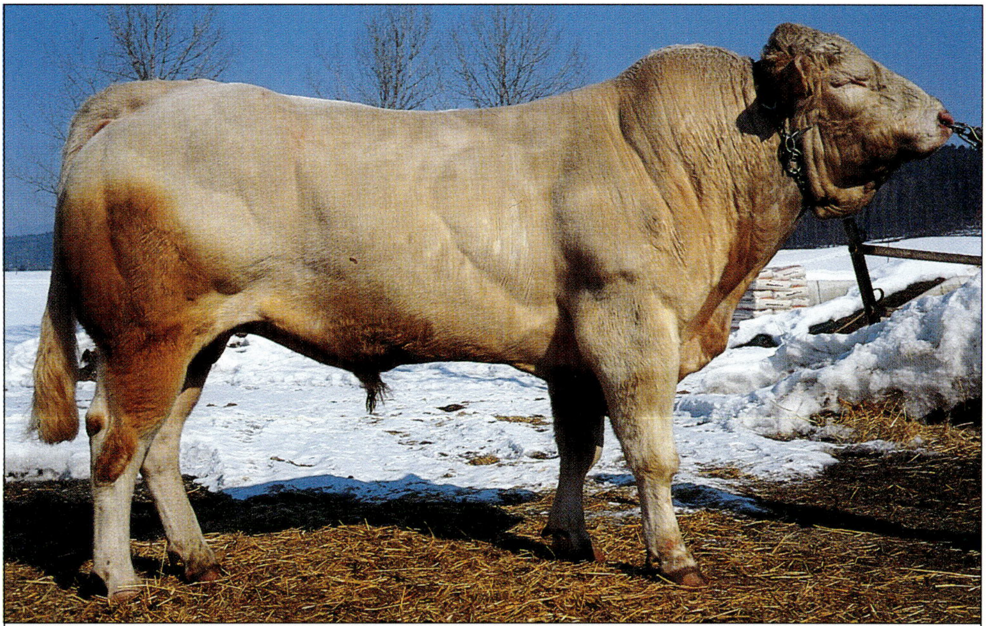

Blonde d’Aquitaine

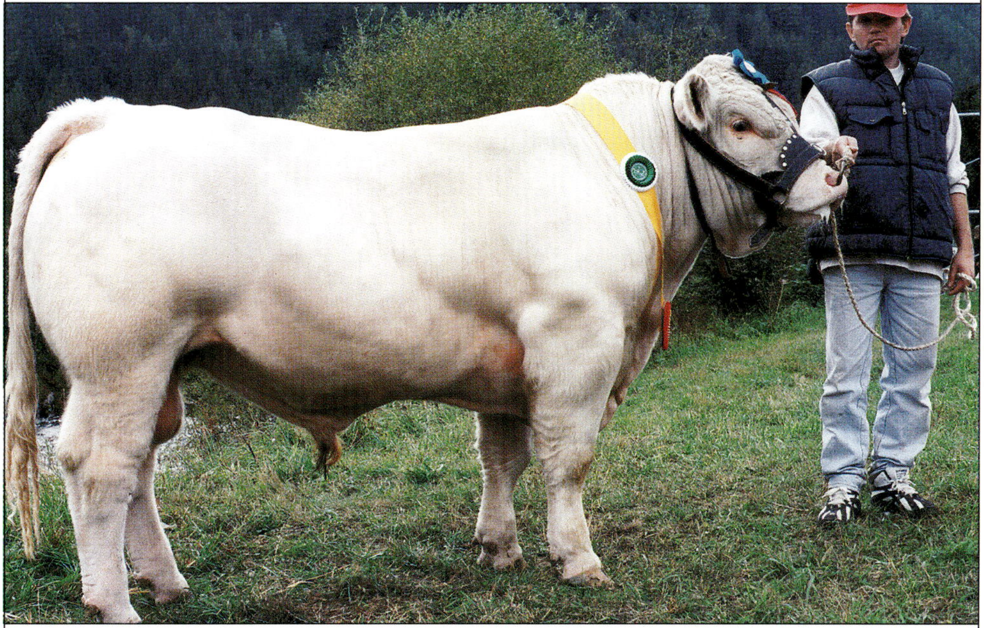

Charolais

Fleckvieh

Vorteile

gute Milchleistung, gute Mutterkuheigenschaften, genetische Hornlosigkeit möglich, ideal für Gebrauchskreuzungen, Zuchtwertschätzung möglich

Nachteile

breite Linienführung, Betonung der Milchproduktion, Spätreife

Weltweit ist diese Rasse in der Fleischrinderhaltung sehr beliebt, weil die Jungtiere rasch wachsen und sehr gut zunehmen. Als Fleischrasse wird sie weltweit als „Simmentaler" bezeichnet. Das moderne Zuchtziel der Rasse Fleckvieh geht in Richtung hoher Milchleistung bei hoher Fleischleistung. In der Mutterkuhhaltung wird Fleckvieh vor allem wegen der guten Milchleistung der Kühe geschätzt. Weiters werden genetisch hornlose Fleckviehstiere immer interessanter.
Kennzeichen: Der Kopf ist stets weiß, der Rumpf einfarbig bis gescheckt bei hellgelber bis dunkelroter Farbe, Unterbeine weiß. Widerristhöhe bei Kühen 140 cm bei Gewichten von etwa 650 bis 800 kg und bei Stieren von 150 cm und 1200 kg.

Galloway

Vorteile

widerstandsfähig
genetisch hornlos

Sie stammen aus dem Südwesten Schottlands und gelten als die älteste Rinderrasse Großbritanniens. Es fanden nie Einkreuzungen statt. Diese Rasse ist weltweit verbreitet und wird besonders in Deutschland als „Landschaftspfleger" eingesetzt. Gallowaytiere sind besonders widerstandsfähig und anspruchslos.
Sie werden ganzjährig im Freien gehalten und verkraften selbst rauhestes Klima.
Kennzeichen: Sie sind einfarbig schwarz oder weiß oder mit weißem Gürtel um die Bauchmitte (Belted Galloway) und haben langes, welliges Haar.
Der Kopf ist kurz und breit mit langen Ohren. Sie sind genetisch hornlos. Eine volle Schulter und ein breiter Rücken weisen auf eine gute Bemuskelung der Tiere hin. Gallowaytiere sind sehr tief und rumpfig mit kurzen Beinen. Stiere erreichen Widerristhöhen von etwa 130 cm und Gewichte von 900 kg, Kühe etwa 120 cm und bis 600 kg Gewicht.

Fleckvieh

Galloway

Gelbvieh

Vorteile	*Nachteile*
harte Klauen	stark verdrängt
frühreif	
fruchtbar	
totale Pigmentierung	

Dies ist ein Sammelbegriff, der neben dem Frankenrind das Limpurger und Glanrind (BRD) und die österreichischen Schläge (Murbodner, Waldviertler und Kärntner Blondvieh) umfaßt. Gelbvieh ist verwandt mit anderen europäischen Rassen (Blonde d'Aquitaine, Limousin, South Devon). Diese ursprünglichen Rassen wurden stark verdrängt. Versuche zur Erhaltung als Genreserven sind aber vielversprechend (ÖNGENE).
Kennzeichen: einfarbig gelb bis braun, Augenumgebung und Flotzmaul, Hornspitzen und Klauen dunkel. Sehr harte Klauen. Diese Rasse verfügt über eine lange Mittelhand mit ausgeprägten Fleischpartien in Keule, Rücken und Schulter. Widerristhöhe der Kühe von etwa 140 cm und 650 bis 800 kg; bei den Stieren von 140 cm und 1100 kg. In der Fleischrinderhaltung wird das Gelbvieh unter häufig extensiven Bedingungen zur Gebrauchskreuzung mit einheimischen Rassen eingesetzt.
Die Kreuzungstiere sind frühreifer, fruchtbarer und verbessern bei kleinen Rassen das Wachstumsvermögen und die täglichen Zunahmen in der Mastperiode. Von besonderer Bedeutung ist in Gebieten mit hoher Sonneneinstrahlung die totale Pigmentierung der Gelbviehtiere, so daß keine Augenkrankheiten auftreten.

Murbodner, Waldviertler- und Kärntner Blondvieh

Vorteile	*Nachteile*
robuste Natur	stark durchkreuzt
Tritt- und Gangsicherheit	

Diese Rassen haben eine robuste Natur und eine gute Wesensart; die Leichtfutterigkeit und die korrekten Extremitäten sind typisch.
Besonders für den Weidegang auf den Almen und den Heimflächen sind Tritt- und Gangsicherheit verlangt, Voraussetzungen, die diese Rinderrassen mit ihren bekannt festen Klauen besonders auszeichnet.
Für die Mutterkuhhaltung besonders gut geeignet, weil das Verhältnis Milchleistung der Kuh/Milchaufnahme bzw. -verwertung des Kalbes gut aufeinander abgestimmt sind.

Murbodner

Hereford

Hereford

Vorteile	*Nachteile*
frühreif	Fettansatz

Die Herefordrasse ist weltweit stark verbreitet und stammt aus England. Bei mittlerem Rahmen sind die Tiere frühreif. Die Aufzuchtraten und Absetzgewichte der Kälber sind hoch und auch bei Kreuzungen vorhanden. Der niedrige Erhaltungsbedarf und die Langlebigkeit machen sie auch wirtschaftlich interessant, der Fettansatz ist aber etwas stärker.
Kennzeichen: Die Tiere sind rotbraun mit weißem Latz und Rückenstrich. Der weiße Kopf wird auch dominant vererbt.

Maße: WH:	weibl.	130 bis 140 cm	Gewicht:	weibl. 600 bis 750 kg
	männl.	140 bis 150 cm		männl. 900 bis 1200 kg

Geburtsgewicht: 35 kg

Hochlandrind

Vorteile

hohe Lebenserwartung
geringe Futteransprüche

Die Hochlandrinder stammen aus Schottland und werden seit 200 Jahren in Reinzucht gezüchtet, in Österreich seit 1985.
Als Hauptleistungen dieser Rasse gelten hohe Fruchtbarkeit, problemlose Abkalbung und hohe Lebenserwartung. Geringe Futteransprüche und Robustheit erlauben eine ganzjährige Freilandhaltung. Hartes, reifes Gras wird bevorzugt. Hochlandrinder haben von den Extensivrassen die größte Verbreitung in Österreich.
Kennzeichen: Urwüchsiges Aussehen, Gelb- bis Rostbraun, Schwarz oder Weiß sind möglich. Langes, zotteliges Haarkleid; weitgeschwungene, lange Hörner. Widerristhöhe etwa 130 cm bei Stieren und 120 cm bei Kühen. Gewichte von 600 kg bei Stieren und 400 kg bei Kühen sind zu erwarten.

Hochlandrind

Limousin

Limousin

Vorteile	*Nachteile*
Leichtkalbigkeit, Frühreife	geringe Brutto-Tageszunahmen in der Mast
eigene Zucht in Österreich	leichte Schlachtkörper
Frohwüchsigkeit der Kälber	Tiere sind lebhaft
hohe Ausschlachtungsporzente	

Hier handelt es sich um eine mittelrahmige Fleischrasse aus Frankreich, die bereits eine traditionelle Fleischrasse in Österreich, speziell in der Steiermark, geworden ist.
Kennzeichen: Die einfarbig rotbraunen bis rötlich-gelben Tiere mit hellem Flotzmaul und aufgehellter Augenumrandung erreichen eine sehr gute Schlachtkörperqualität mit geringem Fettansatz. Die Tiere haben einen feinen Knochenbau, und die Muskulatur ist besonders an der Hinterhand ausgeprägt. Widerristhöhe bei Kühen 135 cm und Gewichte von etwa 750 kg; bei Stieren von etwa 145 cm und 1200 kg. Bei der Selektion wird auf geringe Geburtsgewichte geachtet, daraus resultieren ein günstiger Kalbeverlauf und gute Aufzuchteigenschaften. Bei Gebrauchskreuzungen erzielt man mit dieser Fleischrasse keine Verbesserungen bei den täglichen Zunahmen, aber die Kreuzungsnachkommen sind für die Produktion von Jungrindfleisch bestens geeignet, da bereits bei niedrigem Alter die Schlachtreife erreicht wird. (z.B. Styria-Beef-Programm).
Die Rasse kennzeichnet ein leichter Geburtsverlauf, sehr gute Zunahmen bei geringeren Schlachtgewichten (bis 350 kg) und hohe Ausschlachtungsprozente.

Luing

Vorteil

eigenständige Rasse
hornlos

Sie stammen aus Schottland und wurden von den Gebrüdern Cadzow gezüchtet. Als Ausgangsrassen gelten Beef-Shorthorn und Hochlandrinder. Daher rühren auch die guten Eigenschaften dieser Rasse, wie Robustheit, Zähigkeit und sehr gute Fleischqualitäten. Seit 1965 gilt die Rasse Luing als eigenständige Rasse.

Luing

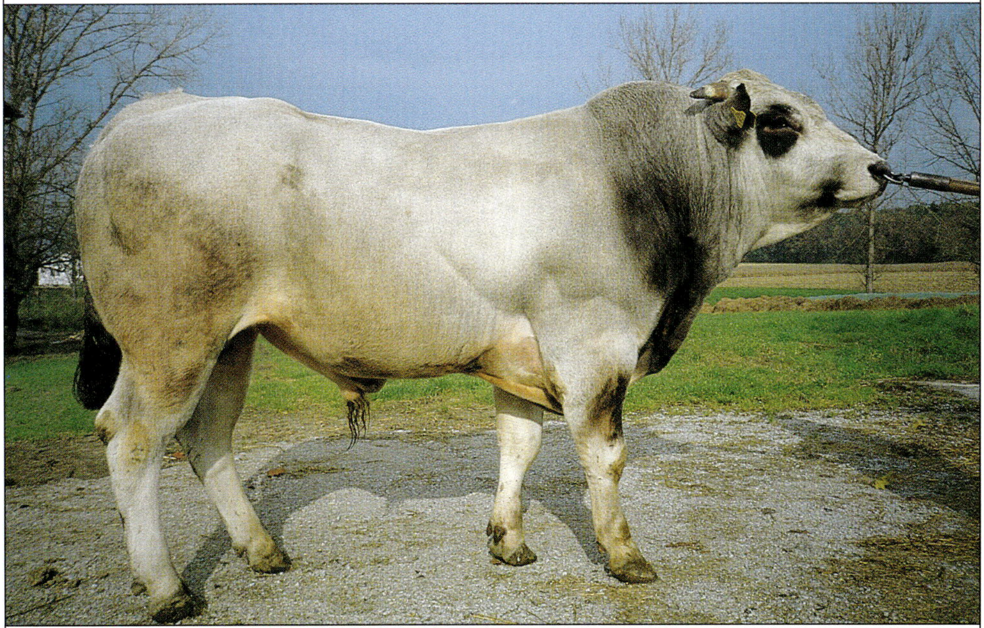

Piemonteser

Luing-Rinder sind im Rahmen größer als andere Extensivrassen und erbringen sehr gute Zuwächse bei den Jungtieren. Sie eignen sich gut für Kreuzungszwecke.
Kennzeichen: Hell- bis dunkelrotbraun gefärbt, meist langhaarig mit Weißzeichnung am Euter und Bauch.
Teils sind Luingtiere hornlos. Die Widerristhöhe liegt bei Stieren bei etwa 140 cm mit Gewichten bis zu 950 kg. Kühe erreichen bis 135 cm Widerrist und etwa 600 kg Gewicht.

Piemonteser

Bereits 1969 sind die ersten Zuchtstiere dieser italienischen Fleischrasse zur Durchführung von Gebrauchskreuzungsprogrammen nach Österreich importiert worden.

Vorteile	*Nachteile*
Leichtkalbigkeit	etwas geringere tägliche Bruttozunahmen
hohe Ausschlachtung	wenig Fettbildung
	französische Rassen derzeit im Trend

Sie sind eine mittelrahmige Rasse mit ausgesprochen feinem Knochenbau, einer stark ausgeprägten Muskulatur (besonders Keule, Schulter und Nacken) und einer besonderen Länge. In den Merkmalen der Schlachtleistung übertreffen die Piemonteser viele Fleischrassen. Sie wurden aus einem Arbeitstier herausgezüchtet. Piemonteser zeichnet eine extrem hohe Ausschlachtung aus (bis 70% in der Reinzucht).
Kennzeichen: Die Kühe sind einfarbig hellgrau, die Stiere mehr dunkelgrau mit schwarzumringten Augen und Nacken. Widerristhöhe: 130 cm mit 600 kg bei der Kuh und 140 cm mit 1000 kg beim Stier.

Pinzgauer

Vorteile	*Nachteile*
harte Klauen anpassungsfähig	Bestand geht zurück

Sie sind Zweinutzungsrinder, die früher viel zur Arbeit herangezogen wurden (wegen der harten Klauen). Weltweit werden sie als Fleischrind gehalten, weil Pinzgauer sehr anpassungsfähig sind.
Kennzeichen: Grundfarbe Kastanienbraun mit weißem Streif am Rücken, Hinterseite, Bauch und Brust. Weiße Fatschen an Oberarm und Oberschenkel. Weltweit beträgt der Bestand etwa eine Million Tiere (fast ausschließlich in der Mutterkuhhaltung). In Österreich geht der Bestand zurück. Widerristhöhe bei Kühen 138 cm und 650 bis 800 kg sowie 148 cm bei 1100 kg (Stiere). Auch als Mutterkühe für Gebrauchskreuzungen geeignet.

Salers

Vorteile	*Nachteile*
moderne Fleischrasse	Milchleistung gering

Diese südfranzösische Rinderrasse entwickelte sich aus einem Arbeits- und Gebrauchstier (Milch–Fleisch–Arbeit) hin zu einer modernen Fleischrasse.
Bis 1979 wurden die Stiere der Rasse Salers nach den Milchleistungen ihrer Töchter ausgewählt.
Wichtige Veränderungen im Verlauf der letzten 15 Jahre auf dem Gebiet der Nutzungsbedingungen und der Absatzmärkte der Salers haben die Züchter veranlaßt, ihre Produktionssysteme und Typen überlegt abzuändern.
Mehr und mehr macht die traditionelle Milch-Fleisch-Produktion der Entwicklung von großen Mutterkuhherden Platz.
Kennzeichen: Die dunkelrotbraunen Tiere sind eher groß und schmal, robust und haben einen guten Mutterinstinkt.

Pinzgauer

Salers

Tiroler Grauvieh

Vorteile

stark steigende Beliebtheit
gute Berggängigkeit

Das Stammzuchtgebiet sind die extremen Gebirgsregionen Tirols. Tiroler Grauvieh wird von ca. 1200 Bauern als Zweinutzungsrasse gezüchtet. Es erfreut sich europaweit stark steigender Beliebtheit in der Mutterkuhhaltung. Die jährliche Milchleistung liegt bei etwa 4300 kg. Die Tageszunahmen der Stiere bis zu einem Alter von einem Jahr liegen bei 1200 Gramm. Besonders hervorzuheben sind die gute Berggängigkeit und die Leichtfüßigkeit des Grauviehs.
Kennzeichen: Gute Futterverwertung, harte Klauen, leichtkalbend, Farbe von Silber- bis Eisengrau, Kopf und Hals dunkler, Stiere oft schwarz mit Aalstrich. Die Widerristhöhe liegt bei Stieren bei 140 cm mit einem Gewicht bis zu 1100 kg und bei Kühen von 130 cm mit etwa 580 kg Gewicht.

Tiroler Grauvieh

DIE GEBRAUCHSKREUZUNG

Warum Gebrauchskreuzung?

Durch die geänderten Rahmenbedingungen wird der wirtschaftliche Erfolg immer mehr von einer Spezialisierung in der Tierhaltung abhängen und eine bessere Mast- und Schlachtleistung bei geringerem Aufwand gefordert.
In der EU werden in den großen Betrieben vor allem spezialisierte Milchviehrassen gehalten, da diese durch geringere Aufzuchtkosten und geringeren Futterverbrauch/kg Milch bedeutend wirtschaftlicher sind als Zweinutzungsrassen. Um dennoch ansprechende Maststiere mit gutem Schlachtkörper und einer guten Fleischqualität zu erhalten, ist die Gebrauchskreuzung (GK) weit verbreitet. Sie wird als Zweirassenkreuzung unter Ausnützung der Heterosiseffekte durchgeführt. Dabei werden Kühe mit einer Fleischrasse gekreuzt und das Produkt dieser Kreuzung (= F1) zur Fleischerzeugung verwendet (Neudefinition von Zweinutzung: Milch von der Kuh und Fleisch von den Nachkommen). Die Wahl der entsprechenden Fleischrasse richtet sich dabei nach dem Produktionsziel (Kälber, Einsteller, Kalbin, Stier oder Ochse), der Produktionsgeschwindigkeit (Mastdauer, Intensität, Fütterung) und den Absatzmöglichkeiten.

Zuchtziele

Das Zuchtziel in der Mutterkuhhaltung verkörpern Kühe mit ausgeprägtem Mutter- bzw. Herdentrieb und besonders guter Aufzuchtleistung, deren Nachkommen eine hohe Fleischleistung erbringen. Das wird am ehesten durch die Gebrauchskreuzung von Kühen aus Milch- oder Zweinutzungsrassen mit Fleischrassestieren erreicht. Bei der Stierselektion wird besonders auf Fleischleistung (Zunahmen, Futterverwertung und Schlachtkörperwert), Fruchtbarkeit, Geburtsverlauf und Gutmütigkeit geachtet. Die gezielte Gebrauchskreuzung ist neben der Reinzucht der speziellen Mutter- und Vaterrassen die Zuchtmethode für die Mutterkuhhaltung.

Grundsätze der Kreuzungszucht

Als Kreuzung bezeichnet man die Anpaarung von verschiedenen Rassen, um zwei Vorteile zu nützen:
Erstens ist es möglich, schlechte Eigenschaften einer Rasse mit der hochpositiven Vererbung der anderen Rasse in diesem Merkmal auszugleichen (Kombinationseignung). Der Züchter erhält so Nachkommen mit einer höheren Frequenz an erwünschten Ei-

genschaften. Der zweite Grund liegt in der Ausnützung des Heterosis-Effektes, d.h., man nützt den Vorteil, den die Anpaarung zweier Rassen durch einen spezifischen Effekt in einem Merkmal bringt. Der Heterosiseffekt wird definiert als:

$$\textbf{\% Heterosis in der } \mathbf{F_1} = \frac{\text{KreuzungsØ–ReinzuchtØ}}{\text{KreuzungsØ}} \times 100$$

Als Verfahren ist dabei hauptsächlich die Zweirassenkreuzung in Verwendung. Reinzuchttiere von zwei verschiedenen Rassen werden gekreuzt und die Nachkommen vermarktet. Es ist auch das einfachste System, geeignet für kleine landwirtschaftliche Strukturen. Der Heterosiseffekt tritt bei den Nachkommen auf, allerdings sind Reinzuchttiere durch Zukauf nachzustellen. Bei Eigenremontierung ist die Kreuzungswahl eingeschränkt. Ein anderes Programm wäre z.B. die Zweirassenrotationskreuzung mit Endstufenstier, wo aus Milchrassen in der F1-Stufe die Mutterkühe erzeugt werden, die dann mit einem Fleischrassestier angepaart werden, um die marktgerechte Qualität der Nachkommen zu erreichen. Damit verbunden sind auch die Berücksichtigung leichter Abkalbungen und ein hoher organisatorischer Aufwand, der sich nur in größeren Herden lohnt.

Vorteile der Gebrauchskreuzung

Neben der Mutterkuhhaltung hat die Gebrauchskreuzung auch bei spezialisierten Milchrassen an Bedeutung gewonnen. Dort versteht man heute die Zweinutzung nicht mehr im traditionellen Sinne der Verkörperung von Milch- und Fleischleistung gleichzeitig in einer Rasse. Man definiert sie neu, indem man einerseits eine möglichst hohe Milchleistung pro Standplatz und Kuh anstrebt und gleichzeitig das Fleisch von den Nachkommen über die Kreuzung mit einer Fleischrasse erzeugt.
Maststiere aus einer Gebrauchskreuzung besitzen einen besseren Schlachtkörper, d.h. mehr Fleischfülle, höhere Ausschlachtung und Verbesserung der wertvollen Teilstücke. Die Einstufung im EUROP-Klassifizierungssystem liegt um eine halbe bis eine Klasse höher als bei reinrassigen Fleckviehstieren. Eine Untersuchung der Universität für Bodenkultur in Wien hat ergeben, daß „die Ausschlachtung im vorliegenden Versuch eine deutliche Überlegenheit der Kreuzungsgruppen in der Schlachtausbeute ergibt“. Außerdem wiesen die Tiere aus der Gebrauchskreuzung ein signifikant günstigeres Fleisch-Knochen-Verhältnis aus, der Anteil wertvoller Teilstücke war ebenfalls erhöht. Die täglichen Zunahmen liegen bei Verwendung von großrahmigen Rassen

etwa auf gleichem Niveau oder geringfügig höher, bei Verwendung von mittel- oder kleinrahmigen Rassen etwas niedriger als bei reinem Fleckvieh. Entscheidend sind aber die Netto-Zunahmen, d.h. der Fleischansatz. Einen weiteren Vorteil der Gebrauchskreuzung stellt die bessere Futterausnutzung durch einen geringeren Futterverbrauch pro kg Zunahme dar. Das kann sich vor allem in grundfutterarmen Jahren entscheidend auswirken. Die bessere Futterverwertung und die zu erwartenden höheren Erlöse beim Schlachttier lassen beim Kälberverkauf laut einer deutschen Untersuchung einen Mehrerlös von 1000 bis 1500 S erwarten.

Voraussetzungen für eine erfolgreiche Gebrauchskreuzung

Die Betriebsstrukturen müssen eine gewisse Größe aufweisen, damit die eigene Nachzucht gesichert ist und noch Kapazitäten frei bleiben, um eine GK durchzuführen. Die GK hat nur dann Sinn, wenn die von der Remontierung ausgeschlossenen Tiere (geringer Zuchtwert u.a.) mit Fleischrassen besamt und die besten Kühe zur Weiterzucht verwendet werden. GK sind Mast-Endprodukte und zur Schlachtung bestimmt.
Durch die Beachtung des Kalbeverlaufes bei Stierbeschreibungen beugt man Abkalbeproblemen vor. Bestimmte Rassen wie Piemonteser oder Limousin weisen kaum Schwergeburten auf.
Die wichtigsten Voraussetzungen für die Rentabilität einer GK überhaupt sind entsprechende Fütterungsgrundlagen und die finanzielle Umsetzung der Vorteile. Da der Hauptvorteil der GK in einer besseren Schlachtkörperklassifizierung liegt, muß auch die Bezahlung danach erfolgen.
Bedenken sollte man auch, daß so manche Unterschiede in der Rasse breiter gestreut sind als zwischen den Rassen.

Was ist konkret zu berücksichtigen?

Für kleinere Betriebe kann die betriebseigene Nachzucht möglicherweise gefährdet sein, wenn die zur Nachzucht bestimmten Tiere unerwartet ausfallen oder nur Stierkälber bringen und die anderen Kühe mit Fleischrassen besamt sind.
Wenn die Schlachtkörper nach dem EUROP-System bezahlt werden, sind die größten Vorteile (bessere Ausschlachtung und bessere Futterverwertung) zu erwarten. Mit erhöhten Futterkosten bei intensiver Mast frühreifer Rassen muß aber gerechnet werden. Ein Problem liegt in den erst im Aufbau befindlichen Fleischqualitätsnormen.

Prozentuelle Über- bzw. Unterlegenheit von Kreuzungsstieren auf Braunviehbasis im Vergleich zu Braunvieh-Reinzuchtstieren (Schweiz und Deutschland)

Vaterrasse	Tages-zunahme	Futter-aufnahme	Futterver-wertung	Schlacht-ausbeute	Fleisch-anteil
Blonde d'Aquitaine	+2	–3	+4	+5	+4
Piemonteser	–1	–3	+3	+7	+6
Charolais	+3	–2	+5	+5	+3
Fleckvieh	+4	+1	+1	+1	+1
Limousin	–3	–4	+3	+3	+2

Prozentuelle Über- bzw. Unterlegenheit von Kreuzungsstieren auf Fleckviehbasis im Vergleich zu Fleckvieh-Reinzuchtstieren (Schweiz und Österreich)

Vaterrasse	Tages-zunahme	Futter-aufnahme	Futterver-wertung	Schlacht-ausbeute	Fleisch-anteil
Blonde d'Aquitaine	+1	–3	+4	+4	+3
Piemonteser	–2	–4	+3	+6	+4
Charolais	+2	–2	+5	+3	+2
Limousin	–5	–5	+2	+2	+2

(aus: „Blick ins Land“ Nr. 11, 1993)

ZWEINUTZUNGSRASSEN: REINZUCHT ODER GEBRAUCHSKREUZUNG?

Bei unseren kleineren landwirtschaftlichen Strukturen überwiegt derzeit mit über 80% Rassenanteil die Zucht von Zweinutzungsrassen. Um die marktgerechte Produktion zu verbessern, werden auch hier Gebrauchskreuzungen durchgeführt. Da in diesen Betrieben die Nachstellung eigener Nachzucht mittelfristig verlorengeht, sind sie auf den Zukauf von Muttertieren angewiesen. Unabhängig davon sind auch einige Linien von Zweinutzungsrassen für die Mast gut geeignet, wenn sie auf Fleischleistung und Leichtkalbigkeit geprüft sind.

Die Vorteile einer Gebrauchskreuzung gegenüber einer Reinzucht von Milchrassen zur Erzeugung von Maststieren liegen auf der Hand. Hat aber die GK von Fleckvieh mehr Vorteile zu bieten als reine Fleckviehhaltung?
Das Fleckvieh ist in Österreich die Hauptrasse und wird auf Milch- und Fleischleistung gezüchtet. Dies ist besonders in einer kleinstrukturierten Rinderhaltung von Vorteil. Fleckviehkühe bewähren sich weiters auch bestens als Mutterkühe. Durch die starke Ausrichtung des Zuchtzieles auf die Milchleistung ist damit gleichzeitig die Spätreife gestiegen, was den derzeit erwünschten leichten Schlachtkörpern entgegensteht. Bei gezieltem Vorgehen ist es dennoch möglich, fleischbetonte, frühreife und nicht zu stark verfettete Fleckviehtiere zu erzeugen und mit der Kalbin eventuell auch weiterzuzüchten. Voraussetzung dafür ist, Stiere einzusetzen, die neben einem guten Fleischzuchtwert einen zumindest durchschnittlichen Milchzuchtwert

Leistungsergebnisse des Gebrauchskreuzungsversuches von Fleckvieh mit Stieren von französischen Fleischrassen (KÖGEL, BLT-Grub, 1994)

Merkmale	**Fleckvieh x**				
	FV-P	**FV-F**	**Charol.**	**Blond.**	**Limous.**
Tierzahl	66	86	70	87	66
Schlachtalter Tg	467	485	499	500	466
Mastendgewicht kg	611	639	674	638	602
Tägl. Zun. ab Einst. g	1253	1258	1278	1209	1220
	–	+5	+25	–44	–33
Schlachtausbeute %	59,0	59,9	61,7	62,4	61,6
	–	+0,9	+2,7	+3,4	+2,6
Schlachtgewicht kg	324,0	365,4	396,7	379,8	352,7
		+23,4	+54,7	+37,8	+10,7
Nettozunahme g/Tg.	733	755	796	761	757
	–	+22	+63	+28	+24
EUROP-Bewertg.	3,34	3,75	4,15	3,97	3,97
(1–5)	–	+0,41	+0,81	+0,63	+0,63
Fettklasse (1–5)	2,95	2,92	2,81	2,45	2,70
Nettoerlös/Bulle DM	2190	2382	2605	2484	2296
	–	+192	+415	+294	+106

(FV-P = Fleckvieh-Teststiere; FV-F = Fleckvieh-Fleischvererber)

aufweisen und auf Leichtkalbigkeit geprüft sind. Diskussionen in Züchterkreisen vermitteln oft ein Bild vom nahen Ende der Zweinutzungsrassen. Dazu ist zu sagen, daß zwar keine Rasse alles kann und die Spezialisierung fortschreiten wird, es aber dennoch möglich ist, eine hohe Milch- und Fleischleistung bei Fleckvieh zu erzüchten. Je nach den Zuchtzielen können weltweit die entsprechenden Märkte gefunden werden.
Die **Kalbinnenvornutzung** ist eine spezielle Art der Fleischproduktion. Am Beispiel des Kalbinnenfleisches war zu sehen, daß beste Fleischqualität trotzdem schlechter als Stierfleisch bezahlt wurde. Nach der Abkalbung kann das Kalb (meist aus einer Fleischrassebesamung mit leichtem Kalbeverlauf) in die Mast gegeben und die Jungkuh geschlachtet werden. Auch hiefür ist das Fleckvieh bestens geeignet.

Zuchtbetrieb und Gebrauchskreuzung – ein Widerspruch?

Grundsätzlich wird es für Zuchtbetriebe natürlich eine erstrangige Aufgabe sein, ihre Reinzuchtherde zu verbessern und am Test- und Zuchtprogramm teilzunehmen.
Auch für den Reinzüchter ergeben sich einige interessante Möglichkeiten, sich gezielt an GK-Programmen zu beteiligen:

1. Wichtig ist die Tatsache, daß mit der Ausweitung der Gebrauchskreuzung und Mutterkuhhaltung der Bedarf an Reinzuchttieren in der Landeszucht zunehmen wird und der Absatz im Inland verbessert werden kann.
2. Jeder Züchter hat auch die Möglichkeit, an dieser Produktionsrichtung teilzunehmen und mit Kühen, die zwar hohe Nutzwerte, aber niedrige Zuchtwerte haben, in die Gebrauchskreuzung zu gehen.
3. Wegen der Eigenschaften bestimmter Fleischrassen ist es z.B. auch möglich, Kalbinnen zu besamen, um ein höheres Geburtsrisiko in der Reinzucht zu umgehen.
4. Direktvermarkter von Fleischprodukten können auch diese Schiene nützen.

VORSPRUNG DURCH NATURSPRUNG!?

Für die Mutterkuhhaltung empfehlen sich besonders hornlose oder enthornte Fleisch- oder Zweinutzungsrassen. Die Gruppenhaltung mit Stier (1 Stier auf bis zu 30 Kühe) hat sich bewährt, da der Stier einen Teil der Brunstbeobachtung übernimmt. Erfahrene Leitkühe sind besonders wichtig, da sie den Kalbinnen die nötige Erfahrung vermit-

teln. Die erste Brunst nach der Geburt tritt – noch unbeobachtbar – bei Milchkühen nach ca. 3 Wochen, bei Mutterkühen aber erst nach 5 bis 8 Wochen auf.
International gesehen werden Deckstiere überwiegend in Fleischproduktionsherden bei extensiver Haltung eingesetzt, da die Brunstbeobachtung nur mangelhaft durchgeführt werden kann und die Fleischleistung einen sehr hohen genetischen Merkmalsanteil hat. Auf Merkmale mit hohem Erblichkeitsgrad (wie z.B. Milchmenge oder Fleischleistung) kann gezüchtet werden, wenn darin beide Elterntiere entsprechen. Bei allen anderen Eigenschaften mit geringerem genetischem Anteil ist es notwendig, Nachkommensgruppen mit dem Durchschnitt der Population zu vergleichen, um Abweichungen feststellen zu können. Dies ist aber nur im Rahmen der Besamungszucht möglich. Auch wird allgemein in Zuchtbetrieben die Besamung mit Samen geprüfter Stiere notwendig sein.
Probleme können bei der Festsetzung des richtigen Besamungszeitpunktes (Brunstbeobachtung), der Feststellung der Besamungstauglichkeit und der Durchführung der Besamung (Fixierung) entstehen. Deckstiere werden auch dann eingesetzt,

Sicherstes Brunsterkennen durch den Stier

wenn sie entsprechen und ihre Väter einen hohen Zuchtwert erreicht haben. Mit genügend hoher Sicherheit können dann zumindest durchschnittliche Nachkommen erwartet werden und nicht trächtige Tiere doch noch trächtig werden. In einigen Herden hat sich auch die Kombination mit der Besamung bewährt, die mit einer **Brunstsynchronisation** der Kühe kombiniert werden kann. Darunter versteht man das Zusammenlegen der Brunsten auf einen einheitlichen Termin durch Hormongaben.

Der Einsatz der künstlichen Besamung in kleinen Herden ist bei Anbindehaltung günstig, sonst nur für Zuchtbetriebe.

Vorteile der künstlichen Besamung

- Gezielter Einsatz von geprüften Stieren (Leichtkalbigkeit, Fleischleistung, Mutterinstinkt)
- es besteht die Möglichkeit der Brunstsynchronisation, um Abkalbezeitraum einzuengen
- zur Produktion reinrassiger weiblicher Tiere für die Remontierung unbedingt notwendig

Nachteile der künstlichen Besamung

- Schlechtere Befruchtungsrate
- genaue Brunstbeobachtung wichtig, um richtigen Besamungszeitpunkt zu erreichen (nur morgens und abends ist zuwenig)
- arbeitsaufwendiger, oft sehr schwierig durchzuführen, Brunstkalender notwendig

Stiere kommen auch als Suchtiere zur Brunsterkennung zum Einsatz, und die stattgefundene Belegung kann durch Farbmarkierung festgestellt werden. Ein Verhältnis von max. 30 Kühen je Stier sollte dabei nicht überschritten werden.
Gerade in Herden von Extensivrassen, die ganzjährig im Freien gehalten werden, sind Brunstsymptome bei Anwesenheit eines Stieres deutlich ausgeprägt. Eine höhere hormonelle Aktivität in diesen Herden ist ebenfalls ein Beweis für die Bedeutung der Funktion eines Stieres. Der Stier geht brünstigen Tieren tagelang nach, flehmt nach Beriechen des Urins, sondert sich mit der Kuh von der Herde ab und deckt sie während der Hauptbrunst bis zu zehnmal.
Größere Risiken im Vergleich zur Besamung liegen im potentiellen Risiko für Unfruchtbarkeit (1:5) und für Deckinfektionen. Die Frage der Weiterverwendung als Zuchtstier stellt sich normalerweise in einem Alter von ca. 8 Monaten. Der folgende

Pubertätseintritt, die Entwicklung des Hodenumfanges und die Samenqualität sollten dabei besonders beachtet werden.
Bei saisonaler Herdenführung ist eine kurze Decksaison notwendig und die Gefahr der Überlastung des Deckstieres gegeben.
Die Kosten eines eigenen Deckstieres schließen den Kaufpreis, die Fütterungs-, Pflege-, Tierarzt- und Haltungskosten ein. Umgelegt auf die Kosten pro Jahr der Nutzungsdauer und etwaige Zuschüsse bzw. den Schlachterlös sind als Ergebnis die Kosten pro Trächtigkeit zu errechnen und daraus die wirtschaftliche Zweckmäßigkeit ersichtlich. Neben einer hohen Fruchtbarkeit zählt vor allem die Vererbungsleistung des Stiers an seine Nachkommen, die die Wirtschaftlichkeit der Herde über die Jahre mitbestimmt.

Tagesprogesteronwerte für Herden mit und ohne Stiere

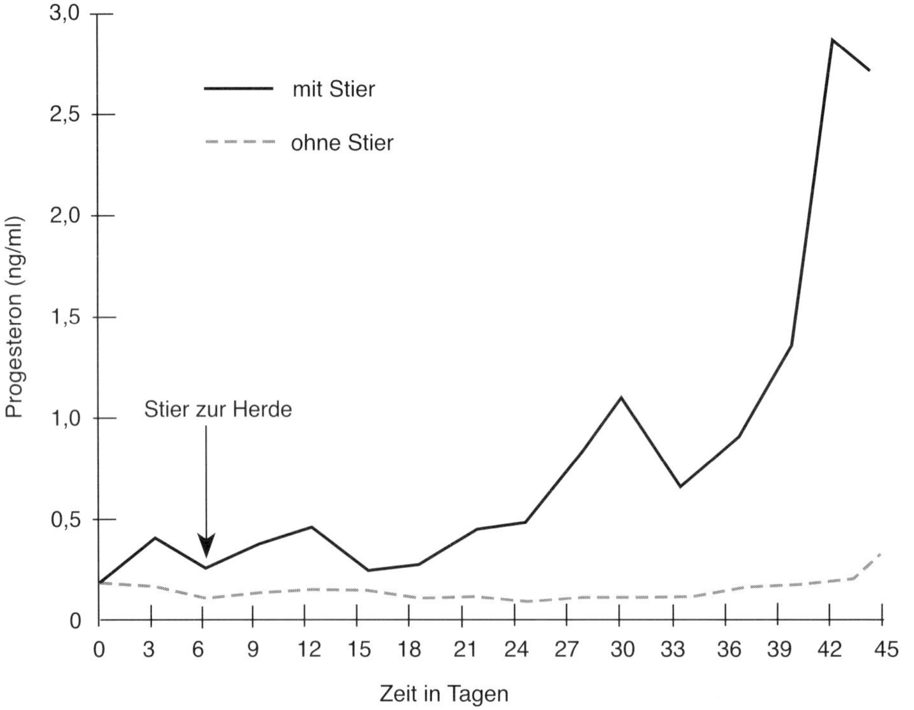

(aus: Theriogenology 43, 1995: T. HORNBUCKLE II, u.a.)

WICHTIGE EIGENSCHAFTEN DES STIERES

In der Mutterkuhhaltung gilt nach wie vor der alte Züchterspruch „Der Stier ist die halbe Herde“. Der Auswahl des Stieres ist daher ganz besonderes Augenmerk zu schenken.

Einsatz eines Deckstieres
Max. 30 Kühe/Altstier (20/Jungstier), sonst ist der Stier überfordert (Sprung aus der Hand: bis 50 Kühe)

Vorteile

Keine Brunstbeachtung notwendig
Brunstdauer ist verkürzt
vom Stier wird richtiger Deckzeitpunkt bestimmt, Befruchtungsrate ist höher
bei größeren Herden wirtschaftlicher als künstliche Besamung

Nachteile

Unfruchtbarkeit schwer kontrollierbar
Übertragung von Deckinfektionen; die ersten brünstigen Kühe beobachten und nach 3 Wochen kontrollieren (Fleischrinder decken gern „heimlich“). Gefahr der Überlastung durch Mehrfachdecken derselben Kuh
Risiko: Schwergeburten, besonders bei großrahmigen Stieren
Nach der Decksaison Entscheidung über Verbleib des Stieres, er sollte alle zwei Jahre gewechselt werden, wenn die weibliche Nachzucht aufgezogen wird.

Vom Stier verlangen wir folgende Eigenschaften:

- Vererbung gesunder, frohwüchsiger Kälber. Für den wirtschaftlichen Erfolg der Mutterkuhhaltung ist die Vererbung vitaler, gesunder und frohwüchsiger Kälber eine Grundvoraussetzung. Die Kälber müssen aber auch eine sichere Veranlagung für beste Mastfähigkeit, verbunden mit einem hohen Schlachtkörperwert und bester Fleischqualität mitbringen. Dafür bietet die Gebrauchskreuzung mit rahmenmäßig passenden Fleischrassestieren eine optimale Möglichkeit.
- Leichtkalbigkeit
  Leichtkalbigkeit ist eine Eigenschaft, die sehr stark vom Stier beeinflußt wird. Während bei klein- und mittelrahmigen Rassen kaum Schwergeburten vorkommen, neigen großrahmige Zweinutzungs- und Fleischrassen zu häufigerem Auftreten von Schwergeburten. Werden Stiere großrahmiger Rassen eingesetzt, so sollen diese un-

bedingt auf Leichtkalbigkeit geprüft sein oder aber aus Linien mit nachweislicher Leichtkalbigkeit stammen.

- Deckverhalten und Fruchtbarkeit
  Einwandfreies Decken und hohe Fruchtbarkeit des Stieres sind unerläßlich für eine hohe Trächtigkeitsrate. Bei konzentrierter Deckperiode sind besonders bei Jungstieren die Gefahr der Überforderung und ein Nachlassen der Fruchtbarkeit gegeben. In Laufstallhaltung müssen Stiere, die vorher am Anbindestand gehalten wurden, rechtzeitig zur Herde gegeben werden, um genügend Angewöhnungszeit an die neue Haltungsform zu gewähren.
- Gutmütigkeit
  Gutmütigkeit des Stieres ist besonders auf der Weide und bei der Laufstallhaltung notwendig, um Ruhe in der Herde und Sicherheit für Mensch und Tier zu gewährleisten. Dazu sind aber der ständige Kontakt zum Tier und die ruhige und artgerechte Behandlung der Tiere Voraussetzung.

Wert des Stieres = Genetische Überlegenheit der Nachkommen x Anzahl an Trächtigkeiten

DIE MUTTERKUH

ANFORDERUNGEN AN DIE MUTTERKUH

Um den wirtschaftlichen Erfolg in der Mutterkuhhaltung zu sichern, müssen an die Tiere ganz bestimmte Anforderungen gestellt werden. Das Kalb ist das einzige Verkaufsprodukt, und daher sind eine hohe Aufzuchtquote, gesunde und frohwüchsige Kälber, hohe Absetzgewichte und beste Masteigenschaften bei den Einstellern wirtschaftlich entscheidende Forderungen.

Wichtige Eigenschaften der Mutterkuh

Die Hauptforderung an die Mutterkuh ist, jährlich ein gesundes, frohwüchsiges Kalb zu gebären und genug Milch für dessen Aufzucht zu erbringen. Dazu sind folgende Voraussetzungen nötig:

Fruchtbarkeit

Zur Einhaltung des für den Betrieb günstigsten Abkalbezeitraumes der Mutterkuhherde müssen das problemlose Trächtigwerden der Kühe und eine Zwischenkalbezeit von maximal 365 Tagen gefordert werden. Dies ist ganz besonders bei konzentrierter Abkalbung zur zeitlichen Begrenzung der Kalbeperiode, der Deckperiode und der bestmöglichen Nutzung der Weide wichtig.

Leichtkalbigkeit

Abkalbungen ohne menschliche Hilfe sollen in der Mutterkuhhaltung die Regel sein. Leichtkalbigkeit übt auf den Aufzuchterfolg und die nachfolgende Fruchtbarkeit der Mutterkuh einen stark positiven Einfluß aus und erspart Kosten, Zeit und Arbeit. Kälber aus leichten Geburten sind erfahrungsgemäß auch vitaler und mit weniger Aufzuchtrisiko behaftet. Im Kalbeverlauf können rassenspezifische Unterschiede beobachtet werden, die einerseits genetischer Natur sein können, andererseits mit einem rassenspezifischen Charakter in Verbindung gebracht werden können. Der wichtigste Faktor ist das Geburtsgewicht der Kälber. Ein absolutes Kälbergewicht von ca. 40 kg muß diskutiert werden, weil ein hohes Kälbergewicht auch bei großrahmigen, schweren Mutterkühen viele Probleme verursacht. Bei Charolais sowie bei den großen italienischen Fleischrassen, aber manchmal auch beim Fleckvieh ist Schwergeburtshäufigkeit hoch. Die Häufigkeit von Schwergeburten erhöht sich mit der Steigerung des absoluten Geburtsgewichtes sprunghaft. Eine Ausnahme bildet die Rasse Hereford, bei der auch bei

geringem Geburtsgewicht häufiger schwere Abkalbungen vorkommen. Beim reinrassigen Hereford kennen wir eine höhere Schwergeburtsrate als bei Herefordkreuzungen, obwohl erstere einen kleineren Körper haben. Der Rassencharakter (Habitus) dominiert. Dies kann mit der „frontösen Kopfform" erklärt werden. Bei Charolais verstärken sich die Geburtsschwierigkeiten auch noch durch starke Gelenke der Kälber.
Die Erhöhung von Schwergeburten bei Kalbinnen ist bei jeder Rinderrasse bekannt, trifft aber bei Fleischrassen vermehrt zu und steigert sich von 4% auf 16%. Auch hinsichtlich des Geschlechtes der Kälber gibt es Unterschiede; bei den Stierkälbern ist die Anzahl der schweren Abkalbungen doppelt so hoch wie bei Kuhkälbern.
Hinsichtlich der Häufigkeit der schweren Abkalbungen, durch Stiere verursacht, kann unter den einzelnen Rassen folgende Reihenfolge aufgestellt werden:
Charolais ‹Fleckvieh› Limousin, Angus und Hereford
Die Stiere der einzelnen Rassen üben einen Einfluß auf die Dauer der Trächtigkeit, auf das Geburtsgewicht der Kälber, auf Brustkörpertiefe und -umfang aus.
Auch die Rasse der Mütter beeinflußt die Schwergeburtsrate. Dieser Zusammenhang verschwindet aber, wenn wir die Häufigkeit des Auftretens mit dem Geburtsgewicht der Kälber vergleichen.
Bei den Müttern stehen die Becken- und Körpermaße sowie das Lebensalter mit den Kalbeproblemen in Zusammenhang.
Bei jeder Rasse kommen Schwergeburten bei der Kalbin am häufigsten vor und sinken mit der Zahl der Kalbungen.

Eignung zur Extensivhaltung

Zwischen den einzelnen Rassen bestehen Unterschiede in Hinsicht auf die Eignung in verschiedenen Extensivverhältnissen.
Unter durchschnittlichen Zuchtbedingungen entstand unter den Rassen eine Reihung hinsichtlich der Produktionsparameter. Diese Reihung wird aber unter Extensivverhältnissen umgeworfen. Somit kann bei Extensivhaltung auch eine günstigere Beurteilung des Fleckviehs verstanden werden. Die Produktionsparameter beziehen sich zwar in erster Linie auf Fleischproduktion und Mastverhältnisse (Futterkosten), im weiteren aber auch auf die Vermehrungsfähigkeit.
Die Säugeperiode bei Mutterkühen dauert im allgemeinen 9 Monate. Bei reinrassigen Fleischrassekühen spielt die Säugeperiode keine so stark behindernde Rolle bei der Brunstauslösung wie bei Kühen der Milch- bzw. Zweinutzungsrassen, vor allem während der Umstellungsphase. Mutterkühe geben weniger Milch (Absetzen, Abstoßen des Kalbes) als Milchkühe. Somit eignen sich Mutterkühe besser für Extensivbedingungen.

Bei Verwendung von Milchtypen muß ein um 30 bis 50 Tage früheres Absetzen überlegt werden. Vorübergehendes Absetzen verursacht bei solchen Kühen eine Brunstinduktion.

Gute Muttereigenschaften

Eine gute Mutterkuh soll das Kalb nach der Geburt rasch trockenlecken und sofort zum Säugen animieren. Dies ist deshalb so wichtig, weil die Kolostralmilch nur wenige Stunden nach der Geburt einen hohen Gehalt an Immunglobulinen enthält und das neugeborene Kalb seinerseits nur kurze Zeit diese hochwichtigen Schutzstoffe direkt durch die Darmwand aufnehmen und im Körper sofort die Schutzwirkung gegen Infektionen aufbauen kann. Auch weiterhin muß sich die Kuh intensiv um ihr Kalb kümmern, das Saugen von anderen, meist schon älteren Kälbern abwehren und damit dem eigenen Kalb die ihm gebührende Milchmenge sichern. Kühe mit schlechten Angewohnheiten wie Schlagen beim Saugen des Kalbes oder Besaugen anderer Kühe sollen aus der Herde entfernt werden, da solche Eigenschaften teils erblich sind, teils anderen Tieren angelernt werden können. Gegenseitiges Besaugen soll möglichst schon in der Aufzuchtsphase erkannt werden, da dadurch oftmals noch nicht laktierende Euteranlagen schwere Infektionen erleiden.

Milchleistung

Die Gewichtsentwicklung des Kalbes wird sehr wesentlich von der Milchleistung der Mutterkuh beeinflußt. Daher muß neben einer ausreichend hohen Leistung von etwa 3000 kg Milch während der Laktation auch ein gutes Durchhaltevermögen (Persistenz) verlangt werden, da das Kalb während der gesamten Aufzuchtperiode ausreichend Milch erhalten soll, weil nur dadurch eine gleichmäßig gute Entwicklung sowie hohe Absetzgewichte erreicht werden. Kühe von unseren einheimischen Zweinutzungsrassen bieten am sichersten eine ausreichende Milchleistung. Kreuzungskühe mit Fleischrassen sollen nicht mehr als 50% Fremdblutanteil haben, da sonst die Milchleistung zu stark reduziert wird.

Frühreife und Langlebigkeit

Um die Aufzuchtkosten gering zu halten, sollen die Mutterkühe mit etwa zwei Jahren das erstemal kalben. Das hat weiters den Vorteil, daß die Kühe nicht zu schwer werden und der Erhaltungsbedarf relativ niedrig bleibt. Außerdem können die Jungkühe nahtlos in den Jahresrhythmus der Mutterkuhherde eingebunden werden. Dabei muß aber auf die Langlebigkeit besonders geachtet werden, denn nur langlebige Mutterkühe sind

auch wirtschaftliche Mutterkühe. Die meisten Fleischrassen können als frühreif betrachtet werden. Der Hybridisierungsvorteil von Kreuzungen kann in den verschiedenen Kombinationen (Fleischrasse x Fleischrasse, Milchrasse x Fleischrasse, Zweinutzungsrasse x Fleischrasse) nachgewiesen werden. Reine Fleischrassen vertragen im Verlauf der Aufzucht Extensivverhältnisse besser als Milchrassen und reagieren auf verbesserte Fütterung auch mit früherer Zuchtreife.
In manchen Jahren kann witterungsbedingt (besserer Futterertrag) die Zuchtreife der Jungtiere früher eintreten, ähnlich wie bei Intensivierung der Fütterung. Unter vollkommen extensiven Verhältnissen weist der Zeitpunkt der Zuchtreife jedoch große Unterschiede auf. Ab einem Alter von 6 Monaten empfiehlt es sich deshalb eine Herdentrennung der Kühe mit weiblichen und männlichen Kälbern durchzuführen.

Festsitzende Euter

Gut angesetzte und festsitzende Euter sind besonders bei der Laufstallhaltung wichtig, weil sie nicht so schnell und stark verschmutzen. Damit verhindert man insbesondere bei den noch jüngeren und empfindlicheren Kälbern unnötige Infektionsquellen und Verdauungsstörungen. Die neugeborenen Kälber kommen an festsitzende Euter auch leichter heran und können dadurch rascher die so wichtige Kolostralmilch aufnehmen. Euterverletzungen kommen dann auch seltener vor.

Mastleistung

Die Mutterkuh gibt genauso die Erbanlagen für eine gute Mastleistung an die Nachkommen weiter wie der Stier. Sie sollte daher zumindest die Anlage für gute Bemuskelung und gutes Wachstum mitbringen. Bei der Auswahl der Jungkalbinnen für die Bestandsergänzung muß auf diese Eigenschaft besonders geachtet werden.

EIGENHEITEN IHRER FORTPFLANZUNG

Die Fruchtbarkeit unserer Nutztiere ist ein sehr komplexes, dynamisches und sensibles Geschehen und die Basis einer wirtschaftlichen Tierhaltung. Als Maß gilt die Fortpflanzungsleistung des Tieres. Eine Kuh gilt als fruchtbar, wenn sie jährlich ein gesundes Kalb zur Welt bringt und es bis zum Absetzen aufzieht. Wird dieses Ziel nicht nur am einzelnen Tier, sondern im gesamten Betrieb (Herde) erreicht, kann der Kälberanfall über das Jahr gesteuert werden: saisonal, wenn alle Kälber im Herbst abgesetzt werden; asaisonal bei Jungrindfleischproduzenten, die das ganze Jahr über produzieren.

Die Kenntnisse stammen einerseits aus der Tierzucht, andererseits aus der Fortpflanzungsbiologie und stehen in engem Zusammenhang mit der Milchproduktion, obwohl die Aufgaben bei den milchproduzierenden Rassen ganz anders liegen. In der Fleischrinderzucht gibt es keinen Milchertrag, und so „produziert" die Mutterkuh nur die Fruchtbarkeit. Die Wirtschaftlichkeit der Fleischrinderzucht kann aber selbst bei ausgezeichneter Fruchtbarkeit nicht immer sicher erreicht werden. Es gilt daher, die Aufwandskosten auf ein Minimum zu senken, d.h. unter Extensivbedingungen zu produzieren. Es stellt sich die Frage, wieweit dies ohne Beeinträchtigung der Fruchtbarkeit durchgeführt werden kann. Diese Frage ist besonders in Europa neu und ungewöhnlich, da hier die Rinderzucht eher in Richtung Intensivhaltung tendiert, weil Extensivflächen fehlen.

Wir wissen aber über die Vermehrungs- und Zuchtphysiologie der Fleischrinder unvergleichlich weniger als über die milchproduzierenden Rinder, obwohl

- dies das Verhältnis nicht begründet;
- auch die Variabilität der Rassen die differenzierten Produktions- und Forschungsziele ermöglichen;
- die Produktionsart einfacher ist, da sie nicht so sehr von der Milchproduktion abhängt und die Leistungsbeanspruchung unverhältnismäßig niedriger ist. Trotzdem sind die Vermehrungsraten nicht besser als bei den Milchrassen.

Berücksichtigung der Saisonalität

	Absetzzeitpunkt
	Abkalbezeit–Kälberaufzuchtphase–Belegzeit–Produktionszeit–Vorbereitungszeit–Abkalbezeit
Monat	2 3 4 5 6 7 8 9 10 11 12 1

Das Ziel ist, daß die Kühe schnell und zu einem Zeitpunkt befruchtet werden, der gewährleistet, daß die Kälber im nächsten Jahr bereits auf der Weide aufwachsen können. Das ist eine Annäherung an den natürlichen Vermehrungsrhythmus der Rinder zur Abkalbung im zeitigen Frühling. Die Verlängerung der Deckperiode ergibt eine lange Abkalbeperiode und eine verhältnismäßig niedrige Trächtigkeitsrate. In Problembetrieben versucht man trotzdem, dies mit der Verlängerung der Deckperiode zu korrigieren, was aber früher oder später zur ganzjährigen Abkalbung führt.

Je mehr sich die Deckperiode dem Sommer nähert, umso schwächer sind die Befruchtungsergebnisse; bei den am Anfang des Jahres abgekalbten Kühen können wir von einem 75%igen Befruchtungserfolg, bei den später abgekalbten Kühen von einem 66%igen Befruchtungserfolg ausgehen, von den früher abgekalbten Kühen zeigen 90% binnen 60 Tagen Zyklen, von den später abgekalbten nur 50% in der 180tägigen Deckperiode.

Die Deckperiode kann durch Brunstsynchronisation verkürzt werden, die auf zwei verschiedene Arten durchgeführt werden kann:

1. In gut gehaltenen Herden kommt es in den ersten zwei Wochen der Zuchtperiode bei mehr als der Hälfte des Bestandes zur Brunst. Diese Tiere werden in der natürlichen Brunst gewöhnlich mit Stieren gedeckt. Nach Ablauf dieser zwei Wochen stehen in der 100tägigen Periode noch 2,5 Monate zur Verfügung, um die bisher nicht zur Brunst gelangten und nachstierenden Tiere zu behandeln. In diesem Fall ist der Eingriff begründet, da damit auch Sterilitätsbehandlungen durchgeführt werden.
2. Im anderen Verfahren wird der gesamte Bestand zu Beginn der Saison hormonell brunstsynchronisiert, und die Kühe werden künstlich besamt. Die nachstierenden Kühe werden anschließend durch der Herde zugeteilte Stiere gedeckt.

In den Befruchtungsergebnissen liegt ein unbedeutender Unterschied vor, wobei im allgemeinen die Befruchtungsfähigkeit des Bestandes entscheidend ist.

Diese Methoden können selbstverständlich nur in bereits mit Management geführten Beständen angewendet werden. Der Übergang zu diesen Methoden gelingt in den kontinuierlich abkalbenden Beständen im allgemeinen nach zwei Jahren, da aus wirtschaftlichen Gründen auch der Übergang allmählich stattfinden muß.

Der Zeitpunkt der Abkalbung ist auch deshalb wichtig, da es davon abhängt, ob die Jungtiere bis zum nächsten Frühling ihre Zuchtreife erreichen, damit sie dann in Zucht genommen werden können. Zu dieser Zeit erreichen die Kälber ein Alter von 14 bis 15 Monaten, und falls sie entsprechend entwickelt sind (entsprechendes Körpergewicht mindestens 400 kg), wird auch ihre Zucht erfolgreich sein. Die Befruchtungsergebnisse werden entscheidend vom Körpergewicht der Kälber beeinflußt.

Der Zeitpunkt der Zuchtreife wirkt auch auf die späteren Befruchtungsergebnisse der Kälber ein.

Eine eigenartige Sterilitätsform der Mutterkuhhaltung ist, daß ein Teil der erstmals abgekalbten Kühe ohne besonderen Grund nicht wieder trächtig wird.

Gezielte Aufzucht

Die Aufzucht von Kalbinnen zur Bestandsergänzung ist in mehrfacher Hinsicht ein wichtiger Abschnitt für den Erfolg eines Betriebes. Während der Zeit des Saugens an der Kuh sorgt ein Kälberschlupf dafür, daß das Kalb mit dem notwendigen Futter versorgt wird. Ab einem Alter von ca. einem halben Jahr ist bei frühreifen Rassen eine Herdentrennung nach Geschlecht notwendig, da durch die beginnenden Geschlechtsaktivitäten die Unruhe steigt. Die erste Zuchtentscheidung fällt mit dem Absetzen zusammen, das mit etwa 9 Monaten erfolgen sollte. Die Anzahl der notwendigen Nachstellungen je Jahr hängt vom durchschnittlichen Erstkalbealter und von der Abgangsrate ab, d.h., je älter die Herde, desto weniger Kalbinnen müssen pro Jahr nachgestellt werden (siehe Grafik). Aus der Gruppe der vorhandenen Kälber wählt man nun die besten zur Weiterzucht aus, sie sind Träger der nächsten Generation. Je strenger man selektieren kann, umso besser entwickelt sich das Herdenniveau und umso rascher tritt der gewünschte Zuchtfortschritt ein. Als erster Schritt sollten diejenigen Kälber von der Zucht ausgeschlossen werden, die Mängel oder Fehler aufweisen oder nicht die entsprechende Zuchtqualität besitzen. Ab einem Gewicht von 350 kg oder ab 16 Monaten sollten sie mit einem auf Leichtkalbigkeit geprüften Stier besamt oder mit einer entsprechenden Rasse (z.B. Limousin) gedeckt werden, um Geburtsprobleme hintanzuhalten. Die weitere Aufzucht der Jungkalbinnen sollte nicht zu intensiv sein, damit sie nicht zu stark verfetten.
Nur eine ausgewogene, wiederkäuergerechte und leistungsgerechte Fütterung garantiert Gesundheit und Fortpflanzungsfähigkeit. Die Folgen von Fütterungsfehlern sind Stoffwechselerkrankungen, Leberschäden und hartnäckige Fruchtbarkeitsstörungen.

Ausscheidungsgründe für Jungtiere von der weiteren Zuchtbenutzung

Entwicklungsmängel	Wachstum Gewicht Bemuskelung Form und Fundament
Aufzuchtschäden	Krankheiten Fruchtbarkeit Geburt
Nutzungsmängel	Muttertrieb, Geburtsprobleme Euter und Säugeverhalten Vornutzung, Saisonalität Milchleistung (Kälberentwicklung)

Einfluß des Erstkonzeptionsalters, des Gewichtes und des Gewichtsverlustes nach der Kalbung auf eine erneute Trächtigkeit

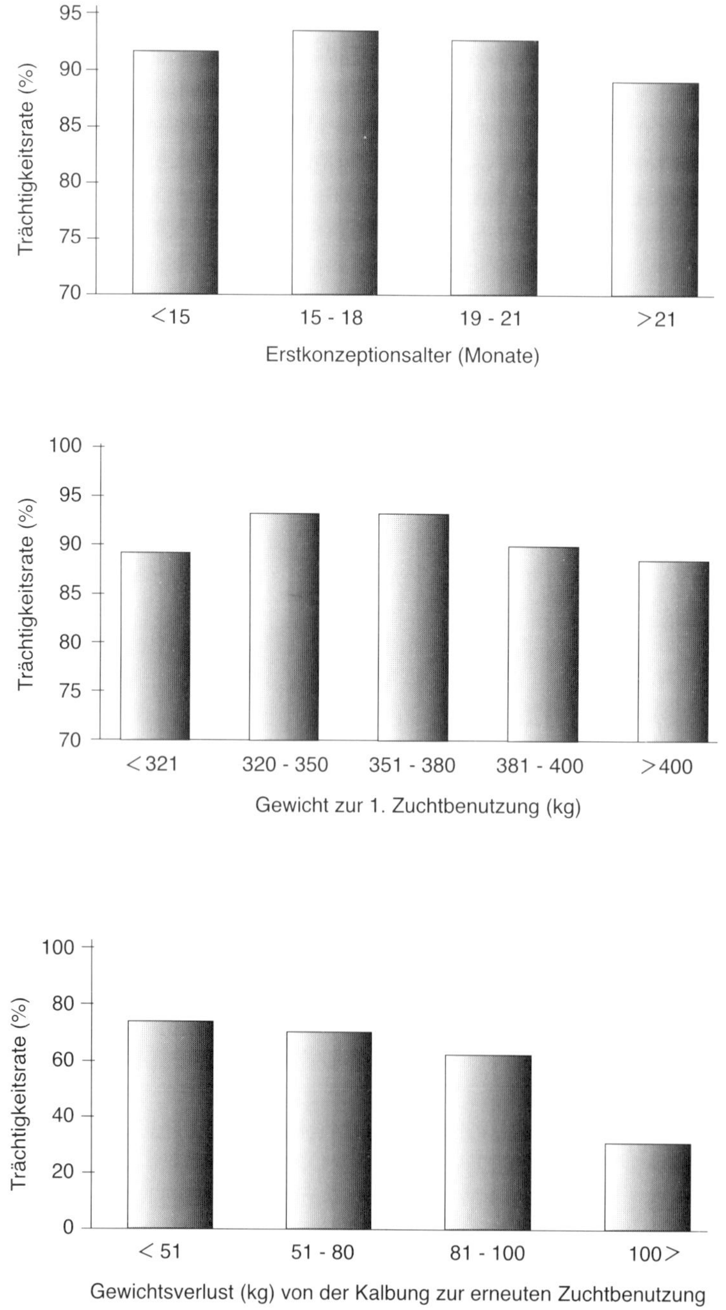

Vorbereitung, Geburt und Gewichtsverlust nach Trächtigwerden der Jungkuh

Im Hinblick auf das gesamte Fruchtbarkeits- und Fortpflanzungsgeschehen kommt der Energieversorgung in den einzelnen Leistungsstadien eine Schlüsselstellung zu. Sowohl ein Überschuß als auch ein Energiedefizit haben negative Folgen für die Fruchtbarkeit. Richtige Ernährung muß bereits bei der Aufzucht von Jungtieren beginnen. Verhaltene Aufzucht trägt ab dem zweiten Lebensjahr wesentlich zu einer guten Fruchtbarkeit und somit zu einer längeren und wirtschaftlichen Nutzung bei. Im Gegensatz dazu führt eine „treibende" Aufzucht zu Fundamentschäden und zur Maststerilität; die Tiere zeigen vermehrt unterentwickelte Eierstöcke, zystöse Entartungen und vor allem Stillbrünstigkeit.

Mit der Geburt des Kalbes bringt die Jungkuh nach einem mehrjährigen Aufwand ihren ersten Nutzen. Sie lernt rasch, ihr Kalb saugen zu lassen, und durch eine entsprechende und langanhaltende Milchleistung steigt das Gewicht des Kalbes an. Je nach Rasse können auch andere Kälber gelegentlich saugen, oder sie werden abgedrängt, wenn ein starker Mutterinstinkt angeprägt ist. Gutsitzende Euter sollen dazu vorhanden sein.

Im niedrigen Leistungsbereich hat die Milchleistung kaum Einfluß auf die Fruchtbarkeit. Nicht eine maximale, sondern eine betriebsoptimale Leistung ist gefordert.

Für das Rind stellt die Weidehaltung die natürlichste Haltungsform dar. Ausreichende Bewegung und die natürlichen Umweltreize (Bewegung, Sonne, Luft) wirken sich positiv auf das Verhalten aus.

Das β-Carotin spielt eine wichtige Rolle im Fruchtbarkeitsgeschehen und ist wichtig für die Entwicklung des Gelbkörpers und für die Progesteronbildung.

Eine ausreichende Carotinversorgung ist bereits durch eine deutlich gelbe Farbe des Blutserums erkennbar. Je heller und wäßriger die Farbe, desto schlechter die Versorgung. Ein Mangel tritt am ehesten bei Rationen mit Mais- und Rübenblattsilage und in der Winterfütterungszeit auf. Da der Beta-Carotin-Gehalt im Blutserum vor und während der Geburtsphase physiologisch bedingt stark abnimmt, sollten zur Vermeidung von Fehlinterpretationen nur Proben bis zu 3 Wochen vor oder ab 6 Wochen nach dem Kalben genommen werden.

Der Carotinbedarf der Kuh liegt bei ca. 300 mg. Bei schlechter Futterqualität, langer Lagerzeit und bei Luftzutritt geht der β-Carotin-Gehalt besonders beim Heu zurück.

Beta-Carotin-Mangel kann verursachen:

- geringere Hormon-Aktivitäten
- schwache Brunstzeichen oder stille Brunst
- Verzögerung des Eisprungs
- Beeinträchtigung der Entwicklung des Gelbkörpers (Gelbkörperzysten)

- erhöhte Infektionsgefahr
- embryonalen Fruchttod
- Nachgeburtsverhaltungen

β-Carotin-Zufuhr und Fruchtbarkeit (MEYER et al. 1975, LOTTHAMMER et al. 1976)

Merkmal	Kontrolle	β-Carotin
Zeitintervall Brunstbeginn bis Eisprung (Tage)	2,2	1,3
Dauer der Brunst (Tage)	2,4	1,9
Häufigkeit von Zysten (%)	50	0

Häufigkeit von embryonalem Fruchttod und von Frühaborten (LOTTHAMMER 1978)

Merkmal	Kontrolle	β-Carotin
embryonaler Fruchttod bis 7. Trächtigkeitsw. (%)	31,3	0
Frühaborte 8. bis 20. Trächtigkeitsw. (%)	12,5	0
Insgesamt	43,8	0

Bei ganzjähriger Stallhaltung (Anbindestall) führt der Mangel an Bewegungsmöglichkeit dazu, daß Brunstsymptome weniger gut ausgeprägt sind. Im Vergleich dazu gibt es im Laufstall bessere Trächtigkeitsraten, kürzere Zwischenkalbezeiten und somit weniger Abgänge wegen Unfruchtbarkeit. Außerdem treten hier weniger Stoffwechselstörungen und Geburtsprobleme auf, was sich ebenfalls positiv auf die Fruchtbarkeit auswirkt.

Fruchtbarkeitsstörungen und ihre fütterungsbedingten Ursachen

Störung	Ursache
Stille Brunst, verzögerter Eisprung	mangelnde Energieversorgung nach Abkalbung Eiweißüberschuß Beta-Carotin-Mangel im Winter ganzjährige Stallhaltung fette Kühe Mangan-, Zink-, Jod-Mangel
Nachstieren	Phosphormangel Energie-, Mineralstoff- und Vitaminmangel verzögerter Eisprung
Zysten	Natriummangel, Kaliumüberschuß unausgewogene Eiweißversorgung Energiedefizit Mineralstoff- und Vitaminmangel einseitige Zwischenfruchtgaben
Genitalkatarrh	Verfütterung von verdorbenem Futter (Schimmel) Eiweißüberversorgung (Harnstofftest) Kaliumüberschuß Strukturmangel Phosphorüberschuß hoher Nitratgehalt im Futter Energie- und Eiweißüberschuß vor der Abkalbung
Brunstlosigkeit und Gelbkörperzysten	Kaliumüberschuß Eiweißüberversorgung Phosphorüberschuß
Nachgeburtsverhaltungen	erheblicher Strukturmangel verschimmeltes Futter Kalziummangel Selenmangel

DIE BRUNST DER MUTTERKUH

Die äußerliche Brunst ist Ausdruck der Paarungsbereitschaft, die sich aufgrund von Verhaltensveränderungen in bezug auf Aktivität, Attraktivität und Empfänglichkeit dem Stier gegenüber äußert und aufgrund von hormonellen Abläufen entsteht. Ohne ausreichender Fruchtbarkeitsleistung sind kein zusätzliches Kalb und keine zusätzliche Laktation erzielbar, sie ist deshalb die Grundlage jeder Art von Rinderproduktion überhaupt. Der Brunstbeobachtung kommt große Bedeutung zu, da deutlich sichtbare Brunstsymptome häufig fehlen und so Stillbrünstigkeit entsteht.
Gerade der Besamungserfolg hängt sehr stark von der Beobachtung des Tieres in der Zeit nach der Geburt ab, wo an den Geschlechtsorganen Rückbildungsvorgänge und Umstellungen im Hormonhaushalt stattfinden, die für den erneuten Start des Fruchtbarkeitsgeschehens verantwortlich sind. Und dies gerade zu einer Zeit, in der der Züchter gleichzeitig und selbstverständlich die höchste Milchleistung erwartet.
Bei Mutterkühen wird die Gebärmutterrückbildung schneller abgeschlossen, da das infolge des Säugens ausströmende Oxytocin und die mäßige Milchproduktion dazu ideale Verhältnisse schaffen. Ein noch nicht ganz geklärtes Phänomen ist auch eine durch das Saugkalb ausgelöste Brunstlosigkeit, die als Reaktion auf das Saugen angesehen werden kann und eine verlängerte Zwischenkalbezeit bewirkt. Dieser Effekt, der besonders im Winter und in Herden ohne Stier auftritt, kann durch frühzeitiges Absetzen des Kalbes ausgeglichen werden. Auch durch eine mangelhafte Fütterung verspätet sich der Beginn der Eierstockfunktion.
Die Rückbildung findet schnell statt, aber der spät einsetzende Zyklus kommt nach 1 bis 2 Brunsten meistens zum Stillstand. Die entstandene Brunstlosigkeit bleibt im Verlauf des Sommers bestehen, und oft wird die Kuh erst in der nächsten Saison wieder zyklisch.

Zyklusstart und Brunstgeschehen

Obwohl die Tiere durch Zucht auf lange Nutzungsdauer und größeren Rahmen spätreifer geworden sind, ist es durch (zu) gute Haltungs- und Fütterungsbedingungen dazu gekommen, daß bei Kalbinnen oft schon ab einem Alter von 12 Monaten erste Brunsten auftreten können. Im Normalfall tritt bei Kühen ab etwa 15 Tagen nach der Geburt die erste Brunst, noch ohne Brunstanzeichen, auf, nach 30 bis 35 Tagen tritt die zweite Brunst auf. Die danach auftretenden Brunsten können zur Besamung genutzt werden. Kühe, die bis zum 45. Tag keine Brunst gezeigt haben, sollten einer eingehenden tierärztlichen Untersuchung unterzogen werden.

Progesteronspiegel und Eierstockbefunde während des Zyklus

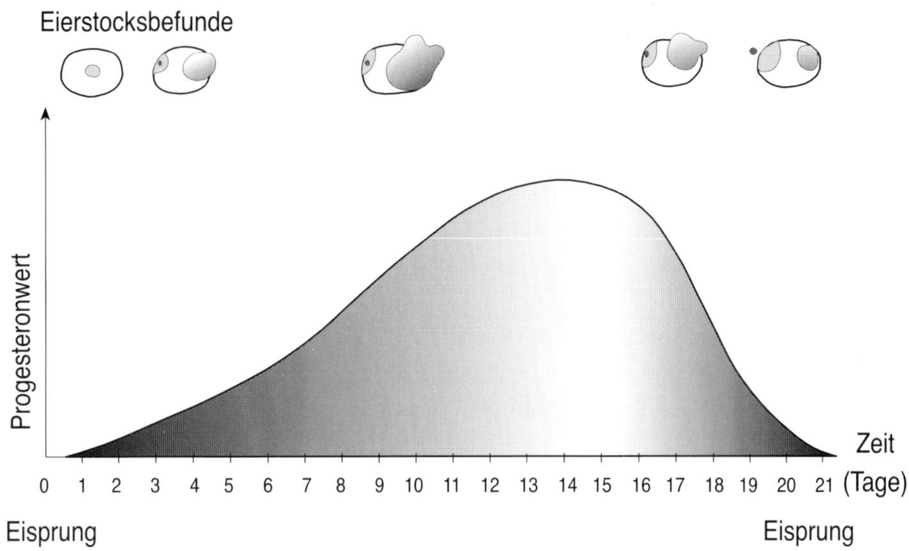

(Nach: Fruchtbarkeit im Kuhstall, 4. überarb. Aufl. 1993)

Normalerweise wiederholt sich die Brunst alle 21 Tage, obwohl Zykluslängen von 18 bis 23 Tagen durchaus normal sind. Das Geschehen wird von den Eierstöcken ausgelöst und unterliegt einem genau festgelegten hormonellen Zusammenspiel. Dort reift auch ein Eibläschen (Follikel) heran, das nach Brunstende die Eizelle freisetzt, um im Eileiter befruchtet zu werden. Tritt keine Befruchtung ein, wiederholt sich der Brunstzyklus nach 3 Wochen.

Anstelle des Eibläschens bildet sich im Eierstock zwischen den Brunstzyklen das sogenannte Gelbkörpergewebe an. Dieser Gelbkörper produziert das Trächtigkeitsschutzhormon Progesteron, das auch im Blut und in der Milch nachweisbar ist und Rückschlüsse auf den Funktionszustand der Eierstöcke erlaubt.

Auch zwischen zwei Brunsten laufen im Eierstock stets hormonell bedingte Geschehnisse der Follikelan- und -umbildung ab. Dabei ist zu beachten, daß aus einer Vielzahl von stets vorliegenden kleinen Follikeln einige heranreifen und sich einer davon zu einem dominanten Follikel entwickeln kann, der sich aber wieder rückbildet. Während die hormonelle Pulsfrequenz nach der Geburt bei Milchkühen in kleinen, schnellen Wellenschlägen erfolgt, ist sie bei Mutterkühen langsamer, dafür aber mit größeren

Schüben verbunden, was mit der Rückbildung der dominanten Follikel gekoppelt ist. Dadurch kommen Mutterkühe später in Brunst als Milchkühe.
Auch die Brunstdauer kann unterschiedlich lang sein (8 bis 30 Stunden), wie auch die Brunstsymptome darin wellenförmig ausgeprägt werden. Die einzelnen Brunstsymptome können dabei vollständig und/oder stark oder unvollständig und/oder schwach (bis still) ausgeprägt sein. Dazu kommt, daß auch zwischenzyklisch laufend hormonelle Aktivitäten bestehen, die zu bestimmten Zeiten sogar leichte Brunsterscheinungen – auch bei Trächtigkeit – auslösen können (Zwischenbrunst) und nur durch das Führen eines Brunstkalenders richtig erkannt werden können.
Durch das Hinzukommen außerlandwirtschaftlicher Arbeiten und durch extensive Haltungsformen haben viele Landwirte heute nicht mehr die nötige Zeit, eine genaue Brunsterkennung durchzuführen. Die Folgen sind Nachstieren und Nichtträchtigkeit durch falschen Besamungszeitpunkt, Stillbrunst oder Sterilitäten. In Verbindung mit schlechter Futtergrundlage und falscher Aufstallung geht auch die Brunststärke, d.h. die Ausprägung einzelner Brunstsymtome, zurück.

Brunsterkennungsrate (BER) und Dauer der Beobachtung

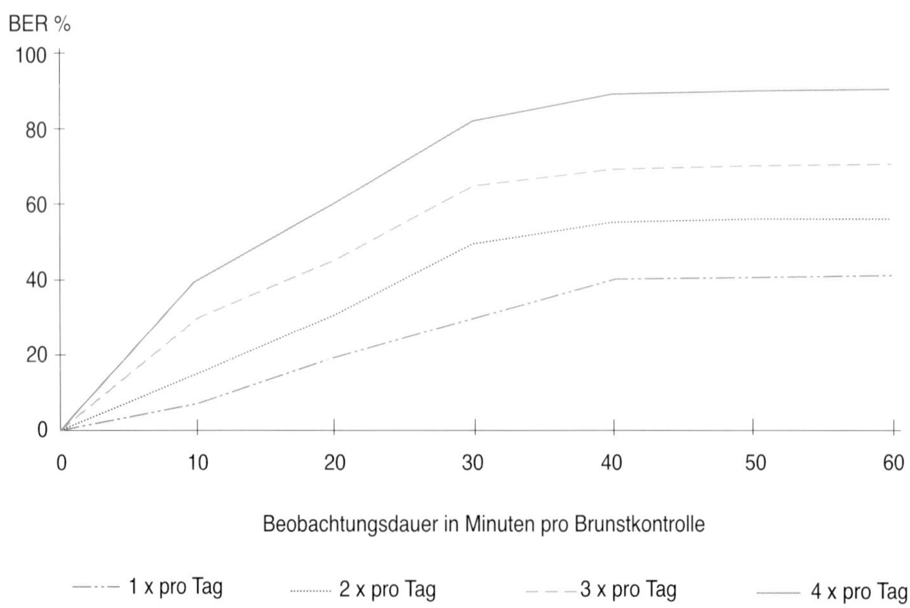

Äußere Brunstsymptome der Kuh

Stadium	spezifische	unspezifische
Vorbrunst bis 3 Tage	Kontaktsuche Aufsprungversuche Rötung und Schwellung von Scham und Scheide zäher Schleim	Nervosität, Unruhe, geringe Freßlust
Hauptbrunst 8 bis 30 Std.	Duldungsreflex Brunstschleim (klar, fadenziehend)	wechselnde Aktivität Kreuzwippen, Schleimspuren an Hinterschenkeln
Nachbrunst 12 bis 24 Std.	Abbluten: 1 bis 3 Tage später	Abklingen der Symptome

Wichtig für eine exakte Brunstkontrolle ist die

- Intensität (mindestens 30 Minuten viermal pro Tag, d.h. zweimal außerhalb der Fütterungszeiten.
- Genauigkeit (Kenntnisse über Fruchtbarkeit und Brunstverhalten als Voraussetzungen für eine exakte Beobachtung)
- Präzision (Konzentration auf bestimmte Tiere, um eine möglichst hohe Brunsterkennungsrate zu erreichen

Methoden der Brunstbeobachtung

Methode	% erkannte Brunsten	Abweichung
24-Std.-Beobachtung	89	Basis
Aufsprungdetektor	87	2
3malige Beobachtung	86	3
2malige Beobachtung	81	8
Schwanzmarkierung	71	18
zufällige Beobachtung	43	46

Fehlerquoten bei den einzelnen Brunstsymptomen

Brunstzeichen	% Fehlerquote
Duldung	2,4
Aufreiten	2,5
auf anderen Kühen	3,3
aufgerauhter Schwanzansatz	3,3
erhöhte Aktivität	4,2
Brüllen	4,6
Schleimspuren	5,2
Blutspuren	7,6

Darüber hinaus sind der Beginn, die Stärke und die Dauer einer Brunst von großer Bedeutung. Bei hoher Brunstbeobachtungsrate kommt es immer darauf an, die nichtbrünstigen Tiere herauszufinden, um entsprechende Maßnahmen zu setzen. Mangelhafte Tierbeobachtung, fehlender Überblick über das Zyklusgeschehen und fehlinterpretierte Brunstsymptome führen in der Folge zu falschen Besamungszeitpunkten und Fehlbesamungen.

Die Brunst im Visier: Genauigkeit und Präzision bei gleicher Häufigkeit

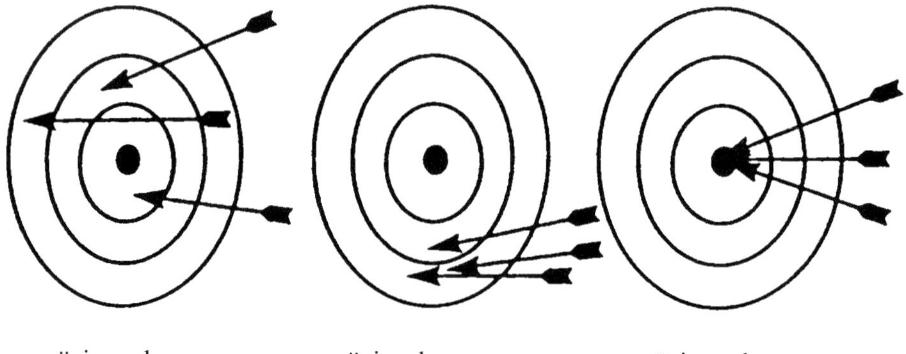

Probleme, die sich bei der Brunstbeobachtung ergeben:

- nicht beobachtete Brunst
- fehlinterpretierte Brunstsymptome mit der Folge einer zu frühen oder zu späten Besamung bzw. der Besamung während einer Zwischenbrunst.

Ursache dafür sind mangelhafte Tierbeobachtung und Brunstkontrolle sowie unzureichende Fachkenntnisse bezüglich des Brunst- und Fruchtbarkeitsgeschehens. Nicht immer sind die äußeren Brunstzeichen vorhanden; bei stillbrünstigen Tieren deuten oft nur an der Schwanzunterseite, den Sitzbeinhöckern oder an den Schenkeln klebende Schleimhautspuren auf Brunst hin. Bei mehrmaligen, außerhalb der Arbeitszeiten im Stall durchgeführten Kontrollen steigt die Sicherheit, brünstige Tiere deutlich zu erkennen.
Um den Brunstzyklus genau verfolgen zu können, sollen alle Beobachtungen in einem Brunstkalender festgehalten und eventuell der Progesterongehalt in der Milch bestimmt werden. Dies ist besonders bei stillbrünstigen Tieren von großer Bedeutung, da diese zwar einen regelmäßigen hormonellen Zyklus haben, jedoch keine deutlichen äußeren Brunsterscheinungen zeigen.
Ein hoher Progesteronwert besagt, daß das Tier nicht in Brunst, aber eventuell trächtig sein kann, ein niedriger Wert, daß das Tier nicht trächtig und vermutlich in Brunst ist! Andere Hilfsmittel, wie die Prüfung des Brunstschleims, die Messung des elektrischen Widerstandes oder der Leitfähigkeit, bringen zusätzliche Sicherheit.

Fruchtbarkeitssteuerung und Besamungstauglichkeit

Um eine optimale Nutzung der Herde zu gewährleisten, greifen viele Mutterkuhhalter zur Besamung. Allerdings ist die Brunstbeobachtung bei freilebenden Fleischrindern schwer, da die Duldungsphasen verkürzt und die Brunstsymptome auch nur schwach sind.
Kommt es nach einer Besamung trotzdem zum Nachstieren, so sind dafür mehrere Gründe maßgebend; die **Feststellung der Besamungstauglichkeit** stellt dabei das größte Problem dar. Die Folge ist, daß der **richtige Besamungszeitpunkt** nicht festgelegt werden kann.
Dennoch gibt es die Möglichkeit, über einen Vitaminstoß eine Woche lang die Brunstsymptome zu verstärken. Gleichzeitig wurden die Häufigkeit von Zwillingsgeburten sowie eine Verkürzung der Zwischenkalbezeit beobachtet.
Der Besamer hat darum vor der Durchführung der Besamung abzuklären, wie sich die Kuh seit der Geburt entwickelt hat (Vorbericht), und auch Möglichkeiten, neben den äußeren auch die inneren Brunstsymptome zu beurteilen. Bei einer problemlosen, zyklischen und brünstigen Kuh reichen in der Regel die Angaben des Züchters aus, und

die Besamung kann im letzten Drittel der Brunst durchgeführt werden. Die Besamung wird in der Abkalbebox vorgenommen, um ein möglichst streßfreies Arbeiten zu gewährleisten.
Durch reichliche Stroheinstreu werden nicht nur das Wohlbefinden gefördert und die Krankheitsanfälligkeit gesenkt, sondern auch eine längere und deutlichere Brunst bewirkt.

Zeitliche Ausprägung von Brunstsymptomen in Abhängigkeit von der Bodenbeschaffenheit

Brunstsymptome	harter Boden	weicher Boden
Brunstdauer	9,4 Std.	13,8 Std.
Aufsprünge	3,2 Std.	7,0 Std.
Duldung	2,9 Std.	6,3 Std.

Grundsätzlich sollte bei Problemkühen eine tierärztliche Untersuchung vorausgehen, um den Besamungserfolg sicherzustellen. Außerdem sollte es eine Selbstverständlichkeit sein, ca. acht Wochen nach einer Besamung durch eine Trächtigkeitsuntersuchung abzuklären, ob die Kuh tatsächlich trächtig ist. Dabei ist es wiederum wichtig, die nichtträchtigen Kühe herauszufinden.
Die Erhebung der Besamungstauglichkeit ist neben der Durchführung der Brunstbeobachtung einer der größten Problembereiche im Fruchtbarkeitsgeschehen, da der Besamungserfolg nach Erstbesamung bei etwa 70% liegt und auch andere Ursachen eine Rolle spielen (Haltung und Fütterung, Besamungstechnik usw.). Viele Betriebsleiter wissen heute wenig über die Ursachen und Symptome des Brunstgeschehens, das die eigentliche wirtschaftliche Basis der Rinderhaltung ist.

Einfluß der Herdengröße auf die Fruchtbarkeit von Mutterkühen

Größe der Herden	Herden		Trächtigkeitsrate %
	Anzahl	ØGröße	
bis 50	20	33,9	80,9
51 bis 100	48	77,0	86,1
101 bis 150	16	130,1	80,6
151 bis 250	8	200,1	78,2
>250	5	322,2	76,0

Einfluß der Zahl der Abkalbungen auf die Fruchtbarkeit in Mutterkuhherden

Zahl der Abkalbungen	Zur Bedeckung/Besamung aufgestellte Kühe/Kälber	davon tragend	
	Anzahl	Anzahl	%
1	2.642	2.433	92,1
2	2.664	1.662	62,4
3	1.308	1.197	91,5
4	863	800	92,7
	7.477	6.092	81,5

Eckdaten der Herdenfruchtbarkeit

Maß	Definition	Grenzwert
Zwischenkalbezeit	Zeitabstand zwischen 2 Kalbungen	bis 400 Tage
Güstzeit	Tage von der Abkalbung bis zum Eintritt der Trächtigkeit	bis 100 Tage
Rastzeit	Tage von der Abkalbung bis zur ersten Besamung	bis 60 Tage
Besamungsindex	Anzahl an Besamungen, um die Kühe trächtig zu bekommen	unter 2
Erstbesamungs-erfolg	Prozent der Kühe, die nach Erstbesamung trächtig werden	ca. 70%

KURZE ZWISCHENKALBEZEITEN SIND DAS ZIEL!

Auch gut funktionierende Betriebe sind heute am Erhalt ihres Leistungsniveaus interessiert. Dabei kann eine systematische, routinemäßige Bestandsbetreuung durch den Rindergesundheitsdienst mithelfen, eventuelle Schwachstellen zu verbessern. Heute ist

diese Form der Problemlösung auf breiter Ebene eingeführt und wird gerade im Bereich der Fruchtbarkeit als Schwerpunkt den Züchtern über die Tierärzte angeboten. Als Ziele werden dabei eine verlustarme Produktion bei Erhalt der Tiergesundheit und des Tier- und Konsumentenschutzes angestrebt. Eine hohe Leistung ist nicht zwangsläufig mit schlechterer Fruchtbarkeit gekoppelt!
Die Zwischenkalbezeit kann zu empfindlichen finanziellen Verlusten führen, wenn sie länger als normal (max. 400 Tage) dauert. Darum muß der Mutterkuhhalter bestrebt sein, diese Zeit zu verkürzen. Allerdings ist die Zwischenkalbezeit von vielen Faktoren abhängig, die teils beeinflußbar und teils nicht beeinflußbar sind.

Einflüsse auf die Dauer der Zwischenkalbezeit (ZKZ)

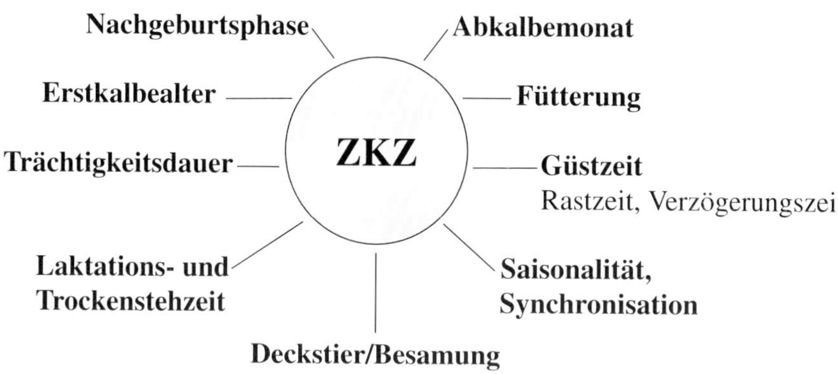

Von den Symptomen her sind es vor allem Zyklus- und Brunstanomalien, Nachgeburtsverhalten und Entzündungen, deren Ursachen vom Boden über das Futter bis zum Tier hin zu suchen sind und mit beträchtlichen wirtschaftlichen Verlusten einhergehen:

z.B. die Verkürzung der ZKZ um 30 Tage an einer Kuh bringt über 10 Laktationen gerechnet:
+ 1 Kalb + 1 Laktation

z.B. die Verkürzung der ZKZ bei 10 Kühen um 30 Tage bringt in einem Jahr:
+ 1 Kalb + 1 Laktation

z. B. kostet ein einmaliges Nachstieren unter Einschluß aller direkten und indirekten Kosten nach 21 Tagen ca. S 1000.–!

Ökonomische Bewertung der verlängerten Zwischenkalbezeit

Direkte Kosten:	Behandlungen, Wartezeiten Belegungen Arbeitsaufwand
Indirekte Kosten:	Verzögerungszeit Kälberverlust Nachstellungen bei Abgang Verlust der Saisonalität geringerer Zuchtfortschritt

Bei Winterkalbung in den Monaten Dezember/Jänner erfolgt die Belegung in den Monaten März/April. Zu dieser Zeit sind die Winterfutterqualitäten oft gering, so daß auch wesentlich schlechtere Trächtigkeitsraten als in den Frühsommermonaten auf der Weide erzielt werden. Die wirtschaftlichen Auswirkungen der Fruchtbarkeit sind gestaffelt in der Tabelle noch einmal verdeutlicht.

Auswirkungen verschiedener Produktionsmerkmale auf den Deckungsbeitrag in der Mutterkuhhaltung

Merkmal	**Differenz (%)**	**Deckungsbeitrag (%)**
Abkalberate	– 5 –10	–10 –20
Aufzuchtrate	– 5 –10	–12 –23
Absatzgewicht	–10 –20	– 7 –15

DER PROBLEMBETRIEB

Ursachen für Fruchtbarkeitsstörungen liegen meist nicht am Einzeltier, sondern sind ein Bestandsproblem. Die Fruchtbarkeit ist zu etwa 80 Prozent von der Umwelt und zu 20 Prozent genetisch bedingt. Durch optimale Betreuung ist es möglich, eine befriedigende Fruchtbarkeitsleistung zu erzielen bzw. Fruchtbarkeitsstörungen zu vermeiden.

Abgesehen von saisonalen klimatischen Einflüssen werden direkt oder indirekt fast alle Umweltfaktoren vom Betriebsmanagement bestimmt. Je höher die Leistung, desto schmäler der Grat und damit die Gefahr, in ein Problem hineinzurutschen.
Sind mehr als 30 bis 50 Prozent der Tiere eines Bestandes von Fruchtbarkeitsstörungen betroffen, so spricht man von „Herdensterilität", deren Behebung die Erforschung der Ursachen im Betrieb erfordert. Die geringere Beobachtungsfequenz in Mutterkuhherden mit Deckstier führt dazu, daß Problemkühe erst später erkannt werden. Anhand von Eckdaten lassen sich heute Betriebe analysieren und ihre Fruchtbarkeitssituation einschätzen.

Wichtige Sterilitätsformen des Einzeltieres und der Herde

Brunstlosigkeit (Azyklie)	keine befruchtungsfähige Eizelle vorhanden, Inaktivität, Blockade der Eierstockfunktion
Stille/schwache Brunst	keine sichtbaren Brunstsymptome
Unregelmäßige Brunst (verkürzter/verlängerter Zyklus)	mangelnde Brunstbeobachtung, Embryonaltod, Zwischenbrunst
Ovarielle Funktionsstörungen	Atrophie, verzögerte Ovulation, Follikelatresie, Zysten, Gelbkörper (persist.)
Gebärmuttererkrankungen	Entzündungen I–IV, Mumifizierung/Steinfrucht, Abortus

DIE GEBURT

DIE VORBEREITUNGEN

Eine der ersten wichtigsten „Ersten Hilfen", die der Landwirt zu leisten und zu beurteilen hat, ist die Geburt.
Das wertvollste, aber zugleich auch schwächste Glied in der Mutterkuhhaltung ist das Kalb. Von einer Mutterkuh wird erwartet, daß sie mindestens ein Kalb pro Jahr bringt, andernfalls ist eine Mutterkuhhaltung nicht wirtschaftlich.
Die normale Trächtigkeit dauert bei unseren Rassen ca. 285 Tage. Bei großen Früchten oder bei Zwillingsfrüchten tritt manchmal eine frühere Geburt auf. Bei Zwillingsfrüchten ist in ca. 40% ein Verhalten der Nachgeburt damit verbunden. Eine Trächtigkeit kann auch durch verschimmeltes oder gefrorenes Futter abgebrochen werden. Überdies sind manchmal Krankheiten an einem Abort schuld.
Das Übertragen der Frucht kann heute durch Hormoninjektionen abgekürzt werden. Sollte eine Trächtigkeit bereits 295 Tage dauern, empfiehlt es sich, durch den Tierarzt eine Hormoninjektion geben zu lassen. 3 Tage später tritt im allgemeinen die Geburt ein. Ein Nachteil dieser Methode ist lediglich darin zu sehen, daß zumeist Nachgeburtsverhaltungen bemerkt werden.
Die Geburt ist grundsätzlich ein normaler physiologischer Vorgang, der sich in eine Vielzahl von Einzelabschnitten unterteilt. In der Herde sondern sich tragende Tiere von der Gruppe ab und suchen einen ruhigen und geschützten Platz auf. In der Stallhaltung gewöhnt man in ausreichend großen (8 bis 12 m^2), gut eingestreuten und von der Herde nicht getrennten Abkalbeboxen das Tier zwei Wochen vor der Geburt ein, um eine streßfreie Geburt zu ermöglichen. Auf keinen Fall sollte man sonst freilebende Tiere in der Abkalbebox anhängen, da durch den Streß ein komplettes Erliegen der Geburtsvorgänge herbeigeführt werden kann.
Der Geburtsvorgang sollte beobachtet und, wenn notwendig, rechtzeitig Geburtshilfe geleistet werden.
Zu frühe Geburtshilfe, mangelnde Hygiene, gewaltsame Fruchtentwicklung und unsachgemäße Versorgung von Geburtsverletzungen sind Ursachen für nachfolgende Sterilitäten, lebensschwache Kälber und Kälberverluste.
Wie jeder Start im Leben kann auch die Kälbergeburt mit Schwierigkeiten verbunden sein.
Um Schwergeburten vorzubeugen, kann man durch gezielte Anpaarungen regulierend wirken, indem man nur mit solchen Stieren besamt, die nachweislich Leichtkalbigkeit vererben, d.h. Kälber mit leichten Geburtsgewichten bringen, die sich durch besondere Wüchsigkeit und überdurchschnittliche Tageszunahmen auszeichnen.

Faktoren für Schwergeburten sind:
Größe und Alter der Kuh, Beckenvolumen, Geburtsgewicht, Geschlecht des Kalbes, Trächtigkeitsdauer, Rasse(n), Genotypen, Fütterung, Fitneß, Position, Umfang des Kalbes, Seehöhe, Ort, Temperatur und Jahreszeit.

DER NORMALE GEBURTSABLAUF

Bei der Geburt unterscheiden wir drei Phasen:
1. Das Vorbereitungsstadium
Stärkere Lockerung des weichen Geburtsweges durch hormonell gesteuerte Wasseraufnahme ins Gewebe
Einfall der Beckenbänder (3 Wochen vor der Geburt eintretend)
Wachstum des Eutergewebes
2. Das Eröffnungsstadium (4 bis 8 Stunden)
Es treten erste Wehen auf
Aufstehen und Niederlegen des Tieres wird beobachtet
Die Wehen bewirken das Vorschieben der Fruchtblase, das zur Eröffnung des Muttermundes, der Scheide und der Scham führt, bis die Fruchtblase aus der Scham heraustritt.
3. Das Austreibungsstadium (1 bis 3 Stunden)
Beim Austreibungsstadium kommt es zum Springen der Blase und Auspressen der Frucht.
Die Geburt geht im Liegen leichter vonstatten, da hiebei die Bauchpresse intensiver zur Geltung kommen kann. Außerdem liegt die Frucht höher. Durch Zugleistung kann die Geburt abgekürzt werden. Beim Anschlingen ist zu beachten, daß keine Eihautteile miteingebunden werden.

Geburtshilfe

Falls Geburtshilfe geleistet werden soll, werden dazu benötigt:
1. Zwei saubere Geburtsstricke. Die Stricke müssen sauber sein (möglichst ausgekocht, nicht im Stall hängen und verstauben lassen).
2. Zwei Hölzer
3. Sauberes Langstroh
4. Warmes Wasser zum Reinigen der äußeren Scham, saubere Hände, Seife

Bis 2 Stunden nach dem Sprung der Fruchtblase kann auf die weitere Geburt gewartet werden (Geduld!).

Nur dann, wenn ein totes Kalb vorliegt oder der Blasensprung nicht erfolgt, soll weiter eingegriffen werden.

Bei der Geburtshilfe ist weiters zu beachten:

1. Ablegen des Tieres in einer Abkalbebox, Ruhe bewahren.
2. Einzelnes kurzes Anschlüpfen der Gliedmaßen.
3. Bei der Geburt soll keine rohe Gewalt angewendet werden. Reicht die Kraft von zwei Personen nicht aus, muß tierärztliche Hilfe in Anspruch genommen werden. Zug nur mit den Wehen!
4. Nach Durchtritt des Kopfes hat die Zugrichtung in Richtung auf die Hintergliedmaßen zu erfolgen, also nach unten. Die Wirkung kann durch abwechselndes Ziehen an den Gliedmaßen erhöht werden. Nur während der Wehen ziehen.
5. Schutz des Dammes bewirken. Leinsamenschleim oder ein Gleitmittel kann bei verzögerten Geburten von Vorteil sein (Trichter mit Schlauch).
6. Bei Steißlagen ist die Geburt schwieriger.

Lage – Stellung – Haltung

Lage: Bezeichnet die Position, welcher Teil dem Beckeneingang zugeteilt ist.
Es gibt

- eine Vorderendlage (normal)
- eine Hinterendlage (Steißlage)
- eine Bauchquerlage (senkrecht und waagrecht)
- eine Rückenquerlage (senkrecht und waagrecht)

Stellung: Rücken des Kalbes zum Rücken des Muttertieres.
Bei seitlicher Stellung in Hinterendlage kann man zum Korrigieren das Kreuzen der Beine nutzen.
Bei seitlicher Stellung in Vorderendlage – Drücken auf die Augen.
Bei unterer Stellung in Vorderendlage – Fuß drehen.
Bei seitlicher Stellung in Hinterendlage und unterer Stellung in Hinterendlage – Drehung der Hintergliedmaßen.
Haltung: Die Haltung der Gliedmaßen und des Kopfes in bezug auf den Körper.
Genickhaltung und Brustkopfhaltung
Seitenkopfhaltung: Korrigieren mit Augenhaken
Schwierig ist die Rückenkopfhaltung
Fußnackenhaltung
Vorderkniehaltung
Schultergelenksbeugehaltung
Sprunggelenksbeugehaltung
Hüftgelenksbeugehaltung

RICHTIGES VERHALTEN BEI KOMPLIKATIONEN

Kälber können nach der Geburt blau anlaufen oder nicht atmen. Aus diesem Grunde ist es sehr wichtig, Geburtstermine regelmäßig zu überwachen, um bei Komplikationen rechtzeitig eingreifen zu können. Unmittelbar danach sind, neben der richtigen Nabelversorgung, innerhalb der ersten 15 Minuten **A**tmung, **B**ewegung und der **S**augreflex (ABS des Kalbes!) zu kontrollieren und lebensschwache Kälber zu beachten. Bei Kälbern, die nicht atmen, muß man als erstes trachten die Atemwege frei von Geburtsschleim zu bekommen. Nach dem Hochziehen an den Hinterbeinen streift man mit einer sauberen (!) Hand vom Nasenrücken in Richtung Flotzmaul. Keinesfalls sollte man mit den Fingern in den Nasenlöchern herumbohren, da das Kalb keine Abwehrstoffe hat und einer bakteriellen Infektion schutzlos ausgeliefert ist.
Danach kann man das Kalb aus einer Gießkanne mit kaltem Wasser begießen. Durch diesen plötzlichen Kälteschock werden der Überlebenstrieb und das Atemzentrum stimuliert und aktiviert. Mund-zu-Mund-Beatmung und Brustmassage am seitlich

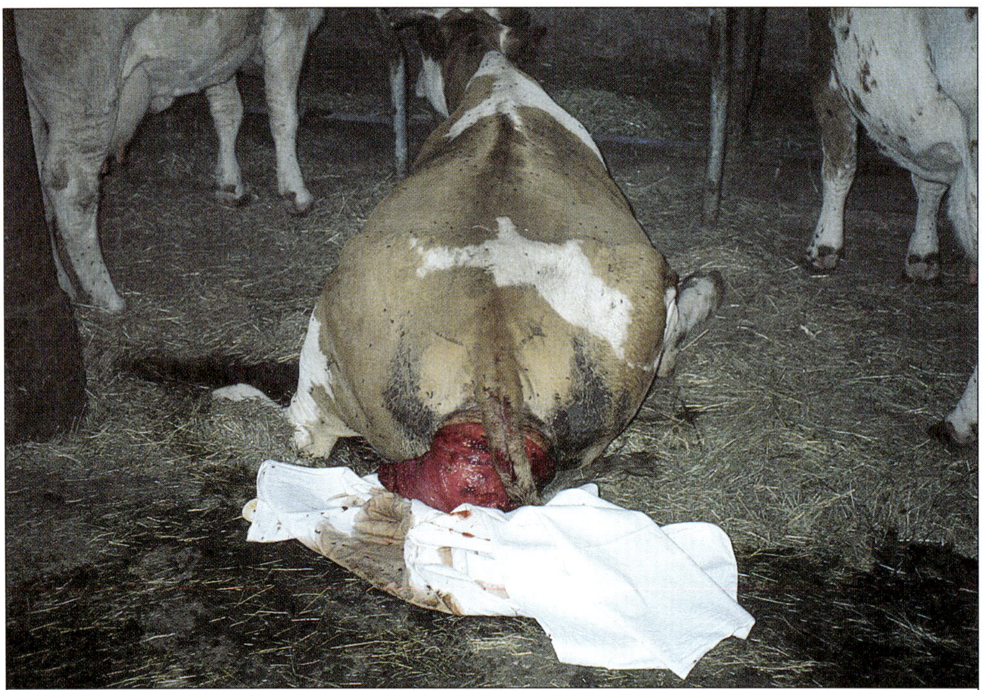

Gebärmuttervorfall – saubere Lagerung ist wichtig

liegenden Tier können ebenfalls atmungsfördernd wirken. Dabei wird jeweils die oben liegende Vorderextremität langsam und synchron mit der Ausatembewegung gegen den Brustkorb gedrückt.
Als letzte Möglichkeit kann nur noch der Tierarzt ein atmungsanregendes Kreislaufmittel injizieren, wenn auch die vorherige Gabe, z.B. von Kreislauftropfen, unwirksam blieb.
Da der bloße Nabelstrang eine direkte Verbindung ins Körperinnere ist und nach der Geburt beste Bedingungen für Bakterien bietet, dient die Nabelversorgung der schnellen Eintrocknung und Verhinderung eines raschen Keimwachstums.
Als erstes ist der Nabelstumpf mit sauberen Händen auszustreifen, um Blutreste, die ein idealer Nährboden für Bakterien sind, zu entfernen. Danach wird der Nabel mit Penicillinpuder oder mit einer leichten Jodlösung äußerlich benetzt. Am besten dafür eignen sich Sprays.

Ursachen des Festliegens

eher geburtsbedingt	**andere Formen**
Erschöpfung Beckenbruch Muskelriß Nervenquetschungen Abfall des Kalziumgehaltes Abfall des Phosphorgehaltes	Knochenweiche Herzschwäche Leberstörungen Euterentzündung (Mastitis) Abfall des Magnesiumgehaltes

Der Abfall des Kalziumgehaltes im Blut wird auch als Milchfieber (Gebärparese) bezeichnet und ist durch Freßunlust, abgestumpftes Bewußtsein, Lähmung der Hintergliedmaßen, Lagerung des Kopfes auf die Flanke, durch tiefe und langsame Atmung und kühle Oberfläche gekennzeichnet.
Erste Hilfe erfolgt durch Kalzium, Magnesium, eventuell auch Phosphorinfusionen.
Bei **Gebärmuttervorfall** ist bis zum Eintreffen des Tierarztes die Gebärmutter hochzulegen und durch saubere Leintücher vor Verschmutzung zu schützen.

DAS KALB

DIE BEDÜRFNISSE DES NEUGEBORENEN

Innerhalb der ersten Viertelstunde sollte das Kalb seinen Kopf heben, aufstehen und das Euter seiner Mutter gesucht und gefunden haben. Diese erste Milchaufnahme ist die wichtigste im Leben eines jeden Neugeborenen, da zum Zeitpunkt der Geburt noch keine Antikörper gegen Erreger, die sich in seiner unmittelbaren Umgebung befinden, vorhanden sind. Die Biestmilch (Kolostrum) ist in ihrer Zusammensetzung von der normalen Milch gänzlich verschieden. Durch die hormonelle Vorbereitung zur Geburt werden die Blutgefäße für verschiedene Stoffe insbesondere der spezifischen Antikörper vermehrt durchlässig, was eine erhöhte Konzentration dieser Stoffe in der Kolostralmilch bewirkt. Der Immunoglobulinkörperanteil ist mit 17% um etliches höher als in der Normalmilch mit 0,7%. Ebenso ist ein sehr hoher Vitamin-A-Spiegel vorhanden, der durch geeignete Fütterung des Muttertieres vor der Geburt entscheidend positiv beeinflußt werden kann. Das Muttertier soll auch mindestens 3 Wochen vor der Geburt in den Abkalbebereich verbracht werden, um eine optimale Bildung von Antikörpern, als Antwort auf die Auseinandersetzung mit den Erregern dieser neuen Umgebung, zu gewährleisten. Die Milch ist braunrot, oft mit sichtbaren Blutbeimengungen, und hat einen bittersalzigen Geschmack. Nach ca. einer Woche ist das Gemelk wieder normal. In der ersten Lebensstunde sollte mindestens 1 Liter Biestmilch aufgenommen werden. SCHRAG et. al. setzen 6% des Körpergewichtes in den ersten 6 Lebensstunden, also 2 bis 2,5 Liter Kolostrum, als Optimum an. Das heißt, daß am ersten Lebenstag zwischen 3 und 4 Liter Biestmilch aufgenommen werden sollen. Als sehr gute Faustregel haben SCHRAG et. al. folgende Formeln aufgestellt:

Körpergewicht in kg : 100 x 6 als Kolostrumaufnahme in der ersten Lebensstunde
Körpergewicht in kg : 10 als Kolostrumaufnahme am 1. Lebenstag.

Pro Kalb werden zwischen 10 und 30 Liter Kolostrum in der ersten Woche benötigt. Es kommt immer wieder vor, daß Muttertiere bei der Geburt sterben und nur das Kalb überlebt. Aus diesem Grunde sollte jeder Betrieb einen eingefrorenen Kolostrumpool von Altkühen zur Verfügung haben. Meistens wird die gesamte Kolostralmilch sowieso nicht von einem Kalb verbraucht. In vielen Milchbetrieben ist dies bereits üblich.
Die schnelle Aufnahme von Biestmilch ist auch noch aus einem ganz anderen Grund so wichtig: Das Kalb ist nur in den ersten 16 Stunden seines Lebens in der Lage, die Abwehrstoffe über den Darm in die Blutbahn aufzunehmen. Später ist diese Resorptionsmöglichkeit nicht mehr gegeben. Kälber sind von Natur aus auf wildeuterähnliche

Strukturen geprägt, die weiter oben hängen. Bei Milchkühen sind die Zitzen aufgrund ihrer Eutermasse tiefer, und das bedeutet für das Kalb eine verspätete Kolostrumaufnahme. Wenn man weiß, daß mit jeder Stunde nach der Geburt die Inhaltsstoffe in der Biestmilch langsam abnehmen, so kann man sich das Ausmaß einer verspäteten Milchaufnahme selbst ausrechnen. Bevor das Kalb zu saugen anfängt, wird es von der Mutter trockengeleckt, was einerseits eine kreislaufstimulierende Wirkung hat und andererseits die geruchliche Identifizierung des Kalbes prägt.
In den ersten Lebenstagen sollte auch das Einziehen von Ohrmarken vorgenommen werden, da die Tiere noch nicht so scheu gegenüber dem Menschen sind.
Unerfahrene Kalbinnen lassen nach der Geburt häufig das Kalb nicht gleich saugen und verzögern so die essentielle Biestmilchaufnahme. Vorsicht ist auch geboten bei angesaugten Kalbinnen, da das Kolostrum für das eigene Kalb fehlt.

DAS KALB UND SEINE PROBLEME

Das Kalb als Hauptprodukt, das sich durch hohes Gewicht nach 8- bis 10monatigem Saugen auszeichnen soll, ist das schwächste, also krankheitsanfälligste Glied in der Produktionskette. Die unumstrittenen Vorteile der Mutterkuhhaltung hinsichtlich extensiver Fleischproduktion, bester Ausnutzung der Weideflächen, kostengünstigem Arbeiten sowie der daraus resultierende Gewinn dürfen nicht beste Planung vermissen lassen. Wie schon erwähnt, führen gerade Kälberverluste ebenso wie Krankheiten zu erheblichen Leistungseinbußen. Aus diesem Grunde kommt der Haltung, dem Stallklima und Management zentrale Bedeutung zu.
Die Krankheitsanfälligkeit ist in der kalten Jahreszeit erhöht. Hohe Bestandsdichten im Stall und eine übermäßige Schadstoffkonzentration sowie unzureichende hygienische Maßnahmen können zu schweren Durchfällen und Lungenentzündungen führen.
Mit zwei Wochen sollte das Kalb schon das erste Rauhfutter bester Qualität im Kälberschlupf angeboten bekommen, um eine rasche Vormagenentwicklung zu erreichen. Mit sechs Wochen ist der ideale Zeitpunkt zum Enthornen gekommen. Durch zeitlich terminisierte Abkalbungen wird hiermit auch wieder eine Arbeitserleichterung für den Mutterkuhhalter geschaffen, da man sich durch gute Planung ein mehrmaliges „Einfangrodeo“ erspart.
Die Ansprüche des Kalbes innerhalb einer Herde sind doch etwas anders als die von erwachsenen Rindern. Das Abwehrsystem ist noch nicht stark genug, um sich auch wirklich erfolgreich gegen Krankheitserreger (Kälbergrippe, Durchfälle etc.) zu wehren. Der Kälberschlupf, der als richtige Ruhezone nur von Kälbern benutzt werden darf,

ist daher besonders wichtig. Er muß immer sauber, hell und vor allem zugfrei sein. Eine eigene Futterraufe für Heu und ein eigener Kraftfutterautomat sollen auch zur Verfügung stehen. Es müssen immer mehr Liegeplätze als Kälber vorhanden sein (min. 1,2 bis 1,5 m^2/Kalb).

Weiters ist es günstig, wenn die Kälber nicht allzu große Altersunterschiede aufweisen, da sonst jüngeren Tieren durch Milchräubern die Milch gestohlen wird und diese dann in ihrer Entwicklung zurückbleiben. Um die Tageszunahmen feststellen zu können, empfielt es sich, die Kälber nach der Geburt zu wiegen. Daraus kann man bei Ermittlung des Absetzgewichtes mittels folgender Formel die Tageszunahmen errechnen:

$$\frac{\text{Absetzgewicht} - \text{Geburtsgewicht}}{\text{Alter in Tagen}} = \textbf{tägliche Zunahme}$$

Hat man aus irgendeinem Grunde die Geburtswiegung vergessen, so kann man wie folgt rechnen:

$$\frac{\text{Absetzgewicht}}{\text{Alter in Tagen}} = \textbf{durchschnittliche Tagesentwicklung}$$

Physiologische Daten eines gesunden Kalbes

Allgemeinverhalten:	lebhaft und aufmerksam
Ernährungszustand:	gut
Haarkleid:	glatt, glänzend, anliegend, nicht verschmutzt
Hautelastizität:	erhalten
Innere Körpertemperatur:	38,5 bis 39,3 Grad Celsius
Kopfschleimhäute:	blaßrosa, kein Ausfluß
Puls:	72 bis 92 Pulsschläge pro Minute, kräftig, regelmäßig
Atmung:	20 bis 40 Atemzüge pro Minute, tief, regelmäßig
Pansenmotorik:	erst ab dem dritten Lebensmonat bei Rauhfuttergabe hörbar

Kot:	nach der Geburt: Mekonium/Darmpech; grün-schwarz, zäh bis zur 4. Woche: gelb-ockerfarben, breiig, gelegentlich fettig Tagesmenge 250 bis 500 Gramm bis zum 3. Monat: braun-olivgrün, von der Fütterung abhängig, mittelbreiig Tagesmenge 500 bis 1500 Gramm
Harn:	durchsichtig, klar, ohne Fremdbeimengungen (Blut, Fibrin) bis zur 4. Woche 0,5–1 Liter/Tag bis zum 3. Monat: 1–2,5 Liter/Tag alkalischer Harn-pH: bis 8,0 spezifisches Gewicht: 1010–1040

KÄLBERKRANKHEITEN

Kälberkrankheiten

1. Mangelkrankheiten • Weidetetanie (Mg-Mangel) • Hirnrindennekrose (Vit. B1-Mangel) • Weißmuskelkrankheit (Vit. E-Selen-Mangel) **2. Vergiftungen** • Chronische Kupfer-Vergiftung (falsches Mineralstoffutter) • Giftpflanzen	**3. Infektionskrankheiten** • Akuter Durchfall • BVD/MD • Kälbergrippe • Kälber- oder Glatzflechte • Nabelentzündung	**4. Organkrankheiten** • Wiederholtes Aufblähen • Labmagenverlagerung • Harnröhrenverschluß • Läuse- und Haarlingsbefall

Vorbeugung: saubere und gesunde Euter, einwandfreies Futter, gutes Stallklima, keine Zugluft, Vitamine A, E.

Durchfälle

Die Verlustrate von Kälbern nach der Geburt ist durch Kälberdurchfälle besonders hoch. Beim Durchfall kommt es zu einer beschleunigten Darmpassage des Darminhaltes, wodurch eine ausreichende Wasserrückresorption nicht mehr gegeben ist. Der Kot wird durch den vermehrten Wassergehalt dünner und im Strahl abgesetzt. Farbabweichungen und Blut- oder Fibrinbeimengungen sind je nach Durchfallerreger vorhanden. Durch den hohen Wasser- und Elektrolytverlust trocknen die Tiere sehr rasch aus, was durch das Einsinken der Augäpfel (Wasserverlust über 10%) und das nicht bzw. sehr langsame Verstreichen der Hautfalte seitlich am Hals erkennbar ist. Das Problem bei diesem Geschehen ist, daß es durch den Wasserverlust zu einer Bluteindickung kommt und dadurch eine ausreichende Sauerstoffversorgung des Tieres nicht mehr gegeben ist. Dieser Zustand kann bis zum Festliegen und Koma führen.
Als Ursachen für Durchfallerkrankungen sind mehrere verschiedene Faktoren zu nennen.

1. **Viren:** Rota, Corona, Parvo
2. **Bakterien:** E. Coli, Salmonellen
3. **Parasiten:** Kokzidien, Kryptosporidien
4. Ernährungsbedingte Durchfälle
5. Kombinationsinfektionen von Viren und Bakterien
6. Streßbedingte Durchfälle

Die häufigsten Ursachen sind mit Sicherheit Virus/Bakterien-Mischinfektionen, wobei die zuerst stattgefundene Schädigung der Darmschleimhaut durch Viren die daran anschließende Bakterienbesiedelung begünstigt.

Rota- und Corona-Virus-Durchfälle

Diese Durchfallerreger treten sehr häufig unmittelbar nach der Geburt bis maximal 1 bis 2 Wochen nach der Geburt auf. Normalerweise werden die Darmzotten der Dünndarmschleimhaut kontinuierlich von einem Schleimhautepithel, das von der Basis der Zotten gebildet wird, überzogen. Dadurch wird eine gute Resorption von Nährstoffen ermöglicht. Ebenso ist der Darm in der Lage, Schleim zu bilden. Dieser Schleim ist als Vorbereitung für die weitere Verdauung wichtig. Diese Viren besiedeln nun die Schleimhautkrypten und Zottenspitzen und verhindern dadurch diesen kontinuierlichen Überzug der Darmzotten. Daraus ergibt sich zwangsläufig eine Schrumpfung der Darmzotten, was gleichzeitig auch mit einem Resorptionsverlust verbunden ist. Das ur-

sprüngliche Verhältnis Resorption : Sekretion beträgt 3 : 1, bei der Rückbildung der Zotten kommt man auf ein Verhältnis 1 : 1. Daraus ergeben sich logischerweise ein Elektrolytmangel infolge der Resorptionsschwäche des Darmes und eine beschleunigte Darmpassage aufgrund des erhöhten Flüssigkeitsgehaltes des Inhaltes.
Der Kot ist gelb, machmal etwas blasig, die Tiere trocknen sehr rasch aus. Oftmals verlieren Jungtiere bis zu 10% ihres Körpergewichtes an Flüssigkeit an einem Tag!
Therapie: Das Kalb sollte sofort getrennt von den anderen Herdenmitgliedern aufgestallt werden. Absolute Sauberkeit, Ruhe und ein zugfreier, warmer Platz sind jetzt wichtig. Der Flüssigkeitsverlust muß schnell mittels einer geeigneten Infusionslösung ausgeglichen werden. Nach neuesten Erkenntnissen soll das Kalb weiter seine Vollmilchrationen dreimal täglich (2 bis 3 Liter/Mahlzeit) bekommen, und zwischen jeder Mahlzeit sollte eine Elekroyt/Diät-Zwischentränke in der Menge von 1 bis 1,5 Litern angeboten werden. Die Vollmilchrationen sind sehr wichtig, damit der tägliche Erhaltungsbedarf an Nährstoffen gedeckt wird. Die Elektrolyttränken sollen jedoch nur die täglichen Verluste wettmachen. Daher ist bei einer alleinigen Diättränkegabe eine sichere energetische Unterversorgung des schon stark geschwächten Kalbes vorprogrammiert. Um die Sekundärinfektionen durch Bakterien in Grenzen zu halten, verwendet man einige Tage Breitbandantibiotika. Die schmerzhaften Darmkrämpfe werden mittels geeigneter krampflösender Mittel behandelt.
Prophylaxe: Neben ausreichender Geburts- und Aufstallungshygiene bringt eine zweimalige Muttertierimpfung 6 Wochen und 3 Wochen vor der Geburt gute Erfolge. Die Antikörper, die vom Muttertier gebildet werden, sind dann zum Zeitpunkt der Geburt in der Kolostralmilch und schützen so das Kalb.

Koli-Durchfall

Escherichia coli ist an und für sich ein banaler Keim, der in jedem gesunden Darm auch vorkommt. Ein bestimmtes Haftantigen macht aber manche dieser Kolikeime zu gefährlichen Durchfallerregern. Kolidurchfälle treten gehäuft in den ersten beiden Lebenswochen auf und äußern sich durch ihren charakteristisch gefärbten weißen Kot, der unter starkem Pressen abgesetzt wird. Wie bei den anderen Durchfällen verlieren die Kälber viel Wasser und Elektrolyte. Dazu kommt noch eine durch hämolysierende *E. coli* hervorgerufene Septikämie, die mit einer erheblichen Störung des Allgemeinverhaltens verbunden sein kann (Fieber, Tiere liegen viel).
Therapie: Breitbandantibiotika gegen die Erreger und Flüssigkeitsersatz durch Infusionen. Zwischentränken und Vollmilch wie bei Durchfall.
Prophylaxe: Muttertierimpfungen sowie äußerste Hygiene bei der Geburtshilfe und im gesamten Stall.

Durchfallerkrankung des Kalbes

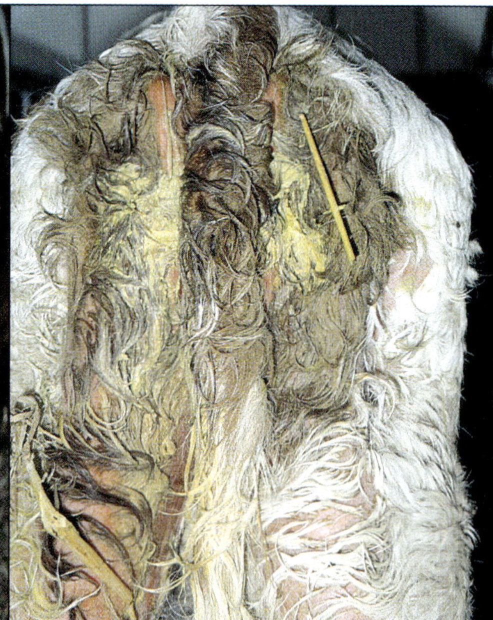

Virusbedingter Durchfall des Kalbes – Kot ist gelb

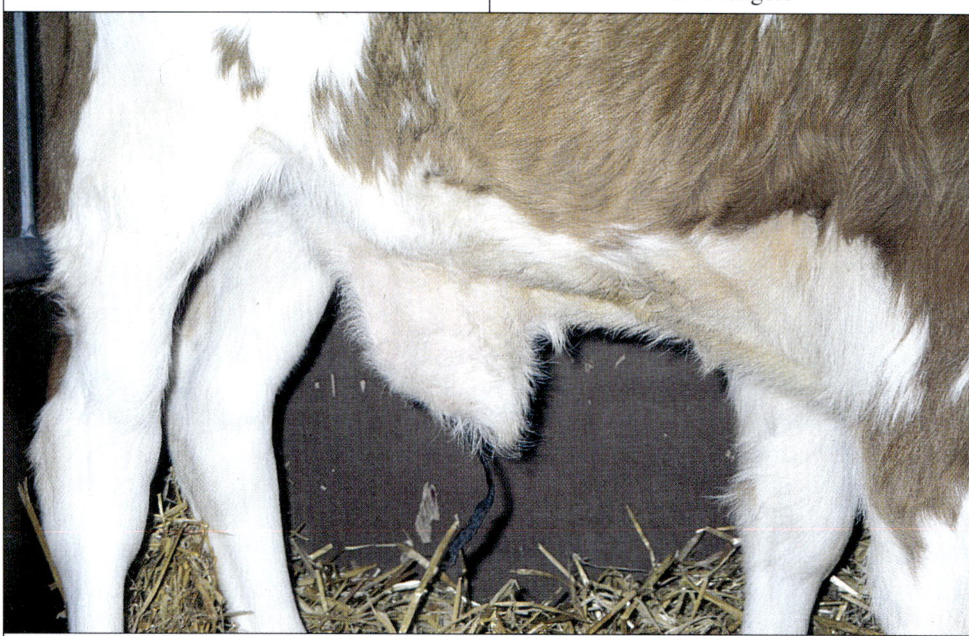

Nabelentzündung – Kälberlähme; Vorbeugung durch Impfung

Salmonellose

Die durch Salmonellen hervorgerufenen Durchfälle zeichnen sich durch besonders raschen und heftigen Verlauf aus, der meist eine hochgradige Störung des Allgemeinbefindens infolge der Intoxikationserscheinungen einer Septikämie hervorruft. Bei der Salmonellose unterscheidet man zwei für die Rinder besonders ansteckende Typen:
Salmonella dublin: besonders gefährlich für Kälber.
Ältere Rinder, die klinisch gesund sind, scheiden diese Bakterien aus und stellen dadurch eine potentielle Infektionsquelle dar. Deshalb sollten solche Dauerausscheider so schnell wie möglich verwertet werden.
Salmonella thyphimurium: Ebenfalls ein problematischer Keim, der als Umweltkeim sehr weit verbreitet ist. Er wird hauptsächlich durch Nagetiere wie Mäuse und Ratten verbreitet. Deshalb immer eine gute Schädlingbekämpfung durchführen, wenn Salmonellen dieses Typs Probleme im Betrieb machen.
Salmonellose beim Rind äußert sich in zahlreichen verschiedenen Symptomen. Neben den klinisch unauffälligen Salmonellenausscheidern, die nur durch eine bakteriologische Untersuchung ausfindig gemacht werden können, gibt es noch die septikämische Verlaufsform, bei der die Tiere Fieber und höchstgradige Störungen des Allgemeinbefindens zeigen. Pathoanatomisch findet man an den Lebern solcher Tiere immer wieder punktförmige gelbe Nekrosen und einen hochgradig blutig infarzierten Darm mit fibrinösem Inhalt.
Bei der klassischen Durchfallsform fällt folgendes auf: Der Kot wird unter starkem Pressen abgesetzt. Die Farbe ist grünlich und mit zahlreichen Blasen durchsetzt. Besteht der Durchfall schon einige Tage, so findet man im Kot zahlreiche Fibrin- und Blutbeimengungen, die auf eine starke Schädigung der Darmschleimhaut schließen lassen können. Außerdem liegen die Kälber viel und fressen fast nichts.
Therapie: Zur Flüssigkeitsregulierung und zum Ausgleich der Blutazidose sollte auf jeden Fall für einige Tage eine Infusionsbehandlung vorgenommen werden. Mit einer antibiotischen Versorgung versucht man das Salmonellenwachstum zu hemmen. Vollmilch und Elektrolytzwischentränken dürfen bei der Behandlung ebenfalls nicht fehlen.
Prophylaxe: Ausmerzung von Dauerausscheidern, regelmäßige Schädlingsbekämpfung sowie nur Zukauf von Tieren aus salmonellenfreien Beständen.

Weidedurchfälle

Bei Milchmastkälbern kommt den ernährungsbedingten Durchfällen wohl größere Bedeutung zu als bei Kälbern in Mutterkuhhaltung. Dennoch tritt immer wieder knapp nach Weideaustrieb bei den Jungtieren gehäuft Durchfall auf. Die Kälber fressen das

für sie in der ersten Weideperiode noch neue und gut schmeckende Gras sehr gierig. Im jungen Aufwuchs ist meist auch sehr viel Wasser. Dieser erhöhte Wassergehalt kann vom Darm in nur unzureichender Form rückresorbiert werden. Deshalb ist der Wassergehalt im Kot höher und die Darmpassage beschleunigt.
Therapie: Wenn der Durchfall wie beschrieben knapp nach Weideaustrieb auftritt und alle anderen parasitär bedingten Durchfälle wie Kokzidiose etc. ausgeschlossen werden können, sollte man den Tieren vor jedem Austrieb genügend Heu füttern, um eine übermäßig gierige Grasaufnahme zu vermeiden. Haben die Tiere nun den Durchfall, sollte man sie ein paar Tage aufstallen und nur mit Rauhfutter füttern, bis der Durchfall vobei ist. Besteht der Durchfall aber schon einige Tage und die Tiere weisen eine stärkere Austrocknung auf, sollten sie ebenfalls einer Infusionsbehandlung unterzogen werden.

Kälbergrippe

Unter Kälbergrippe versteht man eine Atemwegserkrankung des Kalbes (Crowding-disease) und des erwachsenen Rindes. Es handelt sich hierbei um eine Faktorenkrankheit mit folgenden **Ursachen:**
- Viren: Adeno, Reo, Rhino, PI 3, BRS-Viren
- Bakterien: Mycoplasmen, Pasteurellen, Coryne bakterien etc.
- Stallklima
- Streß

Dieser Erkrankungskomplex tritt vorwiegend in der kalten Jahreszeit auf, wo die Tiere in den oft sehr schlecht klimatisierten (zu warm, zugig, feucht etc.) und überbelegten Ställen leben müssen. Diese Überbelegung oder jeder Transport und Futterwechsel stellen für die Tiere eine ungewohnte Belastung dar, was sich in einer verminderten Resistenz gegenüber Krankheitserregern manifestiert. Durch Überbelegung und schlechte Lüftungssysteme kann das Stallklima nicht mehr die optimalen Lebensbedingungen schaffen. Die Tiere geben viel Wärme und Feuchtigkeit ab, und die Krankheitserreger finden hier optimale Vermehrungsbedingungen vor.
Symptome: Diese Krankheit verläuft in zwei Phasen, wobei die erste Fieberphase oftmals unbemerkt bleibt. Nach einer kurzen Inkubationszeit steigt die innere Körpertemperatur auf 40 bis 41 Grad. Die Tiere zeigen nur einen geringgradigen wäßrigen Nasen- und Augenausfluß und fressen etwas weniger. Das Allgemeinbefinden ist geringgradig herabgesetzt. Nach der ersten Fieberphase, die 1 bis 3 Tage dauern kann, scheinen sich die Tiere erholt zu haben. Im Anschluß an diese scheinbare Genesung zeigen die Tiere höheres Fieber, starke Atembeschwerden, eitrigen Nasen- und Augenausfluß,

Husten, liegen viel, fressen fast nichts, das Haarkleid wird struppig und stumpf. Schreitet diese Atemwegserkrankung ohne Behandlung fort, so stellt sich Maulatmen aufgrund des akuten Sauerstoffmangels ein. Durch die bakteriellen Sekundärerreger manifestiert sich eine eitrige Bronchitis und Lungenentzündung, die einen normalen Luftaustausch nur schwer zuläßt. Aufgrund dieser gestörten Atmung kann auch die verbleibende Restluft in der Lunge nicht mehr vollständig abgeatmet werden, und so entsteht durch diese Überdehnung der Lungenbläschen ein Lungenemphysem.
Therapie: Die Therapie sollte unbedingt als Bestandstherapie durch den Tierarzt erfolgen. Zusätzlich werden Mittel, die das Husten erleichtern und den Krampf lösen, eingesetzt. Vitamine und Mineralstoffmischungen sind auf jeden Fall therapiefördernd.
Prophylaxe: Wenn Tiere zugekauft werden, sollten sie mindestens 3 Wochen lang in einem geeigneten Quarantänestall getrennt von der Herde aufgestallt werden. Ansonsten empfielt es sich, in der kalten Jahreszeit die Abwehrkraft der Tiere mit einer die körpereigene Abwehr steigernden Impfung zu stärken. Diese Maßnahmen nützen aber nichts, wenn die optimalen stallklimatischen und hygienischen Verhältnisse nicht hergestellt sind.

Nabel

Nabelbrüche, Entzündungen, Kälberlähme

Unter einem Nabelbruch wird eine Umfangsvermehrung im Nabelbereich verstanden, die schmerzhaft sein kann und meistens Darmteile als Bruchinhalt aufweist. Diese Darmteile können jetzt durch die Bruchpforte rückgeführt werden oder auch nicht. Im ersteren Fall ist die Prognose günstiger, weil es sich bei einem nicht rückbildbaren Bruch meist auch noch um eine Nabelentzündung mit anschließender Verklebung der Darmteile ans Bauchfell handelt. Nabelbrüche sollten grundsätzlich operiert werden, da sie meist schlimme Darmeinklemmungen in der Bruchpforte zur Folge haben können, wonach das Tier, wenn zu große Darmteile abgestorben sind, nur mehr sehr schwer operativ wiederhergestellt werden kann.
Bei Nabelentzündungen handelt es sich um aufsteigende Mischinfektionen des Nabels und seiner Anhangsgebilde. Über die Nabelvene kommen bei schlechter Nabelversorgung nach der Geburt Keime direkt in die Leber und von hier in die Blutbahn, es entsteht eine Blutvergiftung. So ist es auch leicht verständlich, daß sich aus einer aufsteigenden Nabelentzündung das Bild einer Kälberlähme entwickeln kann. Bei der **Kälberlähme** kommt es durch Mischinfektion verschiedenster Bakterien zu schweren Gelenksentzündungen mit hochgradigen Lahmheiten. Die Tiere stehen mit aufgekrümmtem Rücken, und die Gelenke sind sehr schmerzhaft und heiß.

Therapie: Bei Nabelbrüchen jeder Art sollte eine Operation versucht werden, um dem Kalb und sich spätere langwierige Probleme zu ersparen.
Bei Nabelentzündungen und Kälberlähme muß versucht werden, mit Breitbandantibiotika die Infektion in den Griff zu bekommen. Auf jeden Fall sind solche Tiere getrennt von den gesunden aufzustallen.
Prophylaxe: Äußerste Hygiene bei der Nabelversorgung nach der Geburt. Immer saubere Laufställe und Kälberschlupfe sowie regelmäßige Kontrolle der Kälber auf Veränderungen.

DIE KRANKE MUTTERKUH

Das vorliegende Kapitel über Rinderkrankheiten soll das funktionelle Verständnis für diese speziell ausgewählten Krankheiten vermitteln. Die Krankheiten wurden nach dem Gesichtspunkt des häufigeren Auftretens in Mutterkuhherden gewählt und erheben deshalb keinen Anspruch auf Vollständigkeit. Um eine extensive Viehwirtschaft so rentabel wie möglich zu gestalten, gilt es als oberstes Gebot, Fehler zu vermeiden. Durch das rasche Erkennen von Krankheiten oder anderen Problemen ist auch eine Behebung wesentlich effizienter und kostengünstiger. Aus diesem Grunde ist auch die enge Zusammenarbeit mit dem Tierarzt sehr wichtig, der durch beratende Gespräche und vorbeugende Maßnahmen das Herdenmanagement enorm verbessern kann und nicht nur als Kostenfaktor gesehen werden sollte.

Physiologische Daten des erwachsenen Rindes

Allgemeinverhalten:	ruhig und aufmerksam
Ernährungszustand:	gut/body conditioning score zwischen 2 und 3
Haarkleid:	glatt, anliegend, glänzend, der Rasse entsprechend
Hautelastizität:	erhalten (Hautfalte verstreicht in 2 Sekunden)
Innere Körpertemperatur:	38,3 bis 38,8 Grad Celsius
Kopfschleimhäute:	blaßrosa bis rosarot
Puls:	63 bis 68 Pulsschläge pro Minute, kräftig, gleichmäßig, regelmäßig. Arterien gut gefüllt und gespannt
Atmung:	10 bis 30 Atemzüge pro Minute, ruhig, tief, ohne Bauchpresse
Pansenmotorik:	2 kräftige und auslaufende Pansengeräusche pro Minute
Fäkalien pro Tag:	30 bis 40 kg, Kot: grünbraun bis dunkelbraun, mittelbreiig (Fladen), ohne Fremdbeimengungen Harn: durchsichtig, klar, aromatischer Geruch, alkalischer pH-Wert bis 8,0 keine Fremdbeimengungen spezifisches Gewicht: 1010 bis 1040

INTERNE KRANKHEITEN

Schlundverstopfung

Schlundverstopfungen treten leider sehr häufig auf, da viele Tierhalter ihren Weidetieren zu große Rüben oder Kartoffeln füttern. Durch die schnelle Aufnahme der gut schmeckenden Rüben werden, wie es den Wiederkäuern eigen ist, unselektiv auch größere Teile abgeschluckt, die dann die Speiseröhre nicht mehr passieren können. Dadurch entsteht ein Krampf in den Muskelschichten der Speiseröhre, der eine weitere Beförderung unmöglich macht.
Aufgrund dieser Verstopfung kann das im Pansen gebildete Gas nicht mehr abgerülpst werden, und es entsteht Blähung.
Symptome: Die Tiere treten plötzlich mit ängstlichem Blick vom Futterbarren zurück, strecken dabei den Hals und beginnen sehr stark zu speicheln. Ebenso ist eine Blähung mit möglichem Pansenstillstand feststellbar, die dann auch zum Erstickungstod führen kann.
Therapie: Wenn der im Schlund steckende Fremdkörper nicht mit der Hand entfernt werden kann, sofort den Tierarzt rufen.

Tympanien/Blähungen

Unter Tympanien versteht man eine übermäßige Gasansammlung im Pansen, verbunden mit einer gleichzeitigen Umfangsvermehrung in der linken, in hochgradigen Fällen sogar in der rechten Hungergrube. Durch den Druckanstieg im Bauchraum kommt es fast regelmäßig zu einem Zwerchfellhochstand, der im schlimmsten Falle zum Erstickungstod des Rindes führen kann. Auch ist eine hochgradige Störung des Allgemeinbefindens festzustellen. Man unterscheidet zwei Arten von Tympanien:

1. Tympanie mit Gasblase
2. Schaumige Gärung

Tympanie mit Gasblase

Diese Form der Blähung kommt dadurch zustande, daß sich das im Pansen gebildete Gas nicht mehr durch Ausrülpsen entfernen läßt. Die Ursache dafür können – wie schon oben erwähnt – Schlundverstopfungen sein. Weiters ist es möglich, daß in bestimmten Pflanzen Inhaltsstoffe sind, welche die Druckrezeptoren im Pansen, die das Ausrülpsen ermöglichen, lähmen.
Symptome: Umfangsvermehrung in linker und/oder rechter Hungergrube.
Therapie: Gasablassen mittels einer Magenschlundsonde. Bis zum Eintreffen des Tierarztes sollte man die Tiere vorne höher stellen, da so eine Entlastung des Zwerch-

fells und damit verbunden eine bessere Atmung gewährleistet wird. In besonders lebensbedrohlichen Situationen ist auch der Pansenstich angezeigt. Die richtige Stelle liegt eine Handbreit unter den Lendenwirbelquerfortsätzen und 3 bis 4 Finger hinter dem letzten Rippenbogen auf der linken Seite. Da es sich um einen lebensbedrohlichen Notfall handelt, sofort den Tierarzt verständigen und zustechen. Wundversorgung übernimmt der Tierarzt.

Schaumige Gärung
Die schaumige Gärung kommt durch eine übermäßige Aufnahme von Klee und jungem Gras zustande. Im Klee befinden sich Stoffe, die mit den Pansengasen einen stabilen Schaum bilden, der nicht mehr ausgerülpst werden kann, vor allem im Frühjahr.
Symptome: Wie oben.
Therapie: Hier ist es nicht mehr möglich, das Gas mittels einer Magenschlundsonde abzulassen. Sofort den Tierarzt verständigen.
Prophylaxe: Da die Tiere nach einer langen Stallsaison gierig das junge, gut schmeckende Gras aufnehmen und dadurch zuwenig Speichel erzeugen, der eine schaumbrechende Wirkung hätte, liegt es auf der Hand, den Tieren vor Weideaustrieb ausreichend Rauhfutter anzubieten und die ersten Weidetage zeitlich zu begrenzen. Ebenso kann man Schaumbrecher in die Tränkebecken oder auf das frisch geschnittene Grünfutter geben.

Fremdkörpererkrankung

Unter Fremdkörpererkrankung versteht man eine Erkrankung, die aufgrund der Aufnahme eines Gegenstandes – meist sind es Nägel, Drahtstücke, spitze Eisengegenstände etc. – entsteht. Wie aus der Skizze des Rindes hervorgeht, ist das Herz vom Netzmagen nur durch das Zwerchfell und den Herzbeutel getrennt. Darum ist es leicht verständlich, daß ein Nagel, der aufgrund seines Gewichtes im Netzmagen liegen bleibt, durch regelmäßige Pansenkontraktionen immer tiefer in die Netzmagenwand eindringt. Im Extremfall verletzt er den Herzbeutel und das Herz. Durch diesen Stichkanal wird eine Infektion des Herzbeutels begünstigt, was zu einer immensen Flüssigkeitsfüllung desselben führt, die innerhalb weniger Stunden fast 100 Liter erreichen kann und das Herz am Schlagen hindert, was zum Tode des Tieres führt.
Symptome: Das Rind frißt schlecht, die Milchleistung nimmt ab, der Bauch bzw. Brustkorb wird hochgezogen und der Rücken nach oben gekrümmt. Der Blick wirkt ängstlich und angespannt. Die Vorderextremitäten stehen abgeplattet, und das Tier stöhnt leise, wenn es im Kreis oder bergab geführt wird. Außerdem sind die Fremdkörperproben positiv. Metalldetektoren sprechen nur auf eisenhaltige Fremdkörper an und sind nur als Zusatzinformation von Nutzen.

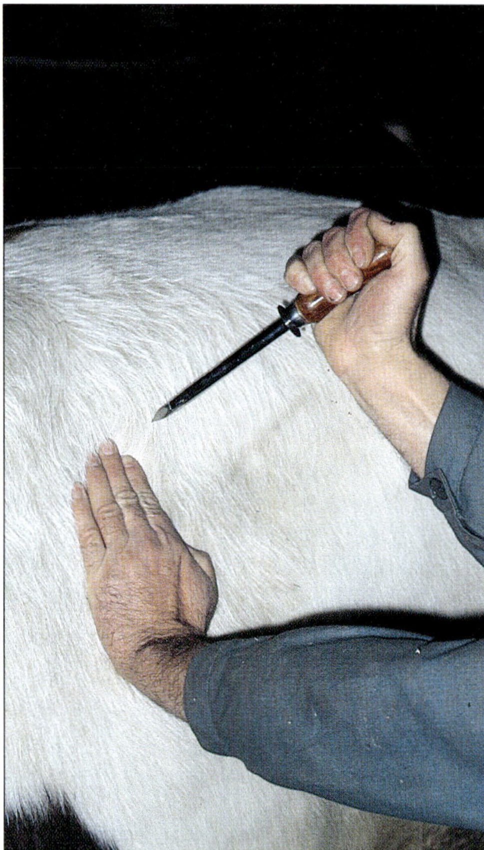

Richtiges Setzen des Pansenstiches

Kuh mit Fremdkörpererkrankung – typisch der hochgezogene Bauch

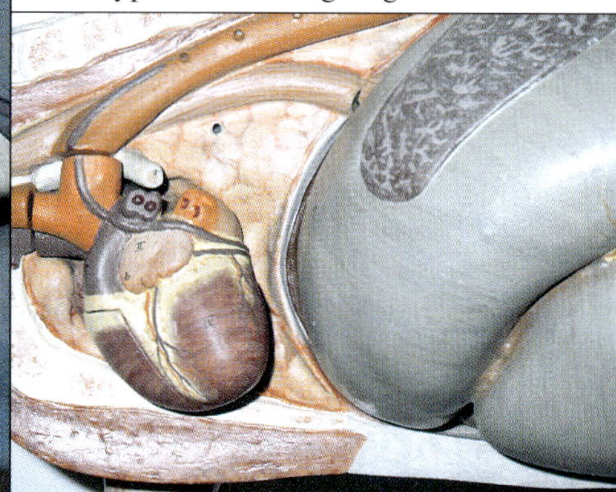

Netzmagen und Herz sind nur durch das Zwerchfell getrennt; Gefahr bei Fremdkörperaufnahme

Starke Fliegenbelastung beeinträchtigt das Wohlbefinden

Starker Endoparasitenbefall

Therapie: Wenn die Tiere nicht schon vorbeugend einen Fremdkörperkäfigmagneten eingegeben bekommen haben, sollte man dies spätestens jetzt tun. Tierarzt verständigen, dieser wird entscheiden, ob eine Operation (bei wertvollen Tieren) oder eine konservative Therapie durchgeführt wird.

PARASITOSEN

Die parasitären Erkrankungen von Weiderindern zählen sicher zu den größten Problemen in der extensiven Viehwirtschaft, da dadurch ein sehr hoher wirtschaftlicher Schaden entsteht; sei es durch schlechtere Tageszunahmen, Durchfälle oder einfach durch den streßbedingten Konditionsverlust, der die Tiere für andere Krankheiten anfälliger macht. Es ist also sehr wichtig, Problembestände mindestens zwei-, besser dreimal jährlich einer Parasitenbekämpfung zu unterziehen. Die erste Behandlung sollte 2 bis 3 Wochen vor dem ersten Weideaustrieb (März/ April) erfolgen. Diese erste Entwurmung soll die im Tier überwinterten Larven abtöten. Um eine wirklich effiziente Magen-Darm-Wurmbekämpfung sicherzustellen, empfiehlt es sich, die Weidetiere in den Monaten Juli/August noch einmal zu entwurmen, um die „midsummer rise“ einzudämmen. Falls man diese Sommerentwurmung mittels pour-on-Verfahrens nicht macht, sollte auf jeden Fall die zweite Behandlung gleich nach der Aufstallung im Spätherbst erfolgen, um eine allfällige Ansteckung der Tiere von einer mit Wurmlarven verseuchten Weide zu bekämpfen. Ein besonderer Behandlungsmodus ist nur bei der Dasselbekämpfung wichtig, worauf später eingegangen wird. Zum besseren Manipulieren am Tier ist es von großem Vorteil, wenn ein Treibgang mit Behandlungsstand zur Verfügung steht, um die Verletzungsgefahr für Tierarzt und Mutterkuhhalter zu minimieren. Diese Einrichtung sollte in keinem Betrieb fehlen und wird im Kapitel Stallbau ausführlich besprochen.

Möglichkeiten der Parasitenbekämpfung
- Ohrclips gegen Insekten
- Pour-on-Lösungen, die auf den Rücken aufgebracht werden
- Verabreichung von einem Langzeitbolus
- Injektionsbehandlungen oder Pasten, Wurmpulver

Um eine wirklich effiziente Parasitenbekämpfung durchzuführen, ist es auch unerläßlich, die Grünflächen, auf denen die Tiere weiden, miteinzubeziehen, da z.B. Schlammschnecken an Uferweiden Zwischenwirte für den großen Leberegel sind. Man unterscheidet grob zwischen **Ektoparasiten,** also solche, die das Rind an seiner Körperoberfläche schädigen, und **Endoparasiten,** die ihre parasitäre Wirkung im Innerern (Organen, Darm etc.) entfalten.

Magen-Darm-Würmer

Zu den Magen-Darm-Würmern zählen fünf verschiedene Gattungen, die einen ähnlichen Entwicklungszyklus haben und den Organismus stark schädigen.
Entwicklungszyklus: Die Eier werden mit dem Kot ausgeschieden und entwickeln sich innerhalb eines Tages zu Larven, die sich nach einer dreimaligen Häutung während eines Monats zur wanderungsfähigen Larve 3 entwickeln. Diese Entwicklung vollzieht sich um so schneller, je wärmer es ist. Dieses Phänomen, wo es zu einem enormen Anstieg der Wurmlarven im Sommer kommt, bezeichnet man als „midsummer rise". Diese Larven wandern nun aus den Kuhfladen aus und setzen sich auf Gräsern fest, wo sie dann von den Weidetieren aufgenommen werden. Im Magen angelangt, erreichen die Larven 3 nach weiteren Häutungen die Geschlechtsreife. Magen-Darm-Würmer setzen sich in den Schleimhauteinziehungen des Labmagens fest und überwintern dort. Im Frühjahr kommt es dann nach Weideaustrieb wieder zu einer Verseuchung der Weide.
Symptome: Durch den massiven Befall kommt es zu einer Abmagerung der Tiere, das Futter kann aufgrund der Parasitenbelastung nicht so gut verwertet werden. Das Haarkleid wird stumpf und struppig, Blutarmut erkennbar an den weißen Kopfschleimhäuten, und Durchfall stellt sich ein. Im schlimmsten Fall kann es zum Tod eines Tieres kommen.
Therapie: Es ist von großem Wert, die Tiere vor dem Weideaustrieb mit einem Breitbandwurmmittel zu behandeln. Die meisten Breitbandwurmmittel sind auch gegen die gefürchteten Lungenwürmer wirksam. Die Verabreichung eines Bolus hat sich aufgrund seiner Langzeitwirkung ebenfalls bewährt, da der Bolus, welcher sich im Netzmagen befindet, kontinuierlich in kleinen Mengen seinen Wirkstoff freisetzt.
Prophylaxe: Kälber sollten nur auf solche Weiden ausgetrieben werden, die im Vorjahr bzw. im Austriebsjahr von Jungtieren nicht beweidet wurden. Ebenso sollte man vermeiden, Tiere auf Weiden zu stellen, die vorher mit Gülle gedüngt worden sind, die weniger als 4 Monate gelagert hat, aufgrund der möglichen Eier- oder Larvenkontamination. Das Rotationsprinzip mit zweiwöchigem Weidewechsel hat sich ebenfalls für Portionsweiden bewährt. Besonders stark verseuchte Weiden könnte man einer zeitweiligen Mähnutzung unterziehen, um eine larvenärmere Wiesenfläche zu erzielen. Sollte man die prophylaktische Parasitenbekämpfung aus irgendeinem Grund nicht durchgeführt haben, so könnte man in stark verseuchten Beständen Mitte Juli therapieren, was dann Ende August wiederholt werden muß, um einen Infektionsanstieg in der nächsten Weidesaison hintanzuhalten.

Lungenwurmerkrankung

Die Lungenwurmerkrankung wird durch den großen Lungenwurm ausgelöst. Diese regionsweise, vor allem in feuchten Gebieten auftretende Erkrankung, macht hauptsächlich Jungtieren in ihrer ersten Weidesaison sehr zu schaffen, da diese Erkrankung mit schwerem Husten und schwerer Atemnot vergesellschaftet ist.

Entwicklungszyklus: Die Lungenwurmlarven, die durch ihre Eigenbeweglichkeit und in Anwesenheit von Feuchtigkeit aus dem Kot auswandern, setzen sich im Gras fest. Die Tiere nehmen sie beim Weiden auf. Im Magen verlieren sie ihre Schutzhülle und bohren sich, im Darm angelangt, in Blutgefäße ein, wo sie dann durch den Blutstrom in die Lunge geschwemmt werden. In der Lunge beenden sie ihre Entwicklung, und die geschlechtsreifen Weibchen legen in Bronchien und Luftröhre ihre Eier ab. Durch diesen Reiz auf der Luftröhre und Bronchialschleimhaut wird das Tier zu starken Hustenanfällen veranlaßt. Ein Teil der Larven wird dabei in den Verdauungstrakt abgeschluckt und dann mit dem Kot ausgeschieden. Der weitaus kleinere Teil wird ausgehustet.

Symptome: Wie schon oben erwähnt, leiden die Tiere an starken Hustenanfällen und schwerer Atemnot. Weiters kommt es zu starker Abmagerung und struppigem Haarkleid.

Therapie: Grundsätzlich gibt es die Möglichkeit der sogenannten Lungenwurmimpfung, bei der durch Strahlung inaktivierte Larven zweimal vor Weideaustrieb (8 Wochen und 4 Wochen vor dem Austrieb) durch den Tierarzt eingegeben werden und einen sehr guten Schutz darstellen. Allerdings eignet sich diese Methode nicht bei unter 8 Wochen alten Kälbern. Der Schutz hält bis zu 4 Monate. Allerdings verhindert diese Impfung nicht eine Infektion, sondern versucht nur den wirtschaftlichen Schaden, der durch die Erkrankung entsteht, zu mindern. Eine Reihe von sehr guten Breitbandwurmmitteln, wie Levamisol, Fenbendazol und Ivermectin, stehen zur Bekämpfung der Lungenwurmseuche bereit. Weiters werden mit sehr großem Erfolg Ivermectin-Langzeit-Boli angewendet. Diese Boli werden wie ein Käfigmagnet vor Weideaustrieb den Tieren verabreicht, und es werden sukzessive kleine Dosen des Wirkstoffes freigesetzt, um so einen langzeitigen Schutz (ca. 125 Tage) über eine Weidesaison zu sichern (Wartezeit bei Schlachtung beachten!).

Prophylaxe: Die Lungenwurmbekämpfung vor Weideaustrieb steht hier im Vordergrund, gefolgt von weidetechnischen Maßnahmen wie z.B. Mähnutzung verseuchter Weiden, da die Larven eine Heutrocknung nicht überleben; ebenso befestigte Tränkemöglichkeiten wie Tränkewasserleitungen mit Selbsttränker statt der Wasserwagen, um die sich meist eine Schlammlache bildet, die auch die Leberegelentwicklung begünstigt.

Leberegelbefall

Bei dieser Erkrankung, die vornehmlich auf feuchten, z.B. bachufernahen Weiden auftritt, kann man zwischen zwei Formen unterscheiden:
1. Befall durch den **Großen Leberegel** (ca. 2 cm groß, abgeplattet und bräunlich)
2. Befall durch den **Kleinen Leberegel** (1 cm, lanzettenförmig)
Die Entwicklung der beiden Plattwürmer ist aufgrund ihrer unterschiedlichen Zwischenwirte anders. Der Große Leberegel benötigt als Zwischenwirt eine Zwergschlammschnecke, die sich vor allem in feuchten Gegenden aufhält, während der Kleine Leberegel Ameisen als Zwischenwirt bevorzugt.
Entwicklungszyklus des Großen Leberegels: Die Eier werden mit dem Kot der Rinder auf die Weide gebracht. Innerhalb eines Monates entwickeln sich in feuchter Umgebung sogenannte Wimpernlarven, die nun in den Zwischenwirt Zwergschlammschnecke eindringen. Dort entwickeln sich aus der Wimpernlarve bis zu 250 Zerkarien (bestimmte Form im Entwicklungszyklus), die dann den Zwischenwirt verlassen.
Aus den Zerkarien entstehen nach Anhaftung an Gräsern Metazerkarien, die nun für die Rinder infektiös sind. Nach oraler Aufnahme der Metazerkarien bohren sich diese durch den Darm des Rindes, um über die Bauchhöhle in die Leber zu gelangen. Die Entwicklung wird hier beendet, und die geschlechtsreifen Leberegel parasitieren in den Gallengängen, wo sie mitunter zu Galleabflußstörungen führen können. Pro Tag legt ein Leberegel bis zu 10.000 Eier, die mittels Gallenflüssigkeit in den Dünndarm und so mit dem Kot nach außen gelangen, um den Entwicklungszyklus erneut zu beginnen.
Symptome: Bei Rindern treten wie bei allen Parasitosen struppiges Haarkleid, mehr oder weniger starke Störungen des Allgemeinbefindens durch Fieber (41 Grad), Mattigkeit, Gelbfärbung der Schleimhäute aufgrund der Galleabflußbehinderung, wodurch Gallenfarbstoff ins Blut übertritt, auf. Seltener treten Trielödeme und Bauchfellentzündungen durch die Wanderung in der Bauchhöhle auf.
Therapie: Zur direkten Behandlung des Tieres in akuten Fällen empfielt es sich, spezielle Leberegelpräparate zu verwenden. Der günstigste Therapiezeitpunkt ist auf verseuchten Weiden Mitte Juli. Doch sollte man dabei wissen, daß diese Mittel zwar relativ gut gegen alte Leberegel wirken, aber kaum gegen die jüngeren Larvenstadien, wodurch es trotz einer Behandlung im Sommer zu einem Leberegelbefall kommen kann. Zur Behandlung des Kleinen Leberegels stehen uns leider noch keine ausreichend wirksamen Medikamente zu Verfügung. Therapierestistente Tiere sollten in jedem Falle ehestmöglich verwertet werden.
Prophylaxe: Neben der Prophylaxe gegen Leberegel sollte man auf jeden Fall danach trachten, auch deren **Zwischenwirte** zu **bekämpfen.** Dabei geht man so vor, daß man

Tümpel abgrenzt und ordentliche Tränkemöglichkeiten auf den Weiden schafft, die mitunter sogar befestigt sind. Schneckenbekämpfungsmittel im Frühjahr (März) vor dem Austrieb können ebenfalls mit gutem Erfolg verwendet werden. Kalkstickstoffgaben in Dosen von 300 bis 400 kg/ha oder Kupfersulfat haben ebenso gute Erfolge.

Kokzidiose/Rote Ruhr

Bei der „Roten Ruhr" handelt es sich um eine durch Einzeller bedingte Darmerkrankung, die mit einer Zerstörung der Darmschleimhaut einhergeht und heftige blutrote Durchfälle auslöst. Sie tritt meist als Herdenerkrankung in Erscheinung, wobei die Jungtiere am stärksten davon betroffen sind.
Entwicklungszyklus: Die Kokzidienentwicklung zeichnet sich durch eine geschlechtliche und eine ungeschlechtliche Entwicklung aus. Nach Aufnahme infektionstüchtiger Eier setzen sich diese in der Darmschleimhaut fest und beginnen nun mit der ungeschlechtlichen Entwicklung, die sich durch Teilungen über mehrere Stadien vollzieht. Im Anschluß an diesen Entwicklungsabschnitt beginnt nun die geschlechtliche Vermehrung in Form von männlich und weiblich differenzierten sogenannten „Gameten". Nach Vereinigung beider entstehen Eier, die dann im Freien wieder zu infektionstüchtigen Eiern heranreifen.
Symptome: Neben einem erheblich gestörten Allgemeinbefinden und kotverschmutzter Analregion findet man sehr häufig einen hochgezogenen Bauch als Zeichen von schweren Bauchschmerzen. Die Tiere erleiden durch den Durchfall einen hohen Flüssigkeitsverlust, der mit einem gleichzeitigen Elektrolytverlust einhergeht. Der Kot ist typisch blutig-braunrot und neigt zur Blasenbildung. Die Tiere pressen beim Kotabsatz sehr stark, so daß die Rektalschleimhaut sichtbar wird.
Therapie: Sofortige Aufstallung und Absonderung von den noch nicht erkrankten Tieren. Tierarzt verständigen.

Dasselbefall

Die Verursacher der Dasselerkrankung sind die **Große** und die **Kleine Dasselfliege.** Beide sind hummelähnlich und leben nur wenige Tage. Charakteristisch für ihr Auftreten ist das sogenannte „Biesen" der Rinder, ein panisches Davonstürmen, wenn sie Dasselfliegen wahrnehmen, selbst dann, wenn sie noch nie zuvor eine solche zu Gesicht bekommen haben.
Entwicklungszyklus: Die Große Dasselfliege legt ihre Eier zwischen den Haaren an den Hintergliedmaßen der Rinder an warmen Sommertagen (Mai–September) zu Hunderten ab. Nach vier Tagen sind aus den Eiern Larven geworden, die sich mittels ihrer Mundwerkzeuge durch die Haut bohren, um entlang der Nervenstränge Richtung

Rückenmark zu wandern. Diese Wanderung vollzieht sich von Dezember bis April. Aus diesem Grunde darf eine Dasselbekämpfung in diesem Zeitraum nicht stattfinden, da im Wirbelkanal abgestorbene Wanderlarven zu Lähmungen der Hinterhand führen können. Zwischen Februar und Mai bohren sich die Larven durch die Rückenhaut, wo sie aufgrund ihrer kastaniengroßen, meist symmetrisch angelegten Erhebungen mit einem zentralen Atemloch gut ausgemacht werden können. Die Larven krabbeln aus den Atemlöchern, verpuppen auf dem Boden und entwickeln sich nach eineinhalb bis zwei Monaten zu neuen Dasselfliegen.
Die Entwicklung von der Kleinen Dasselfliege differiert insofern, als sie keine Rückenmarkswanderung macht, sondern Richtung Schlund und Zwerchfell wandert.
Symptome: Nach der Eiablage sind auf den Hintergliedmaßen und in der Lendenregion Larven feststellbar. Zwischen Feber und Mai sind die charakteristischen Dasselbeulen mit zentralem Atemloch sichtbar, aus denen sich sehr leicht Dasseln auspressen lassen. Wenn bei der Rückenmarkswanderung Nerven etc. verletzt werden, stellen sich zeitweilige oder oft bleibende Schädigungen in Form von Nachhandlähmungen ein. Bei Befall durch die Kleine Dasselfliege treten auch manchesmal schwere Schluckbeschwerden auf.
Therapie: Zur Dasselbekämpfung gibt es zahlreiche sehr gute Injektionspräparate und Pour-on-Lösungen, die einfach auf den Rücken geleert werden. Auf jeden Fall ist darauf zu achten, daß eine Entdasselung keinesfalls von Anfang Dezember bis Ende April durchgeführt wird, um eine Wanderlarve nicht im Wirbelkanal zum Absterben zu bringen, was zu einer vollkommenen Entwertung des Tieres führt. Ebenso sollte man eine Frühentdasselung, also nach Weideaustrieb, anstreben, um einer schlechten Entwicklung der Jungtiere und einer Entwertung der besten Lederteile vorzubeugen.

Sommerwunden

Sommerwunden sind sehr hartnäckig zu bekämpfende Erkrankungen von Weiderindern. Stephanofilarien, das sind weniger als einen Zentimeter große und sehr dünne Würmer, die auf der Haut zuerst rote, später dann ausgranulierende Wundflächen erzeugen. Diese Hautentzündungen treten meist chronisch auf und sind für bakterielle Sekundärerreger sehr anfällig, was die Heilungstendenz natürlich enorm verschlechtert. Sie heilen meist im Herbst spontan von selbst ab, doch sollte man bei Erkennung der Krankheit ehestmöglich eine Therapie einleiten, da die Tiere ihre Kälber aufgrund ihrer Euterwunden z.B. nicht mehr saugen lassen.
Therapie: Tierarzt zu Rate ziehen.

Kriebelmückenstiche

Kriebelmücken lösen durch ihre Stiche auf den meist sehr schwach behaarten Partien wie Euter, Hodensack, Schenkelinnenflächen mittels ihrer Speichelgifte Allergien aus. Sie äußern sich in erster Linie durch die für diese Erkrankung so charakteristischen roten, scharf begrenzten Punkte an den schon oben angeführten Stellen. Dazu kommt noch ein heftiger Juckreiz, der die Tiere vor allem bei Massenangriffen in ihrem Wohlbefinden immens stört. Kriebelmückengefährdete Gebiete sind in der Hauptsache solche Weiden, die sehr nahe an Flüssen oder Teichen liegen. Ebenso begünstigt feuchtwarmes Wetter die Vermehrung und die Angriffslust der Tiere.

Das Hauptproblem liegt darin, daß Rinder, die von Hunderten solcher Kriebelmücken gestochen werden, aufgrund von Vergiftungserscheinungen mit anschließendem Kreislaufkollaps sterben können.

Therapie: Da es sich auch um einen Notfall handelt, sofort den Tierarzt verständigen.

Prophylaxe: Insektenbekämpfung mittels Ohrclips. In Gebieten, wo bekannterweise in den Monaten April und Mai gehäuft Simuliden aufteten, hat es sich bewährt, die Tiere erst bei Einbruch der Dunkelheit auf die Weiden zu treiben, da Kriebelmücken nur tagsüber fliegen. Dies ist eine zwar billige, aber sehr arbeitsintensive Methode.

Myasis

Unter Myasis versteht man eine Ansammlung von Fliegenlarven in nicht versorgten offenen Wunden. Es handelt sich dabei um einen zutiefst unhygienischen Vorgang, bei dem sich das Infektionsrisiko durch eine sekundäre Besiedelung sehr stark erhöht.

Grundsätzlich ein paar Worte zur Erstversorgung von frischen offenen Verletzungen:

Oberstes Gebot ist absolute Sauberkeit bei der Wundversorgung. In vielen Fällen reicht eine gründlich Reinigung mit eiskaltem, frischem Wasser aus, um sich bei blutenden oder verschmutzten Wunden über den Verletzungsgrad einen Überblick zu verschaffen. Blutet die Wunde sehr stark und stoßweise, so ist eine Arterie verletzt worden. Der betroffene Körperteil, z.B. Fuß, sollte möglichst weit über der Wunde mit einem sauberen, nicht zu schmalen Strick abgebunden, werden um ein Verbluten des Tieres zu verhindern. Dieser soll nach spätestens einer Stunde gelockert werden, damit die Gliedmaßen nicht absterben. Sofort den Tierarzt verständigen. Handelt es sich um kleinere Verletzungen, so kann man nach Reinigung der Wundflächen mit einer geeigneten Desinfektionslösung ohne weiteres einen

antibiotikahaltigen Wundspray verwenden. Dabei aber immer Wartezeit auf Fleisch beachten. Vermutet man einen Beinbruch, sollte man versuchen, vor Eintreffen des Tierarztes mittels geeigneter Holzleisten und Verbandmaterial eine um den Rinderfuß gut gepolsterte provisorische Ruhigstellung des Beines zu erreichen. Dies gilt selbstverständlich nur bei gedeckten Frakturen. Offene Brüche sind aufgrund der Gefahr von Knochenmarksentzündungen sowieso prognostisch ungünstiger zu beurteilen.
Der Tierarzt sollte die Wundversorgung übernehmen. Prophylaktisch sollte man eine geeignete Insektenbekämpfung auf der Weide mittels Ohrclips oder diverser Insektenrepellents, die auf die Tiere aufgetragen werden, verwenden. Durch regelmäßige Kontrolle der einzelnen Tiere eines Bestandes kann man schon frühzeitig eine optimale Wundversorgung mit besseren Heilungschancen einleiten.

Räude

Räudeerkrankungen treten vorwiegend in der kalten Jahreszeit in überbelegten Ställen mit feuchtwarmem Stallklima auf. Diese Hauterkrankung wird durch Milben verursacht, die einen heftigen Juckreiz provozieren. Durch das starke Kratzen und Benagen kommt es zu erheblichen Hautschädigungen, die sich auch durch eine Qualitätsminderung des Leders bemerkbar macht. Man unterscheidet drei Arten von Milben:

- **Sarkoptesmilbe:** Auch Grabmilbe genannt, weil sie vor allem die Haarbälge im Kopf- und Rückenbereich stark schädigt. Haarausfall, starker Juckreiz sowie durch das Kratzen bedingte Hautverletzungen führen oft zu eitrigen Hautentzündungen. Ein sehr typisches Bild für diese Krankheit zeichnet sich aber erst im chronischen Verlauf ab: die sogenannte Elefantenhaut, die durch eine immense Hautverdickung, Borken und Faltenbildung charakterisiert ist.
- **Psoroptesmilbe:** Diese Milbe parasitiert auf den Haaren und verursacht als Körperräude starken Juckreiz an Schwanzwurzel und Rücken.
- **Chorioptesmilbe:** Sie ernährt sich vorwiegend von den Hautschuppen und kommt vor allem als Steiß- und Fußräude im Schwanz- und Fesselbereich sowie an den Schenkelinnenflächen vor.

Therapie: Die Diagnose ist aufgrund der sehr charakteristischen Krankheitsbilder sehr einfach zu stellen. Die Hautveränderungen und der starke Juckreiz sowie das Auftreten bei fast allen Tieren eines Bestandes sind typisch.
Injektionsbehandlungen durch den Tierarzt sollten als Initialbehandlung neben lokalen Waschungen mit geeigneten Räudebekämpfungsmitteln über mehrere Tage bis zum Abklingen der Erkrankung durchgeführt werden. Dabei sollten je nach Haarlänge zwi-

schen 3 und 5 Liter pro Tier versprüht werden. Um einen wirklich guten Behandlungserfolg zu erreichen, muß das Mittel überall am Körper, also auch zwischen Schenkeln, in den Ohren etc., hinkommen, um den Milben keine Chance zum Flüchten zu geben.

Prophylaxe: Um eine Einschleppung durch neu zugekaufte Tiere zu vermeiden, sollte man die Tiere nach Möglichkeit in einem getrennten Abteil halten und nach einer im Abstand von ein bis zwei Wochen stattfindenden prophylaktischen Verabreichung eines Räudebekämpfungsmittels in den Hauptstall überstellen.

Trichophytie/Kälberrappen

Die durch einen Pilz verursachte Hauterkrankung ist auch für den Menschen eine hochansteckende Krankheit. Der alleinige Händekontakt führt beim Menschen zu kreisrunden Rötungen, die sich dann vergrößern, leicht schuppen und im Zentrum wieder hel-

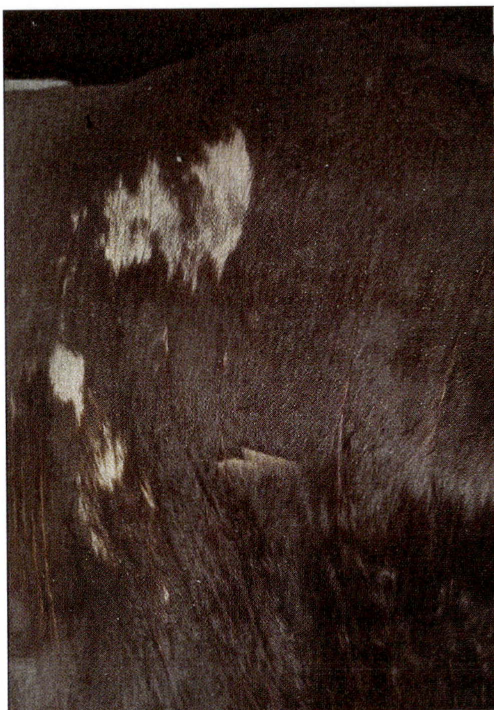

Räude

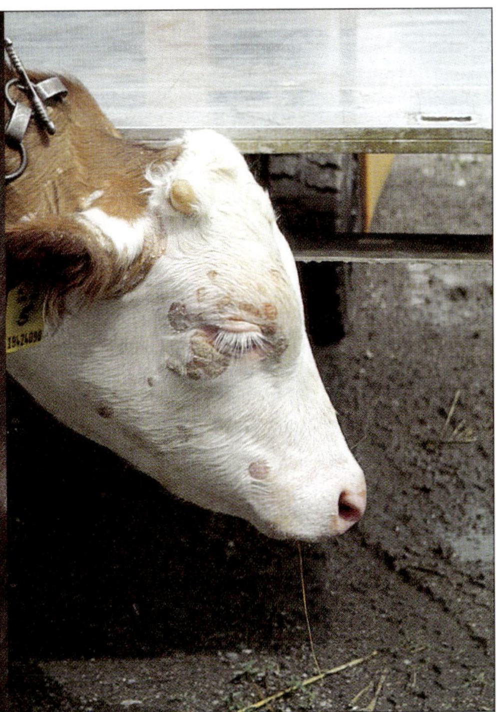

Kälberrappen (Trichophytie)

ler werden. Begleitet werden diese Symptome von Juckreiz. Die Trichophytie breitet sich meist sehr rasch in feuchtwarmen Ställen aus.
Symptome: Typisch für diese Erkrankung sind die runden, dicken weißen Beläge, die unterschiedlichste Größen aufweisen, teils ineinander übergehen und auf dem ganzen Körper auftreten. Am Kopf findet man sehr häufig rund um die Augen brillenartig angeordnete borkige Beläge. Haarlose Stellen und Juckreiz treten ebenfalls auf. Der Pilzbefall entzieht dem Körper durch sein Wachstum sehr viel Vitamin A, wodurch es bei hochgradigem Befall zu Vitamin A-Mangelerscheinungen, wie Seh-, Fruchtbarkeits- und Verhornungsstörungen der Haut, kommen kann.
Therapie: Die lokale Behandlung sollte zum Schutz des Behandelnden auf jeden Fall mit Gummihandschuhen vollzogen werden. Dazu eignen sich sehr gut spezielle Lösungen. Wenn ein größerer Bestand betroffen ist und eine Einzeltierbehandlung zu teuer wäre, können dafür vorgesehene pilzhemmende Arzneimittel ins Futter gemischt werden. Ebenso ist auf eine ausreichende Vitamin A-Versorgung mittels Vitaminmischungen zu achten, um die Verluste zu kompensieren. Selbstverständlich kann durch Gaben von guter Silage, Wiesenheu und Karotten auch der Vitamin A-Bedarf durch das Futter gedeckt werden.
Es ist auch möglich, mit einer Impfung, die im Abstand von zwei Wochen verabreicht wird, einen oft lebenslangen Schutz vor Trichophytie zu erreichen. Das rentiert sich vor allem in Problembetrieben, die eine möglichst lange Nutzung der Mutterkühe anstreben.

Läuse und Haarlinge

Diese beiden Ektoparasiten werden bewußt gemeinsam genannt, da sie ein sehr ähnliches Krankheitsbild verursachen. Beide legen ihre Eier in Form von Nissen oder Eierpaketen an den Haarschäften ab. Diese Nissen sind mit freiem Auge ohne weiteres sichtbar, was schon wertvolle Hinweise auf die Krankheitserreger gibt.
Juckreiz und haarlose Stellen sind typisch, doch fehlt eine Borkenbildung oder ähnliches. In hochgradigen Befallsformen kann es zu einer Blutarmut kommen, da diese Parasiten bekanntlich Blut saugen.
Therapie: Waschungen mit Lausmittel und Injektionsbehandlung durch den Tierarzt beheben das Problem.

Weiderot/ Babesiose

Babesien sind einzellige Blutparasiten, die durch Zecken auf Rinder übertragen werden. Sie setzen sich in den roten Blutkörperchen fest und zerstören sie. Der Blutfarbstoff wird freigesetzt und über die Niere mit dem Harn ausgeschieden. Der Harn hat diese charakteristische rote, lackartige Farbe, die der Krankheit ihren Namen verliehen hat. Neben dem typischen Harn kommt es durch die Zerstörung der roten Blutkörperchen erstens zu einer Blutarmut, die sich durch porzellanfarbene, mit leichtem Gelbstich behaftete Schleimhäute äußert. Zweitens kann der Körper seine Sauerstoffversorgung aufgrund dieses Mangels nicht mehr aufrechterhalten, was sich in einer schweren Atemnot und Herzrasen äußert. Schreitet die Krankheit fort, so kommt es zum Tod des Tieres durch inneren Blutverlust.
Therapie: Sofortige Aufstallung der Tiere und Benachrichtigung des Tierarztes.
Prophylaxe: Vermeidung zeckenreicher Gebiete zum Weiden. Eine Zeckenbekämpfung durch Ohrclips ist leider nicht möglich, doch gibt es einen speziell entwickelten Piroplasmose- Schutzimpfstoff für Rinder, der in Österreich in der Bundesanstalt für Tierseuchenbekämpfung in Mödling erhältlich ist. Als Grundimmunisierung sollte die
1. Impfung 5 bis 6 Wochen vor Weideaustrieb, die
2. Impfung 2 bis 3 Wochen nach der ersten Impfung erfolgen.
Als Auffrischung reicht jährlich eine Vakzinierung 2 bis 3 Wochen vor Weideaustrieb, damit die Tiere genügend Zeit haben, ihren Antikörpertiter zu erhöhen, und so den vollen Impfschutz während der gesamten Weideperiode haben.

Weidekeratitis „Pink eye“

Bei Weiderindern tritt immer wieder eine durch das Bakterium „Moraxella bovis“ hervorgerufene Augenentzündung auf. Diese Erreger werden durch Insekten in die Augen der Rinder gebracht. Am Anfang kommt es zu einer Rötung der Lidbindehäute. Infizierte Tiere zeigen eine vermehrte Lichtscheue und einen verstärkten serösen Augenausfluß. Um die Iris bildet sich ein roter, stark durchbluteter Ring, der meist mit einer Hornhauttrübung vergesellschaftet ist. In schwereren Fällen kommt es zu einem sich zapfenartig nach außen wölbenden Hornhautdefekt. In diesem Stadium besteht die Gefahr, daß die Hornhaut an dieser Stelle durchbricht und eine bakterielle Sekundärinfektion das Krankheitsgeschehen kompliziert.
Therapie: Sofortiges Verbringen des Tieres in einen dunklen, insektenfreien Stall. Augensalben sollten mehrmals täglich in das betroffene Auge gegeben werden. Die Prognose ist beim frühen Erkennen der Krankheit sehr gut. Tierarzt verständigen.
Prophylaxe: Insektenohrmarken haben sich zur Insektenbekämpfung bewährt. Regelmäßige Kontrolle der Herde!

Weiderot – Harnverfärbung

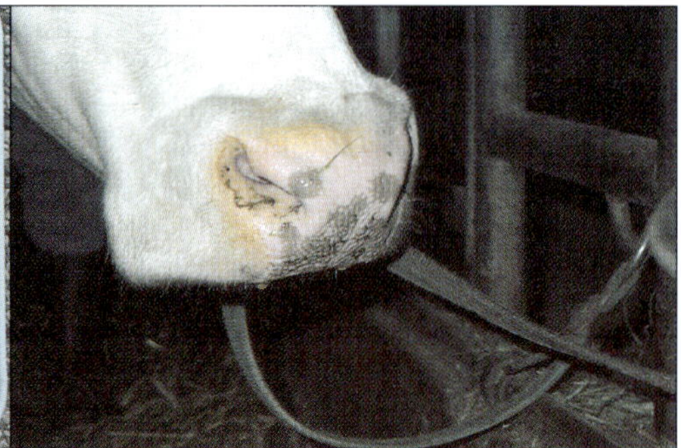

Weiderot – gelbliche Schleimhäute an den Nüstern

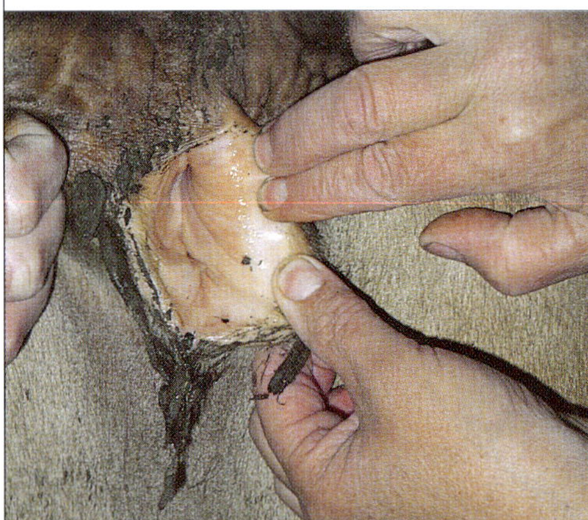

Weiderot – gelbliche Schleimhäute in der Scheide

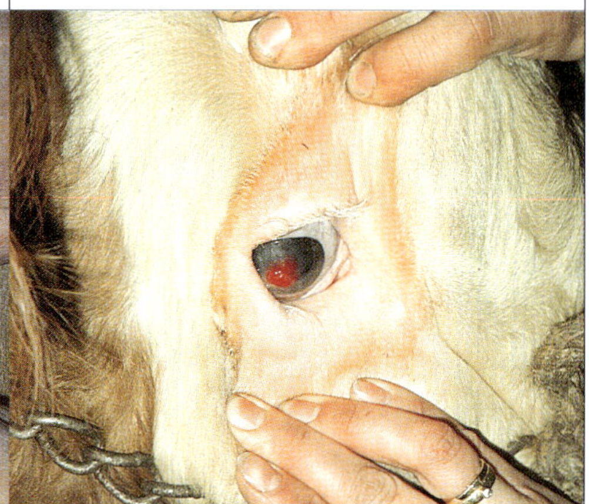

Pink eye –Weidekeratitis

INFEKTIONSKRANKHEITEN

Infektionskrankheiten stellen in allen Betrieben große Probleme dar, da die Infektion mit Viren oder Bakterien oftmals sehr rasch geht und der gesamte Bestand infiziert ist. Hier sollen nur die wichtigsten, den Rinderhalter belastenden Infektionskrankheiten besprochen werden. Durch das rege Transportgeschehen von Tieren durch verschiedenste Länder werden solche bisher seltener vorgekommenen Krankheiten immer häufiger. Deshalb sollte man sich Grundkenntnisse über das Wesen einzelner Infektionskrankheiten aneignen, um diese auch mehr oder weniger erfolgreich bekämpfen zu können, oder Tierimporte gut überlegen.

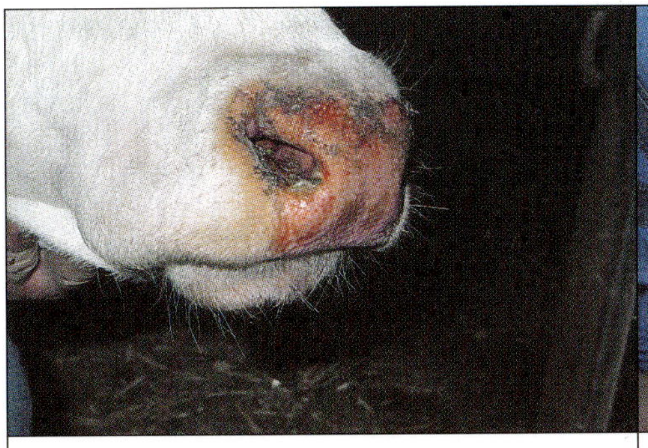

Schleimhautveränderung bei BVD

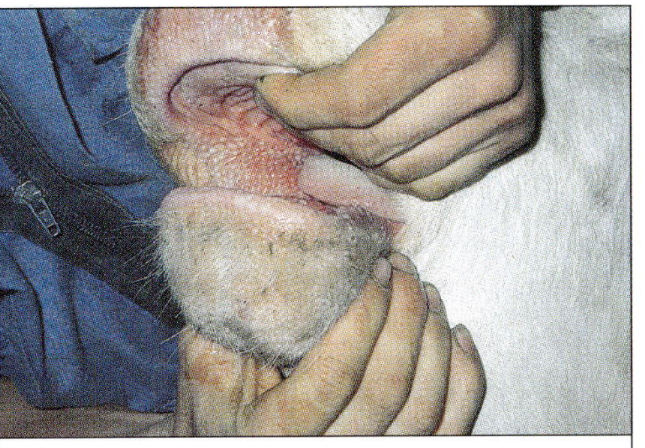

Schleimhautveränderung bei BVD im Maul

BVD-Kümmerer.
Beide Tiere sind gleich alt

Bösartiges Katarrhfieber

BVD-MD/Mucosal disease

Unter BVD-MD versteht man zwei verschiedene Krankheitserscheinungen, denen das gleiche Virus zugrunde liegt. Es handelt sich hierbei um einen Erreger, der sehr eng mit Schweinepest und Border disease des Schafes verwandt ist. Man unterscheidet heute zwei Biotypen.

Je nachdem, mit welchem Biotyp ein Kalb/Fetus infiziert wird, kommt es zu verschiedenen Erscheinungen. Interessant ist auch, daß der Infektionszeitpunkt eine wichtige Rolle spielt. Infektionsmöglichkeiten bestehen durch Samen, Fruchthäute, Sekrete und Exkrete von Dauerausscheidern. Die Ansteckung erfolgt normalerweise durch orale Aufnahme. Bei Deckinfekionen hingegen wird das Kalb über die Gebärmutter infiziert. **Infektionen** vor dem 40. Trächtigkeitstag führen zum Abortus. Je nachdem, mit welchem Biotyp eine spätere Infektion stattfindet, kommt es zu Mißbildungen oder Dauer-

ausscheidern. Diese Dauerausscheider stellen in einer Herde ein potentielles Infektionsrisiko dar. Ebenfalls tritt ein großer Prozentsatz an Kümmerern auf. Typische Schleimhautveränderungen, Abmagerung und schwere therapieresistente Durchfälle sind weitere Probleme.
Therapie: Ausmerzung.
Prophylaxe: Ausmerzung von Dauerausscheidern. Impfungen zweimal im Abstand von 3 Wochen vor dem Belegen. Die zweite Impfung sollte spätestens 2 Wochen vor der Belegung stattfinden, um Aborte zu vermeiden. Als Grundimmunisierung zur jährlichen Auffrischung sollte man einmal vor der Belegung impfen. Auf keinen Fall sollten tragende Tiere geimpft werden, um nicht ungewollte Aborte, Mißbildungen etc. zu provozieren. Im Zuge von Notimpfungen sollten auch nur solche Tiere geimpft werden, die knapp 4 Wochen vor dem Abkalben sind, da zu diesem Zeitpunkt die Kälber schon immunkompetent sind. Nach neuesten Erkenntnissen tendiert man auch dazu, in Beständen, wo Reagenten (serologisch positive Tiere) vorhanden sind, diese zu impfen, damit der höhere Antikörperspiegel durch die Impfung die schon vorhandenen Erreger unterdrücken und den Ausbruch klinischer Symptome verhindern soll. Erfolge konnten bei der letzteren Variante nicht immer verbucht werden, da man sehr oft ungewollte Krankheitsausbrüche provoziert hat und die Dauerausscheider sowieso nicht erfassen kann.

BKF/Bösartiges Katarrhalfieber

Das Bösartige Katarrhalfieber wird durch ein Herpesvirus ausgelöst. Bei uns fällt immer wieder eine Häufung der Krankheitsfälle in Betrieben mit Schafhaltung und gemeinsamen Schaf- und Rinderweiden auf. Über den tatsächlichen Infektionsweg ist noch nichts ausreichend bekannt.
Symptome: Neben sehr hohem Fieber kommt es zu einem eitrigen Nasen- und Augenausfluß, der später eintrocknet und sich nur mehr sehr schwer unter Substanzverlust entfernen läßt. Die Nasenschleimhäute sind hochgradig geschwollen und erschweren so die Atmung. Die Kopfschleimhäute sind stark gerötet, und bald stellt sich eine starke Hornhauttrübung ein. Die Tiere sterben innerhalb weniger Tage an dieser Infektion. Durchfälle, Lichtscheue und allgemeine Schwächezustände werden ebenfalls beobachtet.
Prophylaxe: Keine gemeinsamen Schafweiden verwenden, Schafkontakt meiden. Impfprophylaxe ist bis jetzt noch nicht bekannt.

IBR/IPV/IPB

Die Infektiöse Bovine Rhinotracheitis (IBR), Infektiöse Pustulöse Vulvovaginitis (IPV), Infektiöse Pustulöse Balanoposthitis (IPB) ist eine Seuche, die durch ein Herpesvirus (BHV 1) ausgelöst wird und in Österreich anzeigepflichtig ist.

IBR: Die IBR oder „Red nose disease“ ist eine vor allem auf den Atmungstrakt der Tiere beschränkte Form dieser Herpesinfektion. Nach einer einwöchigen Inkubationszeit bekommen die Tiere hohes Fieber (41 bis 42 Grad!). Die Tiere zeigen anfänglich einen starken serösen Augen- und Nasenausfluß, der bald eitrig wird. Die Lidbindehäute sind hochgradig gerötet, und die Tiere haben ein stark gestörtes Allgemeinbefinden. Das Flotzmaul ist trocken und gerötet (red nose). Die Tiere atmen angestrengt und pumpend und zeigen in schweren Fällen gelegentlich Maulatmung. Keine Therapie. Ausmerzung der Tiere.
IPV: Scheidenentzündung und eitrige Bläschen im Scheidenbereich (Reibeisenvagina) sind typisch.
IPB: Vorhautentzündung und eitrige Pusteln am Penis werden sichtbar.

Das Hauptproblem dieses Krankheitskomplexes liegt in der Natur des Herpesvirus, welches vom körpereigenem Immunsystem nicht bekämpft werden kann. Bei Streß können diese Viren nach jahrelanger klinischer Unauffälligkeit des Rindes wieder aktiv werden und zu den typischen Krankheitsbildern führen. Blut- und Sekretuntersuchungen können Aufschluß über eine eventuelle Auseinandersetzung mit diesem Erreger geben, zeigen aber nicht an, ob diese Tiere auch tatsächlich Aussscheider sind. In Österreich werden positive Tiere ausgemerzt, da Impfungen die tatsächliche Durchseuchung der Rinderpopulationen nur verschleiern. Außerdem können Impfungen das bereits im Tier vorhandene Virus nicht eliminieren. Neueste Impfstoffe in der BRD erlauben es nunmehr, Impftiter von Feldinfektionen zu unterscheiden. In der Bundesrepublik ist eine genehmigungspflichtige Impfung der Tiere möglich. Hier wird versucht, seropositive Tiere durch den höheren Antikörper-Impftiter an der Virusausscheidung zu hindern, was aber nicht immer gelingt.
Prophylaxe: Zukauf von Tieren nur aus geprüften, IBR-freien Betrieben. Tiertransporte oder Kontakte mit geimpften oder IBR-statusunbekannten Tieren auf gemeinsamen Weiden vermeiden. Nur getestete IBR-freie Stiere zum Belegen oder Samen aus Besamungsstationen verwenden, da dort alle Stiere einer strengen gesundheitlichen Kontrolle unterliegen.

Clostridieninfektionen des Rindes

Clostridien sind ohne Sauerstoff lebende Bakterien, denen in letzter Zeit wieder etwas mehr Bedeutung beigemessen werden muß, da nicht nur in Schafbetrieben Probleme mit diesen Erregern auftreten. Diese großteils im Boden lebenden Keime verursachen regionsspezifisch folgende Krankheiten:

Rauschbrand *(Clostridium feseri)*
Pararauschbrand *(Clostridium septicum)*

Malignes Ödem *(Clostridien Mischinfektion)*
Tetanus *(Clostridium tetani)*
Botulismus *(Clostridium botulinum)*

Der **Rauschbrand** ist eine regionsspezifische, anzeigepflichtige Krankheit. Die Erreger werden auf der Weide beim Fressen aufgenommen. Über kleine Maulschleimhautverletzungen (z.B. Zahnwechsel bei Jungtieren) gelangen die Erreger in den Organismus und verursachen an den großen Muskelpartien knisternde/rauschende (Name der Krankheit!) Lufteinschlüsse in der Unterhaut. Bei der Sektion durch den Amtstierarzt ist das trockene, zundrig-schwarze Muskelgewebe auffallend. Außerdem steigt der buttersäureartige Geruch sofort in die Nase, der durch die anaerobe Ernährung der Clostridien in den Muskeln entsteht. Behandlungen erkrankter Tiere sind zumeist aussichtslos. Prophylaktisch gibt es aber die Möglichkeit der Impfung mit Grundimmunisierung zweimal im Abstand von 4 Wochen, aller Rinder über 3 Monate, danach jährliche Auffrischungsimpfung.
Bei unsauberer Geburtshilfe und Verletzungen im Geburtsweg sind Infektionen mit *C. septicum* häufig. Aus diesem Grunde heißt diese Erkrankung auch **Geburts-** bzw. **Pararauschbrand.** Nach der Geburt kommt es zu einer Schwellung und Blaurotverfärbung der Schamlippen. Sie sind am Anfang heiß, schmerzhaft und kühlen dann nach einiger Zeit vom Zentrum her wieder ab. Die Tiere zeigen Fieber (41 Grad), und der Milchfluß versiegt. Durch die rasche Ausbreitung und die schlechten Behandlungserfolge sterben die Tiere sehr rasch. Impfprophylaxe ist möglich. In bekannt gefährdeten Distrikten sollte eine jährliche Impfaktion stattfinden. Außerdem ist bei der Geburtshilfe peinlichste Sauberkeit einzuhalten.

Tetanus oder **Wundstarrkrampf** ist eine meist sehr rasch verlaufende Infektionskrankheit, die von einer Wunde (Nageltritt, bei schlechter Nabelversorgung) ausgeht. Dabei kommt es nach anfänglichen Bewegungsstörungen, wie steifem Gang (Krampf der Kaumuskulatur), zur charakteristischen sägebockartigen Stellung. Die Nickhaut fällt vor, und die Nasenlöcher sind weit geöffnet, die Ohren nach hinten geklappt. Im Endstadium liegen die Tiere in Seitenlage fest, mit rechtwinkelig steif weggestreckten Extremitäten und stark zurückgebogenem Hals. Im Anschluß an diese Lähmung kommt es fast immer zu einer Tympanie mit dorsaler Gasblase, die dem Tier eine optimale Atmung erschwert.
Therapie: Sofortige Verständigung des Tierarztes.
Prophylaxe: Durch Impfungen ist eine gute Tetanusprophylaxe in Problembetrieben zu erreichen, doch sollten in erster Linie die Gefahrenquellen, wie schlechte Nabelversorgung etc., ausgeschaltet werden.

Botulismus ist eine tödlich verlaufende Clostridieninfektion, die nach Aufnahme von toten Tieren in der Nahrung (tote Katze, Ratte im Heu) entsteht. Der stürmische Verlauf dieser Krankheit äußert sich durch Schlucklähmungen. Die Tiere speicheln viel und halten Heubüschel nur kraftlos im Maul. Die Lähmung erstreckt sich in weiterer Folge auf das Atemzentrum, und das Rind stirbt. Therapie kommt meist aufgrund des sehr schnellen Verlaufes zu spät.

Tollwut

Die Tollwut wird durch ein Virus ausgelöst. Am Anfang steht der Kontakt des Rindes mit einem tollwütigen Tier (Fuchs auf der Weide). Nach dem Biß vermehrt sich das Virus an der Bißstelle und wandert über den Nervenweg in Richtung Hirn. Dort kommt es je nach Verlaufsform (stille Wut, rasende Wut, atypische Wut) zu unterschiedlichen Erscheinungen. Beim Rind tritt am häufigsten die stille Wut auf, bei der Lähmungserscheinungen und Wasserscheue dominieren. Die Tiere sterben wie bei den anderen beiden Formen binnen weniger Tage. Bei der rasenden Wut stehen Speicheln, Brüllen, Angriffslust im Vordergrund. Die Tiere sind nach erfolgter Anzeige bei der Bezirksverwaltungsbehörde sicher zu verwahren und zu beobachten, und nach ihrem Tod wird das Gehirn auf Einschlußkörper pathohistologisch untersucht.
Prophylaxe: Tollwutimpfungen in gefährdeten Gebieten 2 Wochen vor dem Weideaustrieb mit jährlicher Auffrischung.

DECKINFEKTIONEN

Erscheinungen, welche den Verdacht einer übertragbaren Geschlechtskrankheit der Rinder vermuten lassen

Die übertragbaren Geschlechtskrankheiten (Deckseuchen) der Rinder haben in gewissen Zuchtgebieten eine weite Verbreitung gefunden; sie verursachen außerordentlich schwere Schäden, die durch den Ausfall der Nachzucht, die Herabsetzung der Milchleistung und die dauernde oder zeitweise Unfruchtbarkeit bedingt werden, und müssen deshalb mit allen Mitteln im Interesse der Rinderbesitzer, aber auch aus allgemeinen wirtschaftlichen Gründen bekämpft werden.
Das gemeinsame Merkmal dieser Seuchen ist die Übertragung der Krankheitserreger von angesteckten weiblichen Rindern auf den Stier und durch diesen auf gesunde weibliche Rinder.

Wenige Tage nach dem Belegen sind manchmal an den weiblichen Geschlechtsorganen äußerlich erkennbare entzündliche Veränderungen, eine Anschwellung der Scham, Ausschläge auf den Schamlippen, eitrige Beläge auf der Scheidenschleimhaut und schleimig-eitriger Ausfluß, der durch den Schweif in der Umgebung der Scham und auf der dem Körper zugewendeten Schweiffläche verschmiert wird, wahrzunehmen. Derartige Erscheinungen fehlen aber häufig vollständig oder werden wegen ihrer Geringfügigkeit übersehen. In der Regel werden die Rinderbesitzer erst aufmerksam, wenn eine größere Anzahl von weiblichen Tieren wiederholt zum Stier gebracht werden muß und nicht aufnimmt.

Andere Erscheinungen sind die vorzeitige Ausstoßung der Frucht (Verwerfen in den ersten Monaten der Trächtigkeit, Frühgeburt), das Absterben der Frucht und die scheinbare Trächtigkeit mit Ansammlung einer eiterartigen Flüssigkeit in der Gebärmutter (Eiterträchtigkeit). Diese Erscheinungen sind der Trichomonadenseuche eigentümlich. Das Nachstieren ist für andere Deckseuchen (Bläschenausschlag, Scheidenkatarrh, Knötchenseuche, enzootische Sterilität der Rinder) besonders kennzeichnend.

Ausnahmsweise können diese Seuchen nicht nur durch den Deckakt, sondern auch im Stall oder auf der Weide von Tier zu Tier, auch auf noch nicht geschlechtsreife Jungtiere, wenn die äußeren Teile der Geschlechtsorgane mit infizierter Streu und dergleichen in Berührung kommen, oder durch Aufnahme infizierten Futters übertragen werden. In der Regel erfolgt aber die Übertragung der Krankheitserreger beim Belegen.

Den Stieren ist bei fast allen Deckseuchen äußerlich oft wenig oder überhaupt nichts Krankhaftes anzusehen.

Die sicherste Maßnahme zur endgültigen Unterbindung der fortdauernden gegenseitigen Ansteckung ist die künstliche Besamung, da hiebei der Stier mit den weiblichen Tieren nicht unmittelbar in geschlechtliche Berührung gebracht wird und nicht angesteckt werden kann.

Zu erwähnen ist, daß das seuchenhafte Verwerfen (Abortus Bang) der Rinder nicht zu den durch das Belegen übertragbaren Geschlechtskrankheiten gehört. Die Übertragung dieser Seuche erfolgt in der Regel anläßlich des Verwerfens auf die Nachbartiere oder Weidegenossen durch die Geburtswässer und Eihäute, in denen der Krankheitserreger in Massen vorkommt, und – im Gegensatz zu den Deckseuchen – nur ausnahmsweise durch das Belegen. Die mit dieser Seuche behafteten Rinder nehmen fast regelmäßig auf und können in den letzten Monaten der Trächtigkeit verwerfen.

Von besonderer Wichtigkeit ist es, mögliche Krankheitsübertragungen durch frei im Stall herumlaufende Kälber, losgewordene Jungstiere, beim gemeinsamen Austrieb zur Tränke oder auf die Hausweide und durch Zusammenkommen mit Rindern fremder Bestände zu verhüten. Die weitaus größte Gefahr ist und bleibt aber die Durchbrechung

der Deckringe (Deckgemeinschaften, Deckbereiche) durch das Treiben zu fremden Stieren oder durch das Belegenlassen fremder Kühe.
Zufriedenstellende Bekämpfungserfolge können nur dann erzielt werden, wenn der Tierbesitzer die Arbeit des Tierarztes durch gewissenhafte Befolgung der angeordneten Schutz- und Tilgungsmaßnahmen ergänzt und damit sichert.

Anzeigepflichtige Seuchen des Rindes in Österreich

Maul- und Klauenseuche
Milzbrand, Rauschbrand
Wild- und Rinderseuche
Lungenseuche
Tollwut
Tuberkulose
Rinderpest
Brucellose, Leukose, IBR
BSE

Bekämpfung der übertragbaren Geschlechtskrankheiten (Deckseuchen) der Rinder

Der Besitzer von Rindern ist verpflichtet, zum Schutze gegen die Verbreitung der übertragbaren Geschlechtskrankheiten (Deckseuchen) der Rinder

- wiederholtes oder gehäuftes Umrindern (mehr als dreimaliges Umrindern) oder
- jede vorzeitige Ausstoßung der Frucht (Verwerfen) oder
- äußerlich erkennbare entzündliche Erkrankungen, wie Ausschläge, Schwellungen oder Ausflüsse an den Geschlechtsorganen der männlichen oder weiblichen Rinder,

zu melden, die Tiere abzusondern und den Deckbetrieb einzustellen.

Die Pflicht zur Meldung an die Bezirksverwaltungsbehörde obliegt einem Tierarzt, wenn er an männlichen oder weiblichen Zucht- und Nutzrindern eine übertragbare Geschlechtskrankheit oder den Verdacht einer solchen Krankheit feststellt.
Nach der amtstierärztlichen Feststellung einer Deckseuche ist der Deckbetrieb im Seuchengebiet (Deckring, Deckbereich, Ortschaft, Gemeinde) zu verbieten. Hierauf sind alle Rinder des Seuchengebietes tierärztlich zu untersuchen. Der Deckbetrieb darf nur mit den bei diesen Untersuchungen für gesund befundenen Tieren wieder aufgenommen werden.
Mit einer Deckseuche behaftete (angesteckte) oder einer solchen Seuche verdächtige Rinder sind bis zur Genesung oder Behebung des Verdachtes mit einem Kennzeichen zu versehen.
Rinder, die mit einer Deckseuche behaftet sind, dürfen vor ihrer Genesung bezie-

hungsweise vor Behebung des Verdachtes als Zucht- und Nutztiere nicht in den Verkehr gebracht werden.
Der gemeinsame Weidegang von Stieren verseuchter Bestände mit weiblichen Rindern und von weiblichen Rindern verseuchter Bestände mit Stieren ist verboten.
Nimmt der Amtstierarzt das Auftreten einer übertragbaren Geschlechtskrankheit bei einem Rind oder den Verdacht des Bestehens einer solchen wahr, so hat die Bezirksverwaltungsbehörde die amtstierärztlichen Erhebungen und Untersuchungen zur Feststellung der Seuchenfälle und des Seuchengebietes zu veranlassen.
Diese amtstierärztlichen Erhebungen und Untersuchungen haben sich auf die Überprüfung der Sprungbücher bzw. Belegsprotokolle und die bestandsweise Einzeluntersuchung aller männlichen und weiblichen Zucht- und Nutzrinder im Seuchengebiete (Deckring, Deckbereich, Gemeinde, Ortschaft) zu erstrecken.
Aufgrund des Untersuchungsergebnisses sind die Rinder einzuteilen in
a) mit einer Deckseuche behaftete (angesteckte) Rinder
b) einer Deckseuche verdächtige Rinder
c) unbedenkliche (gesunde) Rinder
Als verseucht gilt ein Bestand,
- in dem sich ein mit einer Deckseuche behaftetes (angestecktes) Rind befindet
- in dem sich ein weibliches Rind befindet, das von einem angesteckten Stier belegt wurde.

Als Bestand ist die Gesamtheit der Zucht- und Nutzrinder zu verstehen, die sich in einem selbständigen, räumlich abgegrenzten Wirtschaftsbetrieb befinden.
Im Falle eines gehäuften Auftretens von verdächtigen Symptomen in einem Bestand (Sterilitäten, Verwerfen usw.) sollte der Tierbesitzer auf jeden Fall einen Tierarzt beiziehen, der Untersuchungsmaterial (Blut, Nachgeburtsteile, Frucht usw.) zur Untersuchung einsendet.

VERGIFTUNGEN

Diese Zusammenfassung gilt selbstverständlich für alle Rinder, doch sind Mutterkühe aufgrund ihrer extensiven Weidehaltung mehr gefährdet, als solche, die ihr Leben lang im Stall stehen. Vergiftungsmöglichkeiten gibt es viele. Angefangen von Giftpflanzen, Abgasen, Chemikalien bis hin zu falsch verabreichten und überdosierten Vitaminmischungen ist jede nur denkbare Möglichkeit gegeben. Hier soll nur eine Auswahl der häufigstenVergiftungen von Weidetieren im übersichtlichen Vergleich besprochen werden. Bei Feststellung von Vergiftungssymptomen sofort den Tierarzt verständigen!

Vergiftungen

Giftstoff	Symptome	Vorkommen
BLEI	Zentralnervale Störungen, Durchfall mit stark stinkendem Kot. Taumeln, Anlehnen an Zäune, Wände, starkes Speicheln, andere Tiere nehmen den Speichel gerne auf. Kreisbewegungen, Lidreflexe stark herabgesetzt, Blindheit. Periodische Krämpfe mit zurückgeschlagenem Kopf, Tod	Bleihaltige Lacke an den Stallwänden, Maschinenöle, weggeworfene Ölfilter etc.
KOCH-SALZ	Bewegungsstörungen mit Stolpern, Kreisbewegungen, Festliegen mit Streckkrämpfen, Blindheit. Tod binnen 48 Stunden	Zu große Aufnahme von Viehsalz bei zuwenig Wasser, eingefrorene Tränken oder zu geringer Wasservorrat im Tränkewagen
KUPFER	Gelbfärbung der Schleimhäute, Anämie, erhöhte Herz/Atemfrequenz, Muskelzuckungen und dunkelbraunroter Harn. Starke Leberschädigung! Blaugrüner Durchfallkot, Nachhandlähmungen	Falsche Zusammensetzung von Ergänzungsfuttermitteln mit zu hohem Cu-Gehalt, Schneckenbekämpfung mit $CuS0_4$, Cu-haltige Lecksteine bei salzhungrigen Tieren
KALZI-NOSE	Vermehrte Ca-Resorption mit Verkalkungen der Gefäße. Herzrhythmusstörungen, gesteigerter Harnabsatz, Bewegungsstörungen	Zu hohe prophylaktische Vit.D3-Gaben gegen Gebärparese, Goldhaferfütterung
EIBE	2 Stunden nach Aufnahme Niederstürzen, Rudern, Schäumen, Atemnot – Tod	Nadeln, Holz, Rinde, Samen der Pflanze. 500 g/Tier sind tödlich

Giftstoff	Symptome	Vorkommen
KOHL	Anämie durch Zerstörung der roten Blutkörperchen, rascher Kräfteverfall und Abmagerung, porzellanweiße Schleimhäute, rotbrauner Harn	Kohlstrünke und Blätter von Markstammkohl, Blumenkohl etc. in größeren Mengen Futter (nicht mehr als 15–20 kg/Tier/Tag)
ADLER-FARN	Siehe Stallrot, punktförm. Blutungen, dunkelroter Harn, Schmerzen beim Harnabsatz, Blutarmut	Farnbesatz von mehr als 10% auf der Weide – Gefährdung der Tiere. Tägl. Aufnahme von 2–4kg
HAHNEN-FUSS	Speicheln, Kolik, Tympanie, Lähmungen, Zähneknirschen, Rötung der Maulschleimhaut. Festliegen und Tod infolge Kreislaufschwäche	Die Giftwirkung geht bei der Heuwerbung und Silierung verloren – Nutzungsmöglichkeit von solchen Weiden
SCHACH-TEL-HALM	Nachhandschwäche, Taumeln, Abmagerung, Durchfall, Abortus, wäßrig-blaue Milch! Anhaltendes Schwitzen kommt nur bei Kälbern vor	Giftigkeit geht bei Heuwerbung nicht verloren

Photosensibilisierung

Unter Photosensibilisierung versteht man eine erhöhte Empfindlichkeit der Haut gegenüber Sonnenlicht, die durch Wirkstoffe bestimmter Pflanzen (Buchweizen, Johanniskraut) hervorgerufen wird. Hyperizin im Johanniskraut verursacht allergische Reaktionen, die einerseits Schwellungen im Kopfbereich, kombiniert mit Atembeschwerden, verursacht, und vor allem die charakteristischen Hautablösungen. Erstere Symptome findet man häufiger bei Schafen, die nach Abheilung charakteristisch verkrüppelte Ohren aufweisen. Beim Rind dominieren sonnenbrandähnliche Veränderungen der Haut, wobei sich großflächig Hautfetzen ablösen. Am Anfang kommt es relativ häufig zu Rötungen an den Zitzen, die im Gegensatz zum Sonnenbrand, wo sie meist einseitig vorkommen, beidseits auftreten. Störungen des Allgemeinbefindens, verbunden mit Schmerzen und Fieber, sind ebenfalls typisch.

Therapie: Sofortiges Aufstallen der Tiere, da schon die geringste UV-Belastung in diesem Stadium größere Hautverletzungen bewirkt. Tierarzt verständigen.
Prophylaxe: Diese Unkräuter kommen vorwiegend in besonders extensiven Landschaften vor, wo sie ungestört wachsen können. Häufige Mähwirtschaft verdrängt diese Pflanzen. Ebenso kann durch gezielte Stickstoffdüngung eine Reduktion erreicht werden.

Honig- oder Steinkleevergiftung *(Melilotus officinalis)*

Im Honig- und Steinklee liegt ein an sich ungefährlicher Stoff vor, der durch Einfluß von Schimmelpilzen zu einem Gift umgewandelt wird, das man bei Rattenbekämpfungsmitteln erfolgreich einsetzt. Das Dikumarol hemmt als Vitamin-K-Gegenspieler die Blutgerinnung und führt zur inneren Verblutung des Tieres. Nach kontinuierlicher täglicher Aufnahme von 1 bis 2 kg dieses Klees kommt es nach einigen Wochen bis Monaten zu einer erhöhten Blutungsneigung. Bei der Blutentnahme tropft das Blut ungewöhnlich lange nach, ebenso führen kleinere Verletzungen zu größeren Blutverlusten. Die Schleimhäute sind blaß, und zunehmende körperliche Schwäche macht sich bei den Tieren breit.
Therapie: Sofortiges Abstellen der kleehaltigen Nahrung. Tierarzt rufen.

Jakobskraut (Voralpenkreuzkraut)-Vergiftung *(Senecio jacobaea)*

Allgemein werden Giftpflanzen von den Weidetieren gemieden. In Heu und Silagen sind sie jedoch nicht als solche erkennbar und können zu Todesfällen führen. Die Kreuzkrautvergiftung ist mit Gelbsucht aufgrund massiver Leberschäden verbunden. Die Tiere magern ab, haben Mastdarmvorfälle und nervöse Störungen, der Verlauf ist chronisch. Bei einer Sektion erkennt man Leberveränderungen und eine Verdickung der Labmagenschleimhaut. Eine Behandlung der Krankheit ist nicht möglich, das Kraut kann mit geeigneten Herbiziden bekämpft werden.

STOFFWECHSELSTÖRUNGEN

Stoffwechselstörungen treten meist im Gefolge von Abkalbungen oder ungewöhnlichen Belastungen auf. Symptome von Stoffwechselentgleisungen sind oftmals die Spitze des Eisberges von länger oder kürzer bestehenden Energie- oder Mineralstoffmängeln. Als häufigste Störungen seien hier die Gebärparese, Weidetetanie und Azetonämie behandelt.

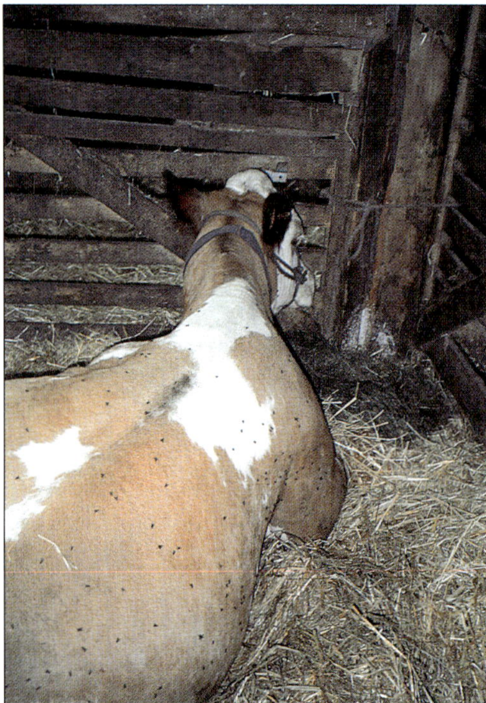

Milchfieber – Ca-Mangel – typische S-förmige Halshaltung

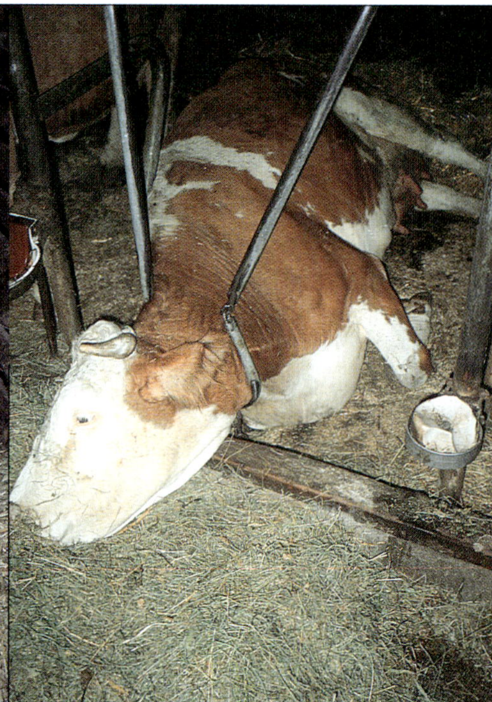

Festliegende Kuh knapp vor dem Koma

Gebärparese/Festliegen/Milchfieber

Diese Stoffwechselstörung tritt meist 24 bis 72 Stunden nach der Geburt auf, der meist ein Kalzium- und/oder Phosphor-Mangel zugrunde liegt. Im Regelfall kann eine gesunde, in der Trockenstehzeit bedarfsgerecht (Ca 20–40 Gramm/Tier/Tag) versorgte Kuh diesen durch die einsetzende Milchleistung plötzlich erhöhten Ca-Bedarf kompensieren. Ältere Kühe sind aufgrund ihrer höheren Milchleistung und der vielfach diskutierten Ca-Mobilisationsschwäche im Alter besonders gefährdet. Problematischer wird die Situation jedoch, wenn aus Angst vor der Gebärparese eine übermäßig Ca-reiche Fütterung (Klee, Luzerne,Futterkalk) verabreicht wird. Dadurch kommt es zu einer verminderten Ansprechbarkeit eines Hormones, das die Ca-Freisetzung aus dem Knochen bewirkt. Da ein ständig hohes Ca-Angebot eine verschlechterte Ansprechbarkeit und verminderte Produktion dieses Hormones bewirkt, kann der Organismus den geforderten Ca-Bedarf nicht aus den Körperreserven mobilisieren. Ca ist neben P (immer im Ca : P-Verhältnis 2 : 1 bis wenigstens 1 : 1) und Mg an der Reizweiterleitung an Nerven und an der Muskelkontraktion beteiligt. Beim Milchfieber unterscheidet man drei Stadien:

1. Nervosität, Trippeln, Herzrasen
2. Charakteristisches Festliegen in Brustlage mit S-förmiger Krümmung der Rücken-Hals-Partie, seitlich auf den Bauch geschlagener Kopf. Die Extremitäten und die Körperoberfläche sind kühl, und der Puls ist schwach. Eine Blähung stellt sich ein. Dieses Stadium kann bis zu 12 Stunden dauern.
3. Festliegen in Seitenlage mit immer stärkerer Bewußtseinstrübung, die im Koma endet. Der Tod tritt in diesem Stadium binnen weniger Stunden ein.

Therapie: Da es sich hierbei auch um einen Notfall handelt, sofort den Tierarzt rufen.
Prophylaxe: Um dem Milchfieber vorzubeugen, muß schon in der Trockenstehzeit durch die richtige Fütterung auf einen optimalen Verlauf nach der Geburt hingearbeitet werden.
20–40 g Ca/Tier/Tag sind empfehlenswert. Ausreichende Mg-Versorgung in der Trockenperiode (50 g Mg-Oxid/Tier/Tag), da Magnesiummangel die Ca-Resorption im Darm negativ beeinflußt. Die Verabreichung von Ca-P-Mischungen am Tage der Geburt und zweimal im Abstand von 12 Stunden können dem Milchfieber vorbeugen.

Weidetetanie

Die Weidetetanie ist das Resultat eines Magnesiummangels. Dieser Mg-Mangel tritt nicht nur bei erwachsenen Tieren infolge Mg-armer Böden (klee- und kräuterarm) auf, sondern auch bei Saugkälbern, die Milch von Mg-arm gefütterten Kühen zu sich nehmen.
Symptome: Die Tiere zeigen zu Beginn einen starren, krampfhaften Blick, Zähneknirschen und erhöhte Speichelsekretion. Muskelzittern wird durch das typische Festliegen in Seitenlage abgelöst. Dabei strecken die Tiere ihre Extremitäten steif senkrecht weg und machen gelegentlich Ruderbewegungen. Im Gegensatz zum Tetanus bleibt der Kopf in normaler Position.
Therapie: Sofort den Tierarzt holen.
Prophylaxe: Ausreichende Mg-Versorgung vor der Geburt ist mit Mg-Oxid gegeben. Ebenso kann eine Mg-Düngung von Weiden vorgenommen werden, um den Mg-Gehalt im Futter zu erhöhen.

Kalzinose

Kalzinosen bei Weidetieren wurden in verschiedenen Teilen der Erde beobachtet. Diese Krankheiten sind durch eine ähnliche Symptomatik gekennzeichnet, die aus Ab-

„Scheibchenkot" bei Flüssigkeitsmangel und Azetonämie

magerung, Bewegungseinschränkung, Schmerzäußerungen besteht und welcher eine Verkalkung des Kreislaufsystems, der Lunge, Nieren, Sehnen und Sehnenscheiden zugrunde liegt.
Auslösender Faktor für die Weidekrankheit der Rinder ist der Goldhafer *(Trisetum flavescens),* ein Gras, das Hauptbestandteil der alpinen Fettweide ist und besonders im feuchten Klima in Höhenlagen von 800 bis 1200 m gedeiht.
Es hat nicht an Versuchen gefehlt, im Goldhafer Vitamin-D-ähnliche Verbindungen nachzuweisen.

Azetonämie/Ketose

Als Ketose bezeichnet man einen Zustand, der durch eine erhöhte Fettmobilisation infolge eines Energiemangels auftritt. Bei diesem Fettabbau entstehen Spaltprodukte, die den Organismus schädigen. Ketosen treten sehr häufig nach der Geburt auf, da in diesem Stadium der Energiebedarf für die Milchbildung sehr hoch ist. Ebenfalls treten sie häufiger bei sehr fetten Tieren auf, die während der Trockenstehzeit zu mastig gefüttert worden sind.
Symptome: Plötzlicher Milchrückgang und Appetitverlust fallen auf. Abmagerung und Fruchtbarkeitsstörungen treten ein. Besonders charakteristisch ist der trockene „Scheibchenkot". Die Ausatemluft und der Körpergeruch sind obstartig, azetonartig, was durch die Ketonkörper bewirkt wird.
Die nervale Form der Azetonämie ist seltener und äußert sich in erhöhter Aggressionsbereitschaft, Lecksucht und unsicherem Gang. Spaltprodukte können im Harn mittels Teststreifens nachgewiesen werden.
Therapie: Tierarzt sollte auf jeden Fall zu Rate gezogen werden.
Prophylaxe: Die Muttertiere sollten während der Trockenstehzeit nicht über den Bedarf, d.h. für mehr als Erhaltungsbedarf plus 5 kg Milch gefüttert werden. Weiters muß jede Ration einen Rohfaseranteil von mindestens 18%, besser 20% aufweisen, um den Ansprüchen des Wiederkäuermagens gerecht zu werden.

EUTERERKRANKUNGEN

Gerade in Betrieben, die früher Milch produziert und jetzt auf Mutterkuhhaltung umgestellt haben, können Euterentzündungen zu einem großen Problem werden. Tiere, die genetisch auf eine höhere Milchleistung vorprogrammiert sind, als das Kalb trinken kann, also mehr als 15 Liter/Tag, sind dafür anfälliger. Durch den erhöhten Restmilchgehalt im Euter wird für Bakterien, Hefen, Pilze ein idealer Lebensraum geschaffen. Allerdings können Euterentzündungen auch schon bei Kalbinnen auftreten. Diese Mastitiden werden vorwiegend durch gegenseitiges Ansaugen hervorgerufen. Neueste amerikanische Studien belegen, daß das linke Vorderviertel bei Kalbinnen zu knapp 70 Prozent betroffen ist. Die Hinterviertel dürften durch ihre offensichtlich verdecktere Lage weniger stark frequentiert werden. Zu den klassischen Mastitiserregern gesellen sich in den kaltfeuchten Tagen die gefürchteten Sommermastitiserreger. In verstärktem Maße treten bei umgestellten Milchkühen immer wieder durch den Eutertubenmißbrauch hervorgerufene Hefe- und Prototheken- (Algen-)Mastitiden auf. Diese Euterentzündungen weisen im Akut- oder Anfangsstadium folgende Symptome auf: Die Tiere fressen weniger, sind matt, zeigen oftmals einen gespannten Gang und eine erhöhte innere Körpertemperatur. Das erkrankte Euterviertel ist prall gefüllt, schmerzhaft und warm. Eine mehr oder weniger deutliche Asymmetrie zeichnet sich im Vergleich zu den Nachbarvierteln ab. Verfärbungen der oft stark gespannten Euterhaut bis ins Blaubraune bei demarkierenden Mastitiden sind möglich. Die Milch verfärbt sich je nach Schädigung des Eutergewebes von Dunkelgelb bis Braun. Je nach Erreger verliert das Gemelk den milchähnlichen Charakter und wird flockig oder eitrig. Bei unverändertem Gemelk, aber klinischem Verdacht auf eine Euterentzündung leistet ein im Stall durchgeführter Schalmtest gute Dienste, da man damit einen erhöhten Zellgehalt in der Milch schnell feststellen kann.

In chronischen Fällen kommt es zum Schrumpfen des erkrankten Viertels und die Kuh ist nun dreistrichig. Kälber, die als Milchräuber andere Kühe ansaugen, können so Mastitiserreger von kranken Tieren auf noch gesunde übertragen. Eine Therapie erfolgt durch den Tierarzt. Um alle Manipulationen an den oft scheuen und kitzligen Mutterkühen gefahrlos durchführen zu können, ist eine geeignete Fang- und Zwangseinrichtung unumgänglich.

Sollte eine Kuh zuviel Milch für ein Kalb produzieren, so kann man ohne weiteres ein zweites oder drittes Kalb anlegen. Dies geht besonders einfach beim Fleckvieh, da diese Tiere eine Ammenfunktion widerstandsloser akzeptieren als die etwas sensibleren anderen Intensivrassen. Bei den extensiven Rassen wie auch den intensiven Fleischrassen in der Reinzucht ist das Anlegen eines zweiten Kalbes nur in den seltensten Fällen möglich, da die Tiere einerseits zuwenig Milch liefern und andererseits einen zu

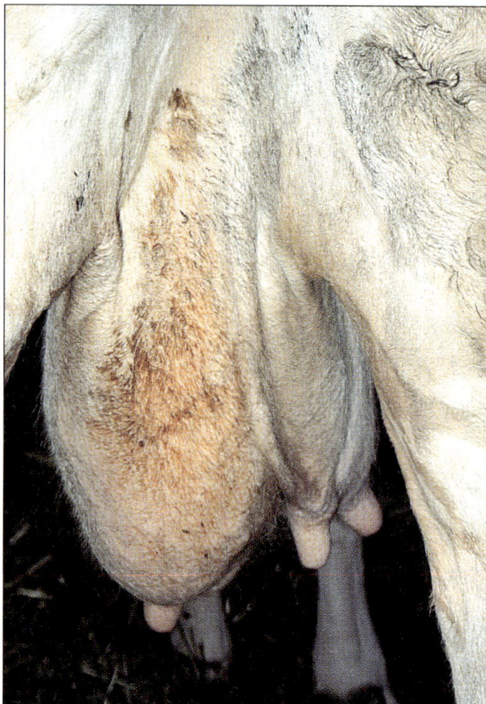
Euterentzündung

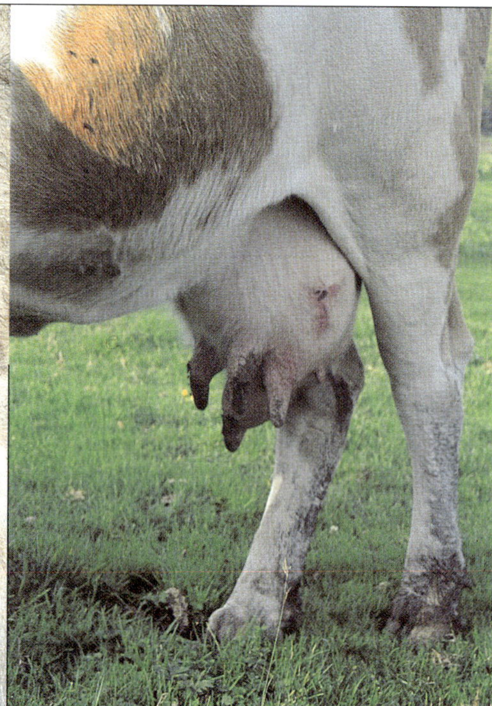
Euterverletzungen und Warzen

sehr auf ihr eigenes Kalb geprägten Mutterinstinkt besitzen. Das Anlegen von Ammenkälbern erfolgt am besten an einer im Freßgitter fixierten Kuh von hinten, so wie dies auch von Milchräubern getan wird, um der geruchlichen Identifikation durch das Muttertier zu entkommen.

Das Trockenstellen von Mutterkühen erfolgt nach dem physiologischen Gesetz der Laktation von selbst, da sich die Zusammensetzung der Milch in Richtung Kolostralmilch verändert, der Geschmack wird bittersalzig und die Menge an gebildeter Milch weniger.

Um das gegenseitige Ansaugen von älteren Tieren zu vermeiden, ist das Einziehen von Saugentwöhnern von großem Nutzen. Erlernen die Tiere dennoch mit Saugentwöhner zu saugen, so empfiehlt sich eine Zungenoperation, die ein löffelartiges Aufbiegen der Zunge unmöglich macht.

Die erfolgreiche Insektenbekämpfung sollte in den Sommermonaten auf keinen Fall außer acht gelassen werden, da Fliegen oftmals Überträger von Keimen sind. Also

Saugentwöhner und Insektenmarke	Der „Milchräuber“ saugt immer von hinten

Ammenkuhhaltung; die optimale Nutzung der Milch- als Mutterkuh

Ohrclips gegen Insekten und Kratzmöglichkeiten, bei denen Insektenvertilgungsmittel nachgefüllt werden können.
Zu den Eutererkrankungen zählen selbstverständlich auch die Euter- und Zitzenverletzungen, die durch stumpfe und spitze Gegenstände zugefügt worden sind. Neben Stacheldrahtverletzungen an Zitzen und Euter führen Zitzenquetschungen, -einrisse und -abrisse durch Trittverletzungen zu großen Schwierigkeiten. All diese Verletzungen müssen sofort vom Tierarzt versorgt werden, um die Eintrittspforte für Mastitiserreger zu schließen.

UNGEWOLLTES BESAUGEN

Während das Saugen des Kalbes an der Mutterkuh eine Grundlage der Mutterkuhhaltung ist, gibt es darüber hinaus auch Formen von ungewolltem Besaugen, das hauptsächlich bei mutterloser Kälberaufzucht auftritt. Gerade das Kalb hat einen starken Bedarf, dieses Verhalten auszuleben, und sucht Alternativen, wenn die Aufzucht mit Eimer oder Tränke erfolgt und die Haltung eintönig ist.

Fremdsaugen

In den ersten Lebensstunden suchen Kälber instinktiv nach dem Euter, wobei sich ihre Suchbewegungen schräg nach oben richten. Da sie allerdings noch nicht in der Lage sind, ihre Mutter individuell zu erkennen, ist die Suche nach dem Euter nicht nur auf die Mutter beschränkt, sondern erfolgt auch an Objekten oder anderen Tieren. Kalben Kühe also in der Gruppe ab, kommt es durch diese ersten Saugversuche zum Fremdsaugen. So wurde in einem britischen Versuch beobachtetet, daß ein Drittel aller Kälber in Gruppenhaltung in den ersten sechs Lebensstunden an einer fremden Kuh saugte. Durchschnittlich dauert es etwa $1^1/_2$ bis 3 Stunden, bis Kälber das erstemal saugen, bei einigen Untersuchungen wurden aber auch mehr als 6 Stunden beobachtet. Generell zeigen Kälber eine starke Saugmotivation auch unabhängig vom Hunger. So geht die Initiative zum Saugen in den meisten Fällen vom Kalb aus. Je höher allerdings die Milchleistung ist, umso eher fordern auch Kühe ihre Kälber aktiv zum Saugen auf.

Saugen in anderen Positionen

Das Saugen an der Mutter erfolgt in den meisten Fällen in verkehrt paralleler Stellung. Dies erlaubt der Kuh die Identifizierung ihres Kalbes durch Beriechen oder Belecken der Genitalregion. Milchstehlende Kälber versuchen daher meist, dieser „Geruchskon-

trolle“ durch Saugen in anderen Positionen zu entgehen. So zeigten Beobachtungen an einer Herde mit Zwillingskälbern der Universität Edinburgh, daß ca. 75% des Fremdsaugens von hinten erfolgen.
Saughäufigkeit, Dauer der Mahlzeiten und tägliche Saugdauer werden z.B. durch das Alter des Kalbes, das Geschlecht, die Milchleistung und Schnelligkeit der Milchabgabe der Kuh sowie Art und Menge der Beifütterung beeinflußt. Mit dem Alter des Kalbes nimmt sowohl die Saughäufigkeit als auch die Saugdauer ab. In den ersten Lebenstagen saugen Kälber etwa 9mal täglich, dies sinkt auf ca. 3–5mal bis zum 6. Lebensmonat ab. Durch geringe, aber häufige Milchaufnahme werden Verdauungsstörungen und Durchfälle verhindert.

Gegenseitiges Besaugen

Beim Besaugen werden auch laufend Haare aufgenommen, die sich im Labmagen oder Pansen zu Haarballen verfilzen können. Das ist häufig Ursache für Verdauungsstörungen und Blähungen. Auch Entzündungen und Infektionen sind oft Folgen des Besaugens; vor allem Nabelbereich, Euter oder Hodensack sind davon betroffen. Wird der Penis besaugt und dabei Urin aufgenommen, sind auch Leberschäden möglich. Die Folge davon sind geringere Zunahmen und damit verbunden entsprechende finanzielle Einbußen.

Ansaugen als Untugend

Das gegenseitige Milchsaugen bei jungen Zuchtkalbinnen ist ein Verhaltensproblem, das große wirtschaftliche Verluste beim Verkauf der Tiere bringt und bereits vor Laktationsbeginn das Euter bis hin zu Euterkrankheiten belasten kann. Auch trockenstehende Kühe sind gefährdet, da sich in dieser Zeit das Euter auf die bevorstehende Geburt einstellt und Kolostrum bildet, das durch andauerndes Ansaugen verhindert wird. Die Ursachen liegen hauptsächlich im Fütterungs- und Haltungsbereich wie auch im mangelhaften Ausleben von artgerechtem Verhalten der saugenden Tiere. Das Anbieten von Futtermitteln mit geringem Kaubedarf (mangelhafte Struktur) kann den Kautrieb nicht befriedigen und führt zu Ersatzhandlungen. Auch genetische Ursachen können (ähnlich wie beim Zungenschlagen) nicht ausgeschlossen werden.
Als Lösung bieten sich verschiedene vom Handel angebotene Saugschutzvorrichtungen an, die den Tieren auf das Flotzmaul gesetzt werden und im Falle des Ansaugversuches bei einem anderen Tier eine Abwehrreaktion auslösen.

Folge des Ansaugens: Mastitisgefahr!

Gefahren für die Mutterkuhhaltung ergeben sich besonders durch Ansaugen von Jungkalbinnen und trockenstehenden Kühen. Bei diesen Gruppen lohnt sich dabei auch die intensive Beobachtung vor der Geburt, hier besonders des Euters. Durch das regelmäßige Abtasten gewöhnen sich die Tiere an den Menschen und wehren beim späteren Saugen nicht ab. Saubere Einstreu und Fliegenbekämpfung sowie das regelmäßige Zitzendippen sind auch hier angebracht, wie auch eine bakteriologische Untersuchung von Zukauftieren notwendig wäre.
Erhitzung, Schmerzen, Verhärtung oder unsymmetrische Vergrößerung eines Viertels oder auch Fieber sind meist Hinweise auf eine akute Infektion, bei der rascher Handlungsbedarf besteht (Tierarzt rufen!).

ERSTE HILFE

Es kommt leider immer wieder vor, daß sich der Mutterkuhhalter mit akuten Notfallsituationen auseinandersetzen muß, sei es durch Verletzungen der Tiere, akute Vergiftungssymptome oder andere schwere Störungen des Allgemeinbefindens. In jedem Fall soll der Tierbesitzer umgehend seinen Hoftierarzt holen, denn je schneller eine Krankheit behandelt wird, desto höher sind die Chancen auf eine rasche und vollständige Heilung. Der Mutterkuhhalter soll den Tierarzt in Kürze über nachfolgende Dinge informieren:

1. **Was hat sich wann wo ereignet?**
2. **Handelt es sich um eine Einzeltiererkrankung, oder ist die gesamte Herde betroffen?**
3. **Gibt es womöglich einen Verdacht auf Futtermittelvergiftung (Giftpflanzen)?**
4. **Wurden die Tiere irgendwie vorbehandelt oder nicht. Wenn ja, womit?**

Bis zum Eintreffen des Tierarztes sollte vom Tierbesitzer folgendes festgestellt werden:

Hautelastizität

Durch Prüfung der Hautelastizität mittels Anhebens einer Hautfalte seitlich am Hals kann man auf den Flüssigkeitshaushalt eines Tieres schließen. Verstreicht sie sofort, so ist der Flüssigkeitshaushalt nicht gestört. Dauert es aber einige Sekunden, so kann man auf einen erheblichen Flüssigkeitsverlust schließen, der z.B. durch Durchfälle bedingt wurde.

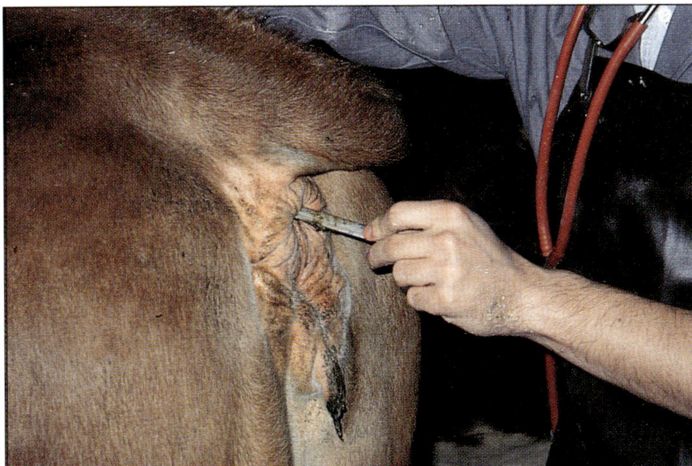

Richtiges Fiebermessen

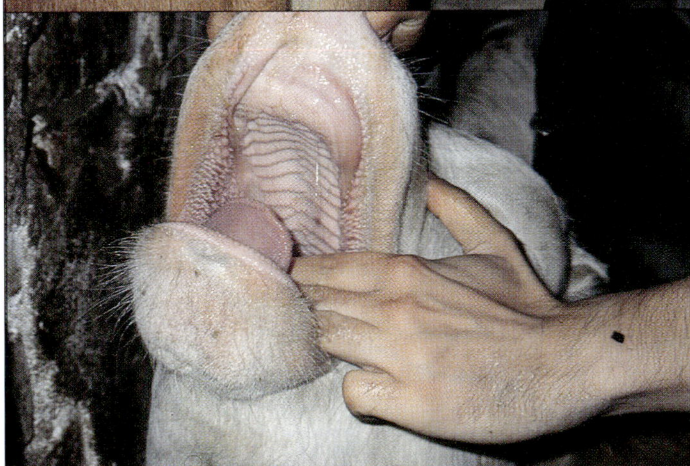

Beurteilung der Maulschleimhaut

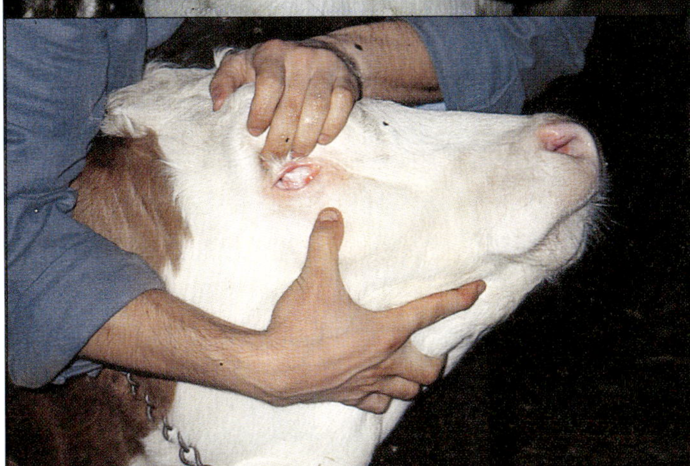

Beurteilung der Augenschleimhaut

Hauttemperatur

Sind Ohren, Flotzmaul und Gliedmaßen eiskalt: sofortiges Zudecken des Tieres, damit ein weiterer Temperaturabfall vermieden wird. Liegt ein Tier im Hochsommer mitten auf der Weide mit heißem und trockenem Flotzmaul: Verdacht auf Hitzestich – sofortiges Verbringen des Tieres in schattige Umgebung, Übergießen des Hinterkopfes mit kaltem Wasser oder kalte Umschläge. Versuchen, ob das Tier noch Wasser trinken kann. Auf keinen Fall zu große Mengen kaltes Wasser, da ein plötzlicher durch die Kälte hervorgerufener Temperaturabfall einen Schock mit Kreislaufversagen provozieren kann.

Innere Körpertemperatur

Sie liegt beim erwachsenen Rind zwischen 38,3 und 38,8 Grad Celsius, beim Kalb zwischen 38,5 und 39,3 Grad Celsius.
Diese angegebenen Referenzwerte unterliegen selbstverständlich auch physiologischen Schwankungen. Fieber im eigentlichen Sinn liegt erst bei einer Temperaturzunahme von 1 Grad und mehr vor. Durch Aufregung, Fütterung, Transport kann die innere Körpertemperatur um wenige Zehntelgrade schwanken. Liegt jedoch die Temperatur unter den angegebenen Werten, so liegt eine Untertemperatur vor, wobei das Allgemeinbefinden der Tiere auch sehr stark gestört ist (Festliegen bei der Gebärparese/Milchfieber nach der Geburt, Energiemangel bei Ketose, Vergiftungen etc.).

Kopfschleimhäute

Die Farbe der Schleimhäute gibt Auskunft über die periphere Blutversorgung des Organismus. Sind sie porzellanweiß, so liegt eine Blutarmut vor. Sind sie verwaschen grau, so kann man auf Vergiftung im Körper schließen. Sind sie stark gerötet, so liegt meist eine Infektionserkrankung vor.
In der Maulhöhle sollte man sich vergewissern, daß sich keinerlei Fremdkörper wie Nägel etc. befinden. Starkes Speicheln ist ebenfalls ein sehr gutes Indiz für Infektionskrankheiten, die mit schmerzhaften Läsionen der Maulschleimhaut vergesellschaftet sind. Vergiftungen sowie Fremdkörper, Schlundverstopfungen und unregelmäßiger Zahnabrieb können verstärktes Speicheln bewirken.

Puls und Atmung

Physiologische Pulszahlen sind beim erwachsenen Rind 60–68 Pulsschläge pro Minute. Beim Kalb liegt die minütliche Pulsfrequenz zwischen 72 und 92. Der Puls sollte kräftig, regelmäßig und gleichmäßig fühlbar sein. Man fühlt den Puls am besten an der

Schwanzarterie auf Höhe des unteren Scheidenrandes. Ist der Puls unter der Frequenz, langsam und schwach oder unfühlbar, so liegt meistens eine periphere Kreislaufschwäche vor, die mit dem Tod enden kann, wenn nicht rechtzeitig eine Therapie eingeleitet wird.
Das erwachsene Rind atmet zwischen 10- und 30mal pro Minute in langsamen, tiefen und regelmäßigen Zügen. Wird die Atmung oberflächlich, kurz, und wird der Brustkorb beim Atmen vermehrt bewegt, so könnte es sich um schmerzhafte Prozesse in der Bauchhöhle handeln. Im umgekehrten Fall, z.B. Rippenbruch, wird das Tier eher versuchen, durch eine Betonung der Bauchpresse und längeres Ausharren nach dem Einatmen ein kurzes, unvollständiges Ausatmen zu vollziehen. Atmen die Tiere sehr angestrengt mit gestrecktem Hals und offenem Maul, unterstützt durch einen hochgezogenen Bauch, so liegt eine schwere Lungenerkrankung vor, die sich auch durch Husten, eitrigen Nasenausfluß etc. bemerkbar macht (siehe Rindergrippe).
Kälber atmen mit einer Minutenfrequenz von 20 bis 40.

Pansenmotorik

Beim Wiederkäuer über 3 Monate ist die Untersuchung des Pansens und seiner Aktivität von größter Wichtigkeit. Wie schon erwähnt, sollte pro Minute je ein vollständiger, kräftiger und auslaufender Pansenzyklus mit jeweils 2 Pansengeräuschen hörbar sein. Wenn innerhalb von 5 Minuten kein Pansengeräusch zu hören ist, handelt es sich um einen Pansenstillstand, der vielerlei Ursachen haben kann: von der meist sehr charakteristischen Tympanie bis hin zu Pansenfunktionsstörungen (Pansenacidose etc.). Weiters können gefressene Nägel, Drahtstücke und dergleichen Schmerzen hervorrufen und damit einen Pansenstillstand provozieren.

Verletzungen

Bei offenen Wunden wie Stacheldrahtverletzungen sollte eine gründliche Wundreinigung mit fließendem kaltem Wasser vorgenommen werden. Eine geeignete milde Jodtinktur (z.B. Betaisodona-Lösung) soll die Wunde desinfizieren. In leichten Fällen reicht ein antibiotikahaltiger Wundspray zur Wundbehandlung. Sind gröbere Riß- oder Schnittwunden vorhanden, sollte man auf jeden Fall den Tierarzt rufen.
Bei vermuteten Beinbrüchen sollte versucht werden, nach guter Polsterung der betroffenen Gliedmaßen einen Versteifungsverband mittels Holzschienen oder fester, bruchsicherer Kunststoffteile herzustellen. Die ausreichende Polsterung ist bei einem Verband in jedem Fall wichtig, da sonst sehr schmerzhafte Hautverletzungen gesetzt werden können. Bei Jungtieren zahlt sich eine Frakturbehandlung zu 90 Prozent aus, da die Heilungstendenzen des noch wachsenden Tieres um vieles besser sind, der Organismus

in der Wachstumsperiode sowieso ständig im Um- und Zubau ist und so auch eine solche Veränderung selbst sehr gut reparieren kann. Die konservative Behandlung solcher geschlossenen Frakturen haben beim Jungtier im allgemeinen eine sehr gute Prognose.

ENTHORNEN

In der Laufstall- bzw. Weidehaltung von Rindern passiert es immer wieder, daß Mutterkuhhalter oder Herdengenossen durch Hornstöße verletzt werden. Um dieser Verletzungsquelle vorzubeugen, empfiehlt es sich, schon die Kälber im Alter bis zu 6 Wochen zu enthornen. Ätzpasten und dergleichen sind aufgrund tierschützerischer Überlegungen nicht mehr akzeptabel. Ebenso sollte man keinesfalls die Gummiringe bei älteren Tieren anwenden, da diesen unter größten Schmerzen das Horn langsam abstirbt und die Infektionsgefahr sehr hoch ist. Aus diesem Grunde sollte die Enthornung von Kälbern nur unter Lokalanästhesie beider Hornnerven erfolgen. Das Kalb wird zwischen den Beinen einer Hilfskraft fixiert, und der Kopf wird auf die jeweils zu enthornende Seite gebogen. Der Nerv wird mit einem Lokalanästhetikum durch den Tierarzt betäubt. Danach wartet man ein paar Minuten, um die Lokalanästhesie einwirken zu lassen. Man kürzt die Haare um den verschieblichen Hornansatz und testet mittels Nadelstichen ob die Anästhesie auch wirklich sitzt. Mit dem schon vorgeglühten elektrischen Enthornungsstab werden auf dem Hornansatz kurze drehende Bewegungen gemacht, um das umliegende Bindegewebe auch wirklich zu zerstören. Mit einigen kurzen schabenden Bewegungen wird der etwa kirschkorngroße Hornansatz von seiner Unterlage entfernt. Abschließend versorgt man die Wunde mit einem geeigneten Wundspray.
Enthornt man erwachsene Tiere, so ist ebenfalls nach geeigneter Fixierung der Hornnerv mit einem Lokalanästhetikum zu betäuben. Man kürzt die Haare an der Hornbasis und sägt mit einer Drahtsäge das Horn am Ansatz ab. Zügiges Sägen hat sich bewährt, da durch die Hitzeentwicklung gleichzeitig eine Verödung der dort befindlichen Gefäße stattfindet. Bei der Enthornung erwachsener Tiere eröffnet man immer gleichzeitig die Stirnhöhle. Wundspray und die eventuelle Blutstillung mit einem heißem Eisen, das auf die Blutgefäße gehalten wird, sind vorteilhaft.

KLAUENPFLEGE

Wie bei allen anderen Rindern ist es aus tierärztlicher Sicht sehr wichtig, mindestens zweimal jährlich Klauenpflege zu betreiben. Am besten schneidet man drei Wochen vor dem ersten Austrieb das erstemal die Klauen, um den Tieren noch die Möglichkeit

zu geben, das Horn etwas nachwachsen zu lassen. Ist der Intervall zwischen Austrieb und letzter Klauenpflege zu kurz, kann es passieren, daß die Tiere aufgrund des ungewohnt weichen Sohlenhornes Schmerzen beim Gehen auf steinigem Untergrund haben. In weiterer Folge kann es durch das dünnere Sohlenhorn leichter zu Quetschungen im Sohlenbereich kommen. Das zweite Mal sollte man die Klauen nach der Aufstallung schneiden. Dabei kommt es auch wieder auf die Beschaffenheit des Stallbodens an. Hat man einen gut eingestreuten Tiefstreulaufstall, so nützt sich das Klauenhorn weniger stark ab, und die Klauen können in Summe etwas kürzer geschnitten werden. Stallt man hingegen die Tiere in einem Liegeboxenlaufstall mit Spaltenboden auf, so wird an das Klauenhorn eine andere Anforderung gestellt. Es wird rascher abgerieben und darf daher nicht zu kurz geschnitten werden, da durch den stärkeren Abrieb des Hornes, kombiniert mit zu weicher Sohle, Lahmheiten entstehen können. Außerdem kann auf eine gute Stallhygiene nicht oft genug hingewiesen werden. In den meisten Tiefstreulaufställen wird nur zweimal jährlich ausgemistet. Man braucht also nicht eigens zu erwähnen, daß unter solch unhygienischen Bedingungen Zwischenklaueninfektionen, Durchfälle etc. um vieles leichter Probleme bereiten als in sauberen, regelmäßig ausgemisteten Ställen.
Die Klauenpflege sollte jedenfalls regelmäßig vorgenommen werden, da die Klauengesundheit unmittelbar mit einer guten Fruchtbarkeit der Tiere in Verbindung gebracht werden kann. In jedem größeren mutterkuhhaltenden Betrieb sollte eine Fangeinrichtung vorhanden sein, die zweckmäßigerweise durch kleineren Umbau als Klauenpflegestand verwendet werden kann. Ansonsten sollte auf jeden Fall ein Klauenpflegestand zu einer ausreichenden Fixierung und Arbeitserleichterung für den Klauenschneider zur Verfügung stehen. Zuerst beurteilt man die Klauen von vorne und von der Seite. Natürlich muß man auch die Gliedmaßenstellung des Tieres berücksichtigen. Zur Klauenpflege benötigt man ein Rinnmesser, Klauenzwickzange, Raspel oder Winkelschleifer. Der Winkelschleifer erleichtert die Arbeit des Klauenschneiders sehr, setzt aber viel Erfahrung und Geschick voraus, um sich und dem Tier keinen Schaden zuzufügen.
Wird ein Winkelschleifer verwendet, sollte sich der Klauenpfleger auf jeden Fall eines Augen- und Mundschutzes bedienen, da der entstandene Hornstaub ein durch die Lunge eingeatmeter Allergieauslöser sein kann.
Hat man in Beständen größere Probleme mit Zwischenklauenentzündungen und dergleichen, so hat sich die Einrichtung eines Klauenbades bewährt. Dieses sollte eine ca. 3 m lange und 1 m breite Betonwanne mit seitlicher Einzäunung sein. Die Tiefe der Formalin- oder Kupfersulfatlösung sollte mindestens 20 cm betragen, um eine ausreichende Benetzung der Klauen zu gewährleisten. Bei starker Frequentierung und hohen Besatzdichten ist diese Lösung 2–3mal monatlich zu wechseln. Ein guter Trick, die

Tiere zum Hineingehen zu bewegen, ist, wenn man die Futterstelle an der gegenüberliegenden Seite des Beckens errichtet. Selbstverständlich dürfen die Rinder nicht die Möglichkeit haben, anders als über das Klauenbad zum Futterplatz zu gelangen. Diese Behandlungen dauern bei Einhaltung guter hygienischer Maßnahmen nicht länger als einen Monat.
Die regelmäßigen Klauenkorrekturen haben auch noch den Sinn, Schäden an den Gliedmaßen durch falsche Belastung aufgrund zu langer Klauen zu vermeiden, und somit kann man eine längere Nutzung der Tiere erreichen. Wie schon angesprochen, bereiten Klauenprobleme neben einer nicht bedarfsgerechten Fütterung oftmals Fruchtbarkeitsstörungen. Bei Sprungstieren kommt es häufig vor, daß die Sprunglust und die Samenqualität aufgrund von Klauenerkrankungen (Limax, Ulcus Rusterholz, Klauenspitzengeschwür) stark nachläßt und sich der Mutterkuhhalter nur über die mangelnde Fruchtbarkeit seiner Kühe wundert. Aus diesem Grund: Regelmäßige Klauenpflege fördert nicht nur die Gesundheit und Fruchtbarkeit der Mutterkühe, sondern auch das Vertrauen und den Umgang mit dem Menschen.

KASTRATION

Obwohl der Großteil der männlichen Nachzucht nach dem Absetzen zur Weitermast verkauft wird, wird die Nachfrage nach Ochsenfleisch immer größer. Die unbestrittenen Vorteile hinsichtlich der Almochsenhaltung mit Kühen und der zarteren Fleischqualität gehen auch Hand in Hand mit der Extensivierung der Rindermast. Aus diesem Grunde eignet sich auch diese Produktionsrichtung für den erfolgsorientierten Mutterkuhbetrieb.
Grundsätzlich stehen zwei Kastrationsmethoden, die vom Tierarzt sehr rasch durchgeführt werden können, zur Verfügung.
1. die unblutige Kastration mit der Burdizzo-Zange
2. die blutige Kastration mit einem Emaskulator
Die Kastration mittels Gummiringen ist aus tierschützerischen Gründen striktest abzulehnen. Das optimale Kastrationsalter ist mit ca. 6 Monaten anzusetzen, da der Geschlechtstrieb noch nicht vollkommen ausgebildet ist und somit ungewollte Deckungen durch das Jungvieh ausgeschlossen werden können. Selbstverständlich kann auch früher kastriert werden, wenn dies arbeitstechnische Erleichterungen schafft.
Burdizzo-Methode: Diese unblutige Art der Kastration wird mit einer eigens dafür konstruierten Kastrationszange vorgenommen, mit der beide Samenstränge gequetscht werden. Dazu ist eine Lokalanästhesie der beiden Samenstränge erforderlich, um den

Schmerz auszuschalten. Der Operateur geht von hinten an das Tier heran und tastet sich die Samenstränge. Mit zwei versetzten Quetschstellen wird jeder Samenstrang mindestens eine Minute lang gequetscht, um eine sichere Unterbindung der Blutzufuhr zu den Hoden zu erreichen.

Eine Nachkontrolle beider Hoden sollte nach einigen Wochen vorgenommen werden, um auch wirklich sicherzugehen, daß die Kastration erfolgreich durchgeführt worden ist. Dies erkennt man am deutlichen Kleinerwerden der Hoden.

Die Vorteile dieser Kastrationsmethode liegen auf der Hand: Schnell, einfach und billig, außerdem ist das Infektionsrisiko stark vermindert. Nachteile sind bei nicht sachgemäß vorgenommener Quetschung Harnröhrenquetschungen, erfolgloser Kastrationsversuch und Kontrolle nach 6 Wochen mit dem damit verbundenen Einfangstreß der Tiere.

Blutige Kastration mit dem Emaskulator: Zu dieser Kastrationsmethode, die aller Wahrscheinlichkeit nach die sicherere ist, ist auf jeden Fall ein Tierarzt nötig. Nach erfolgter lokaler Schmerzausschaltung werden die beiden Hoden blutig freigelegt und mit einer speziellen Schneid-Quetsch-Zange, dem Emaskulator, abgesetzt.

Vorteil dieser Methode ist die sichere Kastration, wodurch eine Kontrolluntersuchung unterbleiben kann. Nachteile sind der etwas größere Aufwand und in unhygienischen Stallungen leichtere Infektionsmöglichkeit der Wunde.

BETRIEBSWIRTSCHAFTLICHE BEURTEILUNG

Die Mutterkuhhaltung wird oft als extensiver Betriebszweig innerhalb der Nutztierhaltung eingestuft. Tatsache ist, daß dieser Betriebszweig sehr kleine Verdienstspannen hat und daher ein Maximum bei der Marktleistung und ein Minimum beim Aufwand angestrebt werden muß. Die Betriebsführung muß daher umso intensiver sein, je knapper die Einkommensspanne ist und schon kleine Fehler sehr negativ auf das Betriebsergebnis durchschlagen können.
Die Betriebsstruktur im alpenländischen Raum ist so, daß überwiegend Klein- und Mittelbetriebe, die bisher als Milchviehbetriebe geführt wurden, die Umstellung auf die Mutterkuhhaltung anstreben bzw. durchgeführt haben. In den allermeisten Fällen wird dabei die Verbesserung der Arbeitssituation gegenüber dem reinen Milchviehbetrieb angestrebt, um dadurch eine Kombination mit einem Neben- oder Zuerwerb zu ermöglichen. Es muß auch vermerkt werden, daß die Unterschiede zwischen vorerst ähnlich erscheinenden Betrieben sehr groß sein können und eine sehr kritische und auch langfristige Beurteilung des Betriebsablaufes im eigenen Betrieb erforderlich ist. Genaue Aufzeichnungen der wichtigsten Betriebsdaten sind aber dafür Grundvoraussetzung. Die betriebswirtschaftliche Beurteilung der Mutterkuhhaltung im Vergleich zur Milchviehhaltung ist derzeit überaus schwierig, da die Preissituation für Milch, Fleisch, Zuchttiere und die nationalen und EU-Förderungen kaum längerfristig kalkuliert werden können. Ein Vergleich einzelner Betriebszweige kann daher nur auf Basis der bei Drucklegung dieses Buches gültigen Preis-Kosten-Relationen und der derzeit gültigen Förderungsrichtlinien erstellt werden. Es ist uns bewußt, daß früher oder später die Situation der einzelnen Betriebszweige sich deutlich verändern kann. Dennoch soll der Versuch gewagt werden, einen sehr kritischen Vergleich zwischen einem herkömmlichen Milchviehbetrieb mit einem reinen Mutterkuhbetrieb bzw. mit einem kombinierten Milchvieh-/Mutterkuhbetrieb anzustellen und damit umstellungswilligen Betrieben eine Entscheidungshilfe anzubieten.

Gewinnermittlung

Um die Wirtschaftlichkeit eines Betriebszweiges beurteilen zu können, wird vielfach der Deckungsbeitrag als Maßstab und Vergleich zu anderen Produktionsverfahren verwendet. Der Deckungsbeitrag ergibt sich aus der Differenz des Verkaufserlöses und allen zuteilbaren Kosten des zu beurteilenden Betriebszweiges. Im Deckungsbeitrag sind die Festkosten für Wirtschaftsgebäude, Maschinen, Betriebssteuern und -versicherungen, allgemeiner Betriebsaufwand, Lohnanspruch und Sozialversicherungsbeiträge, allenfalls Pachtkosten, Kreditzinsen und der Betriebsgewinn enthalten. Von besonderem Interesse ist dabei der Deckungsbeitrag je Mutterkuh und Jahr und je AKh als Maß für die Verwertung der Arbeitszeit.

Gewinnermittlung im landwirtschaftlichen Betrieb

Markterlös
– variable Kosten

= **Deckungsbeitrag**
– Festkosten

= **Roheinkommen**
– Pachtkosten
– Fremdkapital-Zinsen

= **Betriebsgewinn**

Einflüsse auf Aufwand und Ertrag

- **Grundfutter ist der bedeutendste Kostenfaktor**
  Mit einem Anteil von etwa 40% ist das Grundfutter der wichtigste Aufwandposten und muß daher möglichst kostengünstig auf den betriebseigenen Dauergrünland-Flächen in ausreichender Menge und sehr guter Qualität erzeugt werden. Silomaisanbau, Feldfutterbau und Pachtung von Futterflächen erhöhen die Grundfutterkosten und sollen daher vermieden werden. Die Höhe des Ertrages vom Dauergrünland wird stark vom Tierbesatz je Flächeneinheit mitbestimmt, um die bestmögliche Förderung der Mutterkuhhaltung zu erreichen. Dafür muß eine hohe Grundfutterqualität über eine gut angepaßte Nutzungsintensität, Futterkonservierung und Wirtschaftsdüngeranwendung auf dem Grünland erreicht werden. Bei der Grundfuttererzeugung ist die oft vertretene Meinung, daß in der Mutterkuhhaltung als extensivem Betriebszweig die Futterqualität vernachlässigt werden kann, grundfalsch. Damit würden sowohl die Futterkosten erhöht wie auch die Verkaufsgewichte der Einsteller verschlechtert. Die Silagegewinnung über das Rundballenverfahren ist in der Mutterkuhhaltung zu teuer und soll nur mit normalen Fahrsilos erfolgen.

- **Niedrige Festkosten für Stallgebäude, Einrichtungen und Maschinen**
  Bei der Umstellung von der Milchviehhaltung auf Mutterkühe werden meist Umbauten und Adaptierungen für eine arbeitssparende Bewirtschaftung und tiergerechte Haltung von Mutterkuh und Kalb erforderlich sein. Diese Umbauten und Einrichtungen müssen so billig wie möglich erfolgen und funktionell auf arbeitssparende und leichte Betreuung der Herde ausgelegt sein. Neubauten oder teure Umbauten rechnen sich in den allermeisten Fällen nicht und sollen unbedingt ver-

mieden werden. Die Belastung mit Maschinenkosten muß ebenfalls gering gehalten werden. Der überbetriebliche Maschineneinsatz vermeidet die Anschaffung teurer Maschinen, die nur kurzfristig eingesetzt und damit denkbar schlecht ausgenützt werden.

- **Verkaufsgewichte der Kälber beim Absetzen**
  Männliche Einsteller sollen möglichst ein Absetzgewicht von 350 kg und weibliche Kälber von 310 kg erreichen. Dies ist aber nur bei durchschnittlichen Tageszunahmen von über 1250 g bzw. von 1100 g erreichbar. Voraussetzung dafür sind eine Mutterkuh mit guter Milchleistung, gutes Grundfutter in der Winterfutterperiode, die Abkalbung möglichst im Jänner/Februar und damit eine optimale Nutzung der Weide durch Mutterkuh und Kalb sowie eine gute Weideführung. Bei Bedarf ist der Kraftfuttereinsatz bei den Kälbern sinnvoll, wobei für 10 kg Mehrzunahme etwa 50 bis 60 kg Kraftfutter benötigt wird. Bei den Mutterkühen ist der Kraftfuttereinsatz immer unwirtschaftlich und daher zu vermeiden.

- **Kälberverluste**
  Die Aufzuchtquote beeinflußt ebenfalls den Verkaufserlös, da jedes ausgefallene Kalb ein nicht verkauftes Kalb ist. Zudem sind überdurchschnittliche Kälberverluste in einer Herde fast immer durch nachlässige Herdenbetreuung und schlechte Stallverhältnisse bedingt. Die Beseitigung dieser negativen Einflußfaktoren bedeutet kaum einen finanziellen Mehraufwand, nur einen geringfügig höheren Arbeitsaufwand während der Hauptkalbezeit und bewirkt eine deutliche Verbesserung des Betriebseinkommens.

- **Verkaufspreis**
  Für den Verkaufserlös ist neben dem Absetzgewicht der erzielbare Verkaufspreis für die Absetzkälber ganz entscheidend. Der Preisrückgang für die Einsteller im Zuge des EU-Beitritts Österreichs war dramatisch und konnte durch den Preisrückgang bei den Produktionsmitteln nur geringfügig kompensiert werden. Nur bei Ausnützung aller für den Betrieb möglichen Förderungen kann derzeit ein einigermaßen vertretbarer Betriebserfolg in der Mutterkuhhaltung mit Einsteller- bzw. Babybeefproduktion erzielt werden. Bei Direktvermarktung werden in der Regel bessere Preise und auf alle Fälle durch die zusätzliche Wertschöpfung über die Vermarktung höhere Betriebseinkommen erzielt. Diese zusätzliche Wertschöpfung darf aber nicht durch unnötig hohe Investitionen in Schlacht- und Kühlräume, zu hohe Werbe- und Transportkosten zunichte gemacht werden. Bei konti-

nuierlicher Marktbelieferung werden ebenfalls höhere Preise erzielt, da man dadurch saisonbedingtem Überangebot mit Preisverfall ausweichen kann.

- **Bestandsergänzung und Deckstier**
  Der Aufwand für die Bestandsergänzung hängt von der durchschnittlichen Nutzungsdauer der Mutterkühe und vom Differenzbetrag zwischen der für die Nachstellung benötigten Zuchtkalbin und der abgehenden Schlachtkuh ab. Je länger die Nutzungsdauer der Mutterkühe ist, umso geringer ist der Aufwand für die Bestandsergänzung. Bei der Laufstallhaltung ist der Einsatz eines Deckstieres unumgänglich. Dieser bleibt üblicherweise zwei Jahre bei der Herde und muß dann wegen der Gefahr der Inzucht ausgetauscht werden. Auch hier sind der Wertunterschied zwischen Ein- und Verkauf des Stieres sowie die Futterkosten für die Höhe des Aufwandes ausschlaggebend.

VERGLEICH DER MILCHVIEH- UND MUTTERKUHHALTUNG

Anhand einer Modellrechnung soll ein reiner Milchviehbetrieb einem Mutterkuhbetrieb sowie einem Betrieb mit kombinierter Haltung von Milchkühen und Mutterkühen hinsichtlich Betriebserfolg und Arbeitsaufwand gegenübergestellt werden. Damit soll Betrieben vor einer geplanten Umstellung eine Entscheidungshilfe für mögliche Perspektiven gegeben werden (GREIMEL 1997).
Ausgehend von der Flächen-, Tier-, Maschinen- und Gebäudeausstattung eines durchschnittlichen österreichischen Milchviehbetriebes (MV) werden Umstellungsmodelle hin zu reiner Mutterkuhhaltung (MUKU) und zu einer kombinierten Milchvieh-Mutterkuhhaltung (MV+MU) aufgezeigt.

Modellbeschreibung

Flächenausstattung, Tierbesatz und Richtmenge der Varianten (GREIMEL 1997)

Betriebsdaten	Einheit	MV	MUKU	MV+MU
Flächenausstattung				
Grünland	ha	14	14	13
Acker	ha			1
Tierbesatz				
Milchkühe/Mutterkühe	n	11	16	7/10
weibl. Nachzucht 3 M. – 1 J.	n	5	2,7	4,7
männl. Kälber 3 M. – 1 J.	n	5		3
Babybeef weibl./männl.	n		4,8/7,5	2,8/4,5
Kalbinnennachzucht 1 – 2 J.	n	5	2,7	4,7
Mastochsen 1 – 2 J.	n	3,5		
Zuchtstier			1	
Gebäude				
Stallraum	m^3	660	440	530
Stallform		Anbindeh.	Tiefstreu-Laufstall	Anbindeh./Laufstall
Heu-/Stroh-Lagerraum	m^3	360	357	349
Fahrsilo	m^3	203	150	289
Grünlandertrag	MJ NEL/ha	38.900	36.800	45.050
Anteil Heu	%	25	15	15
Grassilage	%	32	25	35
Weide	%	43	60	50
Silomaisertrag	MJ NEL/ha			70.000
Richtmenge	kg	42.000		42.000

In der Tabelle sind die wichtigsten Betriebsmerkmale der zu vergleichenden Modelle angegeben.

Ausgangsvariante MV

Der als Ausgangssituation dargestellte Milchviehbetrieb hält in einem Anbindestall mit Rohrmelkanlage 11 Kühe einer Zweinutzungsrasse (z.B. Fleckvieh) mit einer durchschnittlichen Milchleistung von 4500 kg je Jahr und Nutzungsdauer von fünf Laktationen. Die Standplätze reichen für insgesamt 22 Tiere. Die Bestandsergänzung erfolgt im Betrieb selbst, überzählige Kalbinnen werden versteigert. Ein Drittel der männlichen Tiere wird mit 150 kg Lebendgewicht vermarktet, der Rest wird kastriert und nach 24 Monaten als Mastochsen verkauft. Der Betrieb nimmt am gesamtbetrieblichen Betriebsmittelverzicht teil und hat Anspruch auf die erhöhte Extensivierungsprämie, da er weniger als 1 GVE/ha prämienfähige Tiere hält.

Mutterkuh-Variante MUKU

Als erste Möglichkeit wurde die Umstellung des Ausgangsbetriebes auf reine Mutterkuhhaltung mit Abkalbung im beginnenden Frühjahr und Verkauf der 10 Monate alten Kälber (Babybeef) im Herbst untersucht. Der Anbindestall wird in einen Tieflaufstall umgebaut, die 16 Fleckviehkühe geben ca. 3000 kg Milch und werden sechs Laktationen genutzt. Mutterkuhquoten sind derzeit noch kostenlos, die Richtmenge wird um S 6,–/kg verkauft. Die Nachzucht der Mutterkühe erfolgt auf dem Betrieb. Der mitlaufende Zuchtstier wird alle zwei Jahre ausgewechselt, und die Kälber werden nach 10 Monaten vorwiegend im Herbst abgesetzt. Der Betrieb wird nun als Biobetrieb geführt und beantragt neben der einfachen Extensivierungsprämie (weniger als 1,4 GVE/ha) die Sonderprämie für die 10monatigen männlichen Kälber.

Kombinierte Betriebsvariante MV+MU

Eine andere Variante ist die, daß der Betrieb seine Richtmenge behält und diese mit weniger Kühen, aber höherer Individualleistung erfüllt. Die freiwerdenden Kapazitäten (Stallplatz und Futterfläche) werden über die Mutterkuhhaltung (kostenlose Mutterkuhquote) genutzt. Ein Teil des Stallgebäudes wird zu einem Tieflaufstall für das Jungvieh und die Mutterkühe umgebaut. Die Milchkühe werden vier und die Mutterkühe sechs Laktationen genutzt, die Bestandsergänzung erfolgt im eigenen Betrieb. Die Kälber werden wie in der Variante MUKU nach 10 Monaten als Babybeef abgesetzt. Der Betrieb nimmt am flächenbezogenen Betriebsmittelverzicht teil und erhält für den Silomais die Marktordnungsprämie. Neben der einfachen Extensivierungsprämie wird auch die Sonderprämie für die 10monatigen männlichen Kälber beantragt. In allen Varianten wurde der Grundfutterbedarf mit dem Angebot abgestimmt. Der Grundfutterbedarf für das jeweilige Leistungsniveau kann aus der vorhandenen Futterfläche abgedeckt werden.

Im folgenden werden die Berechnungsgrundlagen für die wichtigsten Kosten beschrieben.

Kosten und Erzeugerpreise

Der Futterertrag der Mehrschnittwiesen entspricht dem mittleren Ertrag alpiner Dauerwiesen. Im Sommer wurde eine Ganztagsweide unterstellt, im Winter wurden Silage und Heu im Verhältnis 65 : 35 gefüttert. Bei Verzicht auf ertragssteigernde Betriebsmittel und biologischer Wirtschaftsweise wurde der Ertrag entsprechend reduziert. Die variablen Kosten (Kosten, die unmittelbar mit der Produktion in Zusammenhang stehen) des Grundfutters setzen sich aus den variablen Maschinenkosten lt. ÖKL (z.B. Treibstoffe, Reparaturkosten), für die Düngung, die Werbung und das Verfüttern im Stall zusammen. Weitere variable Kosten ergeben sich in der Silowirtschaft durch Siloanstriche und Silofolien und beim Weidebetrieb durch die Zäune und Pflegemaßnahmen. Zusätzliche Mineraldünger-, Pflanzenschutz- und Saatgutkosten wurden, den Varianten entsprechend, ebenfalls zu den variablen Grundfutterkosten gerechnet. Zu den Kraftfutterkosten (S 2,70/kg) wurden auch Kälberstarter (S 3,60/kg), Mineralstoffe (S 9,00/kg) und Viehsalz (S 3,00/kg) gezählt. Die Tabelle zeigt neben den Futterkosten weitere in der Kalkulation berücksichtigte variable Kosten. Unter sonstige Kosten fallen z.B. der Stroh-, (S 1,50/kg), Wasser- und Strombedarf. Um die Frage der Arbeitsbelastung der verschiedenen Varianten ökonomisch beurteilen zu können, wurden auch die nötigen Arbeitszeiten (Feld- und Stallarbeitszeiten) in Arbeitskraftstunden (AKh) ermittelt.

Variable Kosten in S/Jahr und Arbeitsaufwand in AKh/Jahr in den einzelnen Varianten (GREIMEL 1997)

Kosten und Aufwand	MV	MUKU	MV+MU
Grundfutterkosten	44.425,–	35.370,–	68.514,–
Kraftfutterkosten	31.478,–	9.983,–	27.715,–
Tierarzt- und Besamungskosten	13.945,–	6.055,–	19.511,–
Zuchtstierkauf		9.000,–	
Kontroll- und Verbandkosten	4.113,–	3.378,–	2.997,–
Sonstige variable Kosten	17.673,–	36.575,–	36.040,–
Summe variable Kosten	111.634,–	100.361,–	154.777,–
Arbeitsaufwand in AKh	2.720	1.477	2.370

Mit zunehmender Milchleistung pro Kuh (MV+MU) steigen die variablen Kosten, insbesondere aber die variablen Futterkosten, stark an. Da in der Variante MV+MU durch den Silomaisbau eine höhere Futterqualität erzielt wird, hält sich der Kraftfutteraufwand in Grenzen. In vielen alpinen Gebieten ist aber ein Maisanbau nicht möglich oder nicht wirtschaftlich, und hier würde der Kraftfutterbedarf bei höherer Milchleistung

überproportional ansteigen. Untersuchungen an der BAL Gumpenstein zeigen jedoch, daß die Kosten je Energieeinheit im guten Grundfutter (3 bis 4 Schnitte) derzeit höher liegen als im zugekauften Kraftfutter. Ein verstärkter Kraftfutterbedarf wirkt sich daher unter diesen Preis-Kosten-Bedingungen ökonomisch gesehen negativ aus.
Auffällig sind aber die großen Unterschiede in den sonstigen Kosten. Diese liegen in erster Linie im erhöhten Strohbedarf der Tieflaufstallhaltung.

Erträge

Die der Kalkulation unterstellten Erzeugerpreise sind in der Tabelle zusammengefaßt.

Unterstellte Erzeugerpreise inkl. MWSt. in S (GREIMEL 1997)

Produkt	Einheit	S
Altkuhpreis	je kg Lebendgewicht	12,50
Nutzkälberpreise	je kg Schlachtgewicht	51,–
Ochsenpreis	je kg Schlachtgewicht	37,–
Babybeef männlich	je kg Schlachtgewicht	59,– (66,–)*
Babybeef weiblich	je kg Schlachtgewicht	55,– (63,–)*
Zuchtkalbin Variante MV	Versteigerungserlös	16.500,–
Zuchtkalbin Var. MV+MU	Versteigerungserlös	21.000,–
Milchpreis	je kg (4,1% Fett, 3,3% Eiw.)	4,40**

Quelle: AMA, Landmarkt Ennstal, Ennstal Milch KG
* Preise in ( ) gelten für Bio-Babybeef
** ohne degressive Ausgleichszahlung

Nachfolgende Tabelle zeigt die Zusammensetzung des Gesamtertrages.

Erträge in S/Jahr (GREIMEL 1997)

Erlös	MV	MUKU	MV+MU
Milcherlös	184.800,–		184.800,–
Fleischerlös	70.615,–	181.656,–	146.020,–
Zuchterlös	46.200,–	9.000,–	25.200,–
Ausgleichszahlungen*	54.481,–	120.770,–	68.116,–
Summe Erträge	356.096,–	311.426,–	424.136,–

* ohne degressive Ausgleichszahlungen und Ausgleichszahlungen für benachteiligte Gebiete

Wie die Kosten, so steigen auch die Erträge mit zunehmender Milchleistung je Kuh kräftig an. Der Anteil der Ausgleichszahlungen nimmt dagegen mit zunehmender Intensität der Milchviehhaltung rapide ab.

Deckungsbeitrag und Gewinn

Betrachtet man ausschließlich den Deckungsbeitrag, so wäre eine Spezialisierung auf die Mutterkuhhaltung keine sinnvolle Alternative zur reinen Milchviehhaltung. Ein Vergleich der Deckungsbeiträge ist jedoch nicht sehr aussagekräftig, da sowohl die Umstellungskosten (Neuanschaffung von Maschinen, Umbauten, Richtmengenankauf, Erweiterungen) bzw. Umstellungsgewinne (Richtmengenverkauf) als auch die Wiederbeschaffungskosten von vorhandenen Maschinen und Gebäuden in der Berechnung fehlen.

Deckungsbeitrag, Wiederbeschaffungs- und Umstellungskosten (WUK) und Gewinn in S (GREIMEL 1997)

	MV	MUKU	MV+MU
Deckungsbeitrag	244.453,–	211.065.–	269.358,–
WUK	173.713,–	75.582,–	155.019,–
Gewinn	70.740,–	135.483,–	114.339,–
Gewinn je ha RLN	5.053,–	9.677,–	8.167,–
Gewinn je AKh	26,01	91,73	48,24
Gewinn bei + 10% Milchpreis	89.221,–	135.483,–	132.820,–
Gewinn bei – 10% Milchpreis	52.261,–	135.483,–	95.860,–
Gewinn bei + 10% Fleischpreis	77.802,–	153.648,–	128.942,–
Gewinn bei – 10% Fleischpreis	63.679,–	117.317,–	99.738,–

Im Gegensatz zum Deckungsbeitrag berücksichtigt die Gewinnberechnung diese Umstellungs- und Wiederbeschaffungskosten (WUK), indem sie die Investitionskosten auf die durchschnittliche Nutzungsdauer aufteilt und zusätzlich eine Verzinsung des einzusetzenden Kapitals von 4,5% unterstellt. Werden alle anfallenden Kosten in die Kalkulation miteinbezogen (Gewinnberechnung), so erweist sich die Mutterkuh-Variante gesamtbetrieblich und aus arbeitswirtschaftlicher Sicht betrachtet als die beste Lösung. Den geringsten Gewinn erwirtschaften derzeit die Milchviehbetriebe mit relativ geringer Milchleistung und extensiver Aufmast der männlichen Tiere.

Der biologisch wirtschaftende Mutterkuhbetrieb ist aufgrund des hohen Anteils an Ausgleichszahlungen gegenüber Milch- und Fleischpreisänderungen stabiler als die anderen Varianten.

Zusammengefaßt kann die Mutterkuhhaltung aus ökonomischer Sicht folgendermaßen beurteilt werden:

- Deckungsbeitragsberechnungen sind für die Beurteilung von Betriebsumstellungen unbrauchbar. Dafür eignet sich nur die Gewinnberechnung.
- Eine Spezialisierung auf die Mutterkuhhaltung erhöhte (auf Basis des Modellvergleiches) den Gewinn um 90% und senkte die Arbeitsbelastung um 45%.
- Nur in der Mutterkuhhaltung werden angemessene Stundenlöhne erzielt.
- Die kombinierte Haltung von Milchkühen und Mutterkühen erhöht den Gewinn um 62% bei Verringerung der Arbeitsbelastung um 13%.
- Gegenüber Preisschwankungen ist die Mutterkuhhaltung am stabilsten.
- Von der nationalen Mutterkuhquote (325.000 Stück) sind mit Stand 1. 1. 1997 erst 278.000 vergeben.
- Milchviehbetriebe mit niedriger Richtmenge und geringer Milchleistung der Kühe sollten ehestmöglich eine Betriebsumstellung anstreben.

Arbeitsbedarf unterschiedlicher Produktionszweige

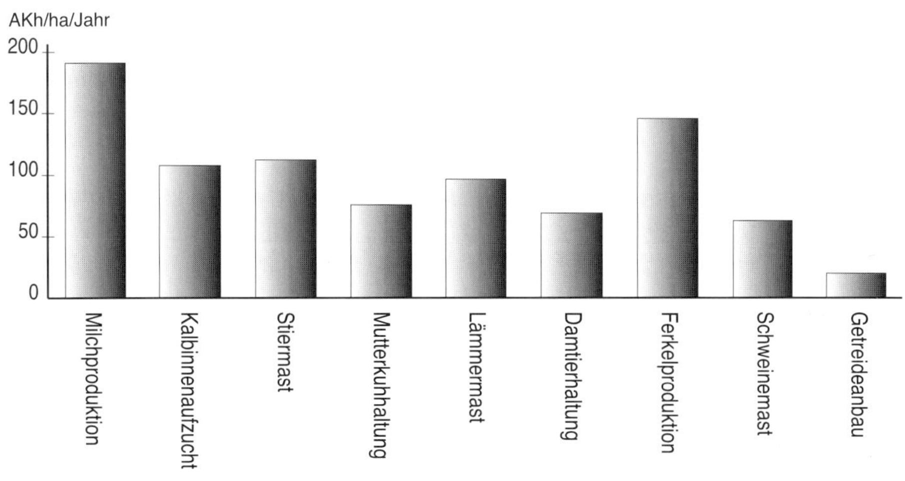

VERMARKTUNG DER PRODUKTE

Das jährlich aufgezogene Kalb ist neben dem wirtschaftlich unbedeutenden Altkuhanteil das einzige Produkt, das in der Mutterkuhhaltung verkauft und vermarktet werden kann. Die Absatz- und Vermarktungswege sind eng mit dem gewählten Produktionsverfahren verknüpft und daher weitgehend vorgegeben.

Was und an wen verkauft der Mutterkuhbetrieb von seinen Produkten?
Die in den jeweiligen Produktionsverfahren erzeugten Verkaufsprodukte, die Vermarktungs-Zielgruppen und begleitende Hinweise dazu sind in der Übersicht zusammengefaßt dargestellt.

Produkt	Zielgruppe	Hinweise
Lebendvermarktung		
Zuchttiere	Mutterkuhbetriebe mit Natursprung für Gebrauchskreuzungen	Nur reinrassige Tiere von Zweinutzungsrassen oder Fleischrassen; männliche Zuchttiere werden erst mit 10 bis 15 Monaten zu Gebrauchskreuzungen oder Reinzuchtzwecken abgegeben. Die Tiere sollen enthornt, mit einem Nasenring versehen und handsam sein, damit ein problemloser Umgang zu erwarten ist.
	Zuchtbetriebe und Mutterkuhbetriebe	Weibliche Tiere sind in Betrieben mit Gebrauchskreuzung nicht reinrassig vorhanden und werden zur Bestandsergänzung als trächtige Kalbinnen zugekauft.
Einstelltiere	Rindermastbetriebe Eigener Betrieb Viehhandel	Männliche Absetzer werden hauptsächlich an spezialisierte Rindermäster entweder direkt oder über den Viehhandel vermarktet. Es wird empfohlen, die Einsteller gruppenweise an die Rindermäster anzubieten, wobei die Tiere altersgleich und enthornt sein sollen. Bei Versteigerungen werden allerdings beste Ware zu höheren und schwache Tiere zu niedrigeren Preisen verkauft als bei gruppenweisem Verkauf und damit ein hoher Anreiz zur Erzeugung guter Ware gegeben.

Produkt	**Zielgruppe**	**Hinweise**
Lebendvermarktung		
Einstelltiere		Weibliche Absetzer können nur zu deutlich niedrigeren Preisen verkauft werden. Als mögliche Alternative bietet sich an, diese Tiere selbst fertigzumästen, im Rahmen von Markenfleischprogrammen mitzuarbeiten oder die Babybeef-Produktion auszuweiten. Die Ausmast im eigenen Betrieb ist aber nur möglich, wenn ausreichend Stallraum- und Futterkapazität vorhanden ist.
Milchmastkälber	Fleischhauer	Die weiblichen Kälber werden von Ammenkuhhaltungs-Betrieben mit einem Gewicht von 120 bis 150 kg und einem Alter von 3 bis 4 Monaten lebend an Schlachtbetriebe verkauft. Bei schwachen Kälberpreisen ist die Rentabilität aber sehr fraglich.
Altkühe	Schlachtbetriebe Fleischhauer Viehhandel	Alte oder vorzeitig ausgeschiedene Kühe sollen gut angefleischt und schlachtreif verkauft werden. Das Fleisch dieser Tiere wird überwiegend für die Weiterverarbeitung zu Dauerwaren verwendet.
Fleischvermarktung		
Totvermarktung von Babybeef, selbst ausgemästeten Maststieren, Mastkalbinnen und Mastochsen	Fleischhauer Schlachtbetriebe	Der meist weibliche Absetzer wird an die Schlachtbetriebe geliefert, als Jungrind geschlachtet und nach Schlachtgewicht abgerechnet. Bei der Teilnahme an Markenfleisch-Programmen werden nach strengen Produktionsrichtlinien Maststiere, Ochsen oder Mastkalbinnen fertiggemästet und über Vertragsfleischhauer oder Schlachthöfe vermarktet. Hauptabnehmer sind der Lebensmittelhandel, die gehobene Gastronomie und Einzelhaushalte.

Produkt	Zielgruppe	Hinweise
Fleischvermarktung		
Direktvermarktung von Babybeef ab Hof	Einzelhaushalte Gastronomie	Über die Direktvermarktung lassen sich die höchsten Erlöse erzielen, und die Handelsspanne bleibt im Betrieb. Die betrieblichen Voraussetzungen, das kontinuierliche Angebot über das ganze Jahr und die persönliche Eignung, Fachausbildung und Freude für die Ansprache der Kunden einschließlich der erforderlichen Werbung müssen gegeben sein. Der Arbeitsaufwand ist entsprechend höher und muß eingeplant werden. Auf die strikte Einhaltung der Rechtsbestimmungen für die Direktvermarktung ist unbedingt zu achten.

Der Arbeitsausschuß für Fleischerzeugung der Deutschen Gesellschaft für Züchtungskunde e.V. (1996) verlangt in seinen „Empfehlungen zur Qualitätsfleischerzeugung in der Mutterkuhhaltung" zur Absatzförderung wegen des derzeit sehr heterogenen Angebots eine stärkere Strukturierung nach Rassen, Kategorie, Gewicht und Alter und der sich daraus ergebenden Produktionsverfahren. Grundkonzepte für spezielle Vermarktungsprogramme sollten entwickelt und die Produktlinien zur Verwertung der Kälber aufgezeigt werden. Innerhalb von Vermarktungsprogrammen ist die Konzentration auf eine begrenzte Anzahl von geeigneten Rassen und Rassenkombinationen zwingende Voraussetzung. Verwertungseigenschaften sollten sich vor allem auf die Einordnung der Qualitätsprodukte aus Mutterkuhhaltung im Vergleich zu den herkömmlichen Qualitäten aus der Rinderhaltung beziehen.

Ein wichtiges Ziel muß daher sein, das Produkt zu erzeugen, das sich in seiner Qualität deutlich heraushebt und folglich auch in der Werbestrategie ganz bewußt aus der „Masse" herausgehoben werden muß. Daß dabei die Verbraucherwünsche zu erfassen und zu respektieren sind, muß spätestens dann klar sein, wenn man von Qualität zu sprechen beginnt. Leider ist es sehr schwierig und wegen der Arbeitsteilung weitgehend unmöglich, die unterschiedlichen Qualitätsvorstellungen von Produzenten, Fleischhauern und Konsumenten auf einen gemeinsamen Nenner zu bringen. Dabei werden mit dem Begriff „Qualität" oftmals ökonomische Überlegungen verknüpft, wie aus der Übersicht zu ersehen ist.

Wertung der Qualität durch Produzent, Fleischhauer und Konsument
(REISINGER 1995)

Merkmal	Produzent	Bedeutung für Fleischhauer	Konsument
Tageszunahme	+++	–	– –
Futterverwertung	+++	–	– –
Schlachtausbeute	++	+++	–
Fleischanteil	+	+++	–
Anteil wertvoller Teilstücke	–	+++	–
Teilstückgröße	–	+++	++
Zartheit	–	+	+++
Feinfaserigkeit	–	+	+++
Schmackhaftigkeit	–	+	+++

(+++ sehr wichtig ++ wichtig + weniger wichtig – unwichtig – – völlig unwichtig)

FAKTOREN, DIE DIE RINDFLEISCHQUALITÄT BEEINFLUSSEN

Durchgehende Qualität wird nur dann möglich sein, wenn der Produzent die Qualitätsanforderungen des Fleischhauers und des Konsumenten genau kennt und diese durch gezielte Zucht-, Mast- und Fütterungsstrategien und durch artgerechte Haltung zu erfüllen sucht. Der Fleischereibetrieb muß seinerseits durch streßarmen Transport und Schlachtung sowie durch richtige Kühlung und Reifung der Schlachtkörper die hohe Qualität bewahren und weiter verbessern.
Der Konsument verlangt über das ganze Jahr die gleich hohe Qualität an Rindfleisch und wird nur dann treuer Kunde werden und bleiben, wenn ihm das verlangte Produkt im ansprechenden Verkaufslokal von sachkundigen, freundlichen und auskunftswilligen Menschen angeboten wird.
Erfahrungsaustausch zwischen den Produzenten über erfolgreiche Vermarktungsstrategien, aber auch zwischen Bauern und Fleischhauern ist laufend und intensiv zu führen. Ein ganz wesentlicher Bereich ist der enge Kontakt zum Konsumenten, ob bei der Direktvermarktung, dem Verkauf über den einschlägigen Fachhandel oder die Lieferung an die Gastronomie. Kontinuierliche Marktbelieferung muß umso mehr gefor-

dert werden, je mehr diese Vermarktungswege beschritten werden und das ausgeglichene Angebot das ganze Jahr hindurch garantiert sein muß. Die gemeinsame Vermarktung von Zucht- und Schlachttieren aus der Mutterkuhhaltung über Auktionen muß überlegt und verstärkt genutzt werden, um ein breiteres und qualitätsorientiertes Angebot bereitzustellen und dafür auch den entsprechenden Preis zu erzielen.
Die wichtigsten Maßnahmen für eine Qualitäts-Rindfleischerzeugung sind graphisch dargestellt.

Wertbestimmende Faktoren der Fleischqualität
(TEMISAN und AUGUSTINI 1987)

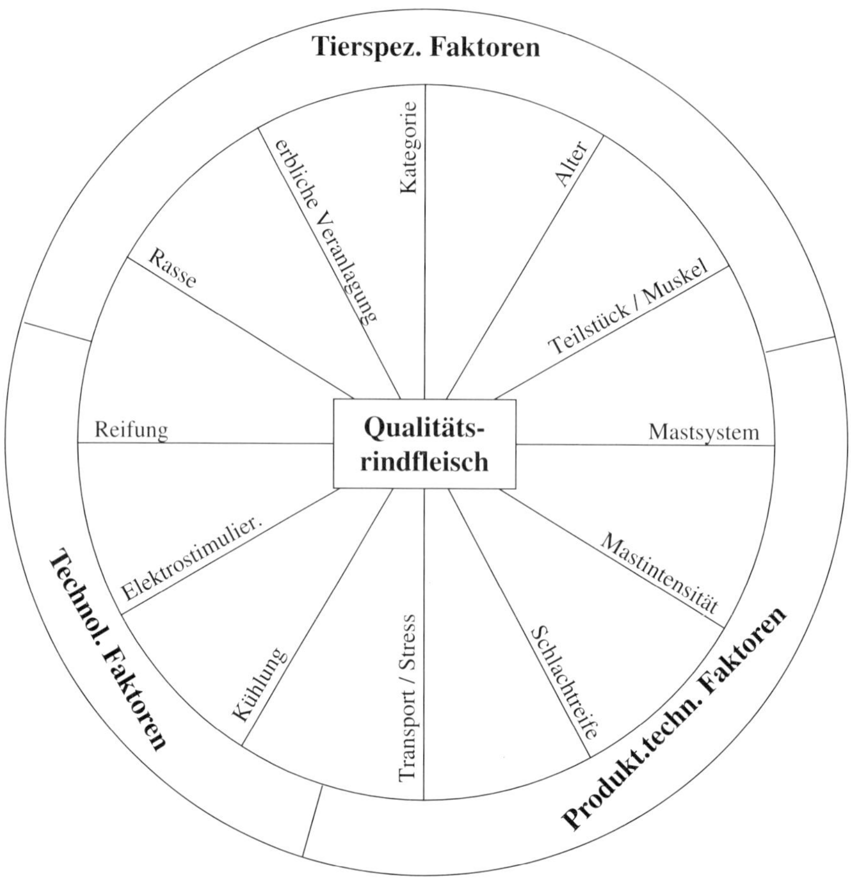

Einflußfaktoren des Produzenten

Alter der Tiere bei der Schlachtung

Der Bindegewebsgehalt im Muskelgewebe nimmt mit zunehmendem Alter der Tiere deutlich zu und vernetzt sich zunehmend. Dies beeinflußt ganz entscheidend und ungünstig die Zartheit des Fleisches. Junge Tiere erreichen aber nur dann das gewünschte Schlachtgewicht, wenn eine entsprechend hohe Mastintensität gewählt wurde.

Geschlecht

Es hat einen großen Einfluß auf die Fleischfaser, den Bindegewebsgehalt und die Fetteinlagerung. Bei vergleichbarer Fütterung und gleichem Ausmästgrad haben Kalbinnen und Mastochsen eine feinere Fleischfaser, weniger Bindegewebe und eine bessere Fetteinlagerung im Muskelgewebe und damit eine deutlich höhere Fleischqualität als Maststiere.

Rassenwahl

- Fleischfaser: Kleinrahmige Rassen haben feinere, großrahmige Rassen gröbere Fleischfasern, da ausgewachsene Tiere einer Art annähernd die gleiche Muskelfaseranzahl im Gesamtkörper aufweisen und schwere Tiere daher Muskelfasern mit größerem Durchmesser haben müssen.
- Bindegewebsgehalt: Fleischrassen haben einen verminderten Bindegewebsgehalt.
- Fetteinlagerung: Um die richtige Fettabdeckung am Schlachtkörper und genügend Fetteinlagerung im Muskelgewebe zu erreichen, sind das rassenspezifische Gewicht und das dafür nötige Fütterungsniveau zu wählen.

Ausmästgrad

Hochwertige Masttiere sind für den Frischfleischverkauf vorgesehen und müssen daher einen optimalen Ausmästgrad mit ausreichender Fettabdeckung am Schlachtkörper haben. Davon hängt in hohem Maße die Schmackhaftigkeit des Rindfleisches ab. Zu schwacher und zu starker Ausmästgrad sind daher zu vermeiden.

Fütterung und Haltung

Der richtigen Fütterung zur bedarfsdeckenden Nährstoffversorgung der Tiere in der Intensivmast bzw. in der Wirtschaftsmast ist größte Beachtung zu schenken, um die in den Tieren vorhandenen Mast- und Schlachtleistungseigenschaften maximal zu nutzen. Dazu gehören aber auch die artgerechte Haltung möglichst in geeigneten Laufställen und bei Mastkalbinnen und Ochsen auch die Weidehaltung. Diese beiden Kategorien müssen bei Weidehaltung unbedingt nach Weideabtrieb noch über die daran anschließende 2 bis 3 Monate dauernde Fertigmast auf den erforderlichen Ausmästgrad gebracht werden.

Einfluß des Schlachtbetriebes und des Vermarkters

Tiertransport

Die zur Schlachtung vorgesehenen Tiere müssen möglichst streßfrei verladen und zum Schlachtbetrieb transportiert werden.

Schlachtvorgang

Die Schlachtung soll bei kürzeren Transportstrecken sofort nach dem Transport erfolgen. Die Tiere sollten möglichst vom Produzenten selbst und zeitlich mit dem Schlachtbetrieb abgestimmt angeliefert werden. Ist dies nicht möglich, so sollen zwischen der Entladung und Schlachtung die Tiere möglichst in der angestammten Gruppe bleiben, um ermattende Rangkämpfe und Verletzungen zu vermeiden. Daher nur ausgeruhte Tiere unter Einhaltung der Hygienebestimmungen schlachten.

Kühlung der Schlachtkörper

Richtige und langsame Abkühlung des Schlachtkörpers verhindert die für die Fleischqualität so ungünstige Muskelfaserverkürzung und Tropfsaftverluste. Innerhalb der ersten 12 Stunden darf die Kerntemperatur im Schlachtkörper nicht unter 10–12° C absinken (HONIKEL 1988). Schockkühlung verursacht extrem starke Muskelfaserverkürzung und muß unter allen Umständen vermieden werden. Die Schlachtkörper müssen daher einige Stunden in einem Vorkühlraum hängen, bevor sie in den eigentlichen Kühlraum gebracht werden. Bei nur einem Kühlraum ist das Kühlaggregat erst einzuschalten, nachdem die Schlachtkörperhälften in den Kühlraum eingebracht werden. Zu langsame Abkühlung bewirkt ebenfalls eine starke Muskelfaserverkürzung und ist auch wegen der raschen Zunahme des Keimbesatzes unbedingt zu vermeiden.

Reifung des Fleisches

Peinliche Sauberkeit bei der Schlachtung und Häutung der Tiere ergibt Schlachtkörper mit einem minimalen Anfangskeimgehalt. Das ist wichtig, da das Fleisch zur richtigen und ausreichenden Reifung 10 bis 14 Tage im Kühlraum bei + 2° C hängen muß. Nur dadurch kann die vom Konsumenten so sehr gewünschte und geforderte Zartheit des Rindfleisches erreicht werden. Dabei treten aber beim Schlachtkörper erhebliche Gewichtsverluste von etwa 4 bis 5% auf, die beachtet werden müssen.

Einfluß der Zubereitung

Richtige Verwendung der Teilstücke des Rinderschlachtkörpers
Die genaue Kenntnis der Teilstücke beim Rind ist für die richtige Verwendung derselben zum Grillen, Braten, Backen, Kochen oder für Gulasch bzw. Faschiertes besonders wichtig, da Rindfleisch mehr Sorgfalt und Zeit bei der Zubereitung erfordert als Schweinefleisch oder Geflügel.
Die Gartemperatur
Sie ist wichtig für die Schmackhaftigkeit, Zartheit und Saftigkeit. Fleisch von jungen Tieren, gut gereiftes Fleisch und solches mit relativ wenig Bindegewebe soll nicht mehr als auf 60 bis 65° C Kerntemperatur erhitzt werden. Fleisch von älteren Tieren und bindegewebsreiches Fleisch wird am zartesten durch Erhitzen auf über 85° C in Flüssigkeit (HONIKEL 1988).
Würzen des Fleisches
Grundsätzlich braucht gut abgehangenes Rindfleisch keine Beize und nur einfache Würze mit vorwiegend Salz und Pfeffer.

WICHTIGE HINWEISE ZUR VERMARKTUNG

- Reinrassige Zuchttiere werden überwiegend an Mutterkuhbetriebe, die gezielt die Gebrauchskreuzung betreiben, direkt oder aber über Versteigerungen als trächtige Kalbinnen verkauft. Strenge Zuchtauswahl zur Erzielung langfristig leistungsfähiger Mutterkuhherden ist dafür aber Grundvoraussetzung.
- Einsteller zur Mast werden hauptsächlich an spezialisierte Rindermäster entweder direkt, über den Viehhandel oder auch über Versteigerungen verkauft. Der Direktverkauf bietet den Vorteil, daß eine zusammengewöhnte Gruppe auch im Mastbetrieb zusammenbleiben kann. Die Versteigerung ermöglicht aber dem Mäster die genaue Auswahl der Tiere für die Zusammenstellung einheitlicher Mastgruppen. Außerdem übt die Versteigerung einen starken Anreiz auf den Produzenten zur Erzeugung bester und ausgeglichener Qualität bei den Einstellern aus. Diese Art der Vermarktung soll aus Sicht der Mäster und Mutterkuhhalter unbedingt stärker betrieben werden.
- Die Totvermarktung wird am besten über den örtlichen Fleischhauer oder den nächstgelegenen Schlachthof abgewickelt. Um die besondere Qualität an die Kunden weitergeben zu können, müssen eine enge Zusammenarbeit mehrerer Produzenten mit dem Schlachtbetrieb und ein kontinuierliches Angebot gegeben sein. Bei

der Teilnahme an Markenfleischprogrammen sind neben anderen Auflagen der Verkauf der Tiere an Vertragsschlachtbetriebe und die Kontrolle des Fleisches bis zum Kunden hin vertraglich geregelt. Der Erfahrungsaustausch mit Betriebsleitern, Initiatoren und Verantwortlichen gutfunktionierender Produktions- und Vermarktungsgemeinschaften, von erfolgreichen Markenprogrammen und Beratungsservice der Fleischrinderverbände sollten rechtzeitig und intensiv gepflegt und genutzt werden.

- Die Direktvermarktung wird zwar oft verallgemeinernd als Mittel der Wahl bezeichnet, ist aber mit sehr hohem Arbeitsaufwand, beträchtlichem Kapitaleinsatz, einer guten fachlichen Ausbildung und Kundenbetreuung verbunden. Der erhöhte Arbeitsaufwand wird dabei als Alternative zum Nebenerwerb außerhalb des Betriebes in Kauf genommen. Der erfolgreiche Verkauf und die gute Kundenbetreuung sind aber in hohem Maße von der persönlichen Neigung und Fähigkeit des Landwirtes abhängig. Zum Kapitaleinsatz muß gesagt werden, daß die Errichtung von eigenen Schlacht- und Kühlräumen im Mutterkuhbetrieb immer zu hohen Kosten führt und unwirtschaftlich sein wird. Hier ist die Zusammenarbeit mehrerer Direktvermarkter oder noch besser mit ortsansässigen Fleischhauern bzw. mit nahen Schlachtbetrieben unbedingt anzustreben. Die hohen baulichen, technischen, hygienischen und gesetzlichen Auflagen verlangen die bestmögliche Ausnutzung solcher Anlagen. Die Kooperation mit ortsansässigen Fleischhauern trägt auch dazu bei, oft wirtschaftlich gefährdete Fleischhauerbetriebe zu unterstützen und die Nahversorgung wie auch den Nahabsatz an Schlachttieren im ländlichen Siedlungsraum sicherzustellen. Kurze Transportwege der Tiere zum Schlachtbetrieb sind auch im Sinne des Tierschutzes und der Fleischqualität sehr wichtig. Die Fachausbildung und Erfahrung des Fleischhauers kann dabei zum Vorteil aller bestens eingesetzt und genutzt werden. Für die anfallenden Schlachtabfälle besteht Ablieferungspflicht. Gesetzliche Auflagen zur Direktvermarktung sind unbedingt einzuhalten.

WICHTIGE ERFAHRUNGEN BEI DER DIREKTVERMARKTUNG VON BABYBEEF

Die Mutterkuhbetriebe und Rindermäster trifft der Preisrückgang für Rinder in den letzten Jahren und insbesondere seit dem EU-Beitritt Österreichs besonders schmerzlich, da das Fleisch das einzige Verkaufsprodukt darstellt und das Einkommen dieser Betriebe vorher schon auf niedrigem Niveau lag.

Daher stellt sich für einen Teil der Betriebe die Frage, ob unter Ausschaltung des Zwischenhandels die direkte Vermarktung zumindest eines Teiles der anfallenden Kälber als Qualitäts- oder Markenfleisch möglich und rentabel ist.
Zur Direktvermarktung gehören Schlachtung, Kühlung und Reifung der Ware, Teilstückzerlegung, Verpackung, eventuell Zustellung, Werbung und Beratung der Kunden. Dafür sind eine zusätzliche Fachausbildung und auch ein hoher Zeitaufwand erforderlich. Üblicherweise erfolgt die Direktvermarktung ab Hof; aber auch auf dem Markt, über einen eigenen Verkaufsladen oder über die direkte Zulieferung an Privathaushalte, Gastronomie und Großküchen kann der Absatz erfolgen.

Was ist Babybeef?

Als Babybeef werden Tiere und korrekterweise das Fleisch von Tieren bezeichnet, die in der Entwicklungsphase zwischen Mastkalb und Mastrind stehen und zu diesem Zeitpunkt geschlachtet werden. Die Tiere werden mit Muttermilch, auf der Weide mit Gras und im Winter mit Rauhfutter und Silage gefüttert und im Alter von maximal 12 Monaten und mit einem Lebendgewicht von 250 bis 350 kg geschlachtet. Babybeef wird von Kennern als exklusives Qualitätsrindfleisch geschätzt, die besondere Qualität wird aber meistens nur bei der Direktvermarktung entsprechend honoriert.
Babybeef ist keine rassenspezifische Bezeichnung und wird für Tiere aller Herkünfte verwendet. Besonders gerne werden dafür weibliche Kälber aus Gebrauchskreuzungen zwischen einheimischen Zweinutzungsrassen und eher frühreifen, mittelrahmigen Fleischrassen verwendet. Diese Tiere haben ein feinfaseriges, zartes Fleisch, und die Fetteinlagerung im Muskelgewebe erfolgt etwas früher als bei spätreifen Rassen. Es müssen aber frohwüchsige Kälber mit guter Gewichtsentwicklung für diesen Zweck genutzt werden, um beste Fleischqualität zu gewährleisten.
Wenn ein Teil oder alle Absetzer als Babybeef über den Schlachthof vermarktet werden, erfolgt die Klassifizierung nach der Fleischigkeits- und Fettklasse (EUROP, 1–5 Punkte) und aufgrund dieser Klassifizierungsergebnisse die Preiseinstufung. Da bei Babybeef-Tieren die Fettabdeckung des Schlachtkörpers und Fetteinlagerung im Muskelgewebe oft zu gering ist, leidet auch die Fleischqualität besonders im sensorischen Bereich. BACH (1987) fordert deshalb zu Recht eine stärkere Gewichtung der Fettklasse bei der Preisstufung von Babybeef-Schlachtkörpern. In Mutterkuhherden mit eher mäßiger Futtergrundlage und dadurch mit erfahrungsgemäß geringer Fettabdeckung des Schlachtkörpers sollte den Babybeef-Tieren unbedingt in den letzten 2 bis 3 Monaten eine Kraftfuttergabe von 1 bis 1,5 kg pro Tier und Tag verabreicht werden.
Wichtig ist neben der Preismeldung für die amtliche Notierung auch die Rückmeldung der Preise über die Fleischrinderzucht-Verbände an die Mitglieder als Orientierungs- und Entscheidungshilfe.

Wichtige Kriterien für den Erfolg bei der Direktvermarktung von Babybeef

- Beste, unverwechselbare und gleichbleibende Qualität erzeugen. Voraussetzungen dafür sind naturnahe Produktion, artgerechte Haltung, Einsatz geeigneter Fleischrassen, Tiere müssen jung und in schlachtreifer Kondition sein, fachgerechte Schlachtung sowie richtige Kühlung und Reifung des Fleisches.
- Haushaltsgerechte Mengen anbieten. Ein Vorderviertel wiegt 30 bis 35 kg, ein Hinterviertel 50 bis 60 kg. Ganze Viertel sind für Gastronomie- und Großküchen geeignet, für Einzelhaushalte aber zuviel. Deshalb soll die Zerlegung der Hälften in die einzelnen Teilstücke und die Zusammenstellung von Sortimentkartons erfolgen. Jeder Sortimentkarton enthält gleiche Teile vom Englischen, Gusto, Hinteren, Vorderen und von Knochen. So läßt sich der ganze Schlachtkörper gut absetzen, und jeder Kunde ist gleich gut bedient.
- Ansprechende Verpackung und Kennzeichnung der Teilstücke. Schriftliche und mündliche Informationen über Verwendung der Teilstücke und Fleischzubereitung sind immer gefragt und gleichzeitig Werbeträger.
- Freundlicher und zuvorkommender Umgang mit den Kunden. Die beste Werbung ist die Mundpropaganda zufriedener Kunden. Trotzdem Werbeprospekte verteilen oder an einem Markenfleischprogramm mit überregionaler Werbung und Verteilung teilnehmen.
- Qualitätsorientierte Preise verlangen. Der zusätzliche Arbeitsaufwand, die Kosten für Schlachtung, Gewichtsverluste beim Abhängen zur Reifung, Investitionskosten und Betriebskosten für Schlacht- und Kühlraum sowie Kosten für Verpackung und Werbematerial müssen ordentlich abgegolten werden, um die angestrebte Rentabilität zu erreichen.

DIE WICHTIGSTEN RECHTSBESTIMMUNGEN FÜR DIE DIREKTVERMARKTUNG VON RINDFLEISCH

RECHTSBEREICH	ZUSTÄNDIGKEIT	HINWEISE
Gewerberecht	Urproduktion ist davon ausgenommen. Zerlegung von Schlachtkörpern in Hälften oder Vierteln und deren Verkauf.	bei Ab-Hof-Verkauf, Bauernmärkten und Verkaufsständen
Nebengewerbe	Weitere Teilstückzerlegung; Be- und Verarbeitung muß gegenüber der Urproduktion untergeordnet bleiben, maximal 25% Fremderzeugnisse.	wie oben; Feilbieten im Umherziehen ist verboten.
Lebensmittelrecht	Regelt den Verkehr mit Lebensmitteln u.a. zum Schutz der Verbraucher vor Gesundheitsschäden und Täuschung. Die Verabreichung von Hormonen, Antibiotika, nichtzugelassenen Arzneien und Reinigungsmitteln ist verboten. Hygienebestimmungen sind einzuhalten, Kontrollen vorgesehen.	Auflagen durch die kontrollierenden Lebensmittelbehörden sind einzulösen.
Veterinärrecht	Bei Direktvermarktung ist die amtliche Untersuchung vor und nach der Schlachtung vorgeschrieben. Meldung der beabsichtigten Schlachtung bei der Gemeinde, Beschau durch bestellte Fleischuntersuchungsorgane. Die Fleischhygieneverordnung regelt die Ausstattung der Schlacht- und Kühlräume, Arbeitsgeräte, Fleischbeförderung und -behandlung und die Wasserqualität.	
Produktionshaftungsgesetz	Wird dann wirksam, wenn es zu einer weiteren Verarbeitung und zur Herstellung von Fleischwaren kommt.	Verpflichtung zur Schadenabdeckung durch Haftpflichtversicherung
Lebensmittelkennzeichnungsverordnung	Tritt in Kraft, wenn festverpackte Lebensmittel abgegeben werden. Zur Verkaufsvorbereitung oder in Gegenwart des Käufers verpackte Ware ist davon ausgenommen. Kennzeichnung ist deutlich sicht- und lesbar sowie dauerhaft auf der Verpackung anzubringen.	
Preisrecht	Für Direktvermarktung ab Hof, auf Bauernmärkten etc. ist die Preisangabe nicht mehr verpflichtend.	Auf Märkten, die der Gewerbeordnung unterliegen, besteht Preisangabepflicht.
Steuerrecht	Bei Tierhaltung auf eigener Futtergrundlage und Einhaltung der Vieheinheiten-ha-Relation sind Einnahmen aus der Tierhaltung Einnahmen aus der Landwirtschaft. Be- und verarbeitete Erzeugnisse aus Nebengewerbe bis 25% werden als Einnahmen aus der Landwirtschaft gewertet.	
Maß- und Eichrecht	Meßgeräte, die im rechtsgeschäftlichen Verkehr zur Bestimmung des Maßes oder Gewichtes verwendet werden, unterliegen der Eichpflicht.	Die Nachweispflicht beträgt jeweils 2 Jahre

ERZEUGERGEMEINSCHAFTEN – EINE ANTWORT AUF DIE GEÄNDERTE WETTBEWERBSSITUATION

Die Frage nach Erzeugergemeinschaften ergibt sich aus der Tatsache heraus, daß die kleinstrukturierte und zersplitterte landwirtschaftliche Produktion in Österreich nicht in der Lage ist, die Anforderungen, die sich aufgrund der geänderten Rahmenbedingungen drastisch verschärft haben, zu erfüllen.
Diese geänderte Wettbewerbssituation wurde durch

- die Öffnung der Grenzen (Wegfall von Schutz und Regelungen),
- die zunehmende Konzentration im Handel und
- die Änderungen im Konsumverhalten (Wunsch nach Sicherheit und Garantie für naturnahe Produktion) hervorgerufen.

Die Anforderungen des Lebensmitteleinzelhandels an seine Lieferanten treffen nun im vollen Umfang auch die landwirtschaftliche Produktion.

1. Das Produkt muß den Forderungen des Handels und der Nachfrage der Konsumenten entsprechen

2. Kontinuität und Sicherheit in Menge und Qualität

Es kommt für die Lieferanten darauf an, dem Abnehmer kontinuierlich bestimmte Mengen mit gleichbleibend guter Qualität zu liefern. Vor allem die Anforderungen an die Qualitätssicherung werden für die Landwirtschaft zunehmend stärker.

3. Dienstleistungsqualität

Der Handel will kompetente Ansprechpartner, Flexibilität und Liefergenauigkeit.

4. Wettbewerbsfähige Preise

Durch den Wegfall von Importbeschränkungen kommt das internationale Preisgefüge zur Anwendung.

5. Initiative und Unterstützung in der Kommunikation

Vorhandene Verkaufsargumente und Produktvorteile müssen dem Konsumenten gesagt werden. Hierbei muß immer „lauter geschrien“ werden, um auch entsprechendes Gehör zu finden. Der Handel erwartet hier Unterstützung und Initiativen seitens der Lieferanten.

Ziele der Erzeugergemeinschaften

Prinzipiell läßt sich als strategisches Generalziel für Erzeugergemeinschaften die Erhöhung des wirtschaftlichen Erfolges der Mitglieder definieren. Diese Zielsetzung soll durch

- Marktorientierung der Mitglieder (um die o.a. Anforderungen verstehen und erfüllen zu können),
- Vereinheitlichung und Straffung der Produktion (um ein geschlossenes Angebot zu erhalten),
- Produktdifferenzierung statt Gattungsproduktion (weg von der Austauschbarkeit) und
- Kosteneinsparung durch Synergien und Rationalisierung (begrenzte Erlösmöglichkeiten, Zusammenarbeit muß zu Kosteneinsparung führen)

erreicht werden.

Voraussetzung einer erfolgreichen Erzeugergemeinschaft (EZG)

Unter der Berücksichtigung der o.a. Zielsetzungen stellt sich nun die Frage, unter welchen Voraussetzungen eine EZG erfolgreich sein kann.

1. Die EZG braucht eine unternehmerische Ausrichtung mit einer klaren und langfristigen Konzeption

Eine wirtschaftliche, auf Gewinn ausgerichtete Tätigkeit mit klaren Beteiligungs- und Entscheidungsverhältnissen muß gewährleistet werden.

2. Identifikation der Mitglieder mit „ihrer“ EZG

Die EZG kann mittelfristig nur so gut sein, wie ihre Mitglieder die „Sache“ mittragen und sich damit identifizieren.

3. Die EZG braucht eine klare vertragliche Bindung ihrer Mitglieder

Bereits am Anfang der Überlegungen muß klar sein, daß alles, was das Verhältnis der EZG zu ihren Mitgliedern betrifft, von Beginn an vertraglich geregelt werden muß.

4. Aufbau eines integrierten Informationsmanagementsystems

Ein richtiges Mitgliedermanagement soll die notwendige Aufklärungsarbeit bei den Mitgliedern und die konsequente Um- und Durchsetzung der Verträge und Konzeptionen gewährleisten.

5. Aufbau eines integrierten Qualitätsmanagementsystems

Die Anforderungen an Sicherheit und Kontinuität können nur bei einem umfassenden Bekenntnis zum Begriff der Qualität erfüllt werden. Dieser Qualitätsbegriff umschließt alle unternehmerischen Funktionen der EZG.

6. Konsequente Umsetzung der Konzeption

Eine Konzeption auszuarbeiten bringt leider noch keinen nachhaltigen Erfolg. Erst die konsequente und flexible Umsetzung der theoretischen, mit Erfahrungen aus der Praxis abgesicherten Überlegungen ermöglicht den erhofften Erfolg.

TIERHALTUNG UND TIERSCHUTZ

Die Europaratskonvention zum „Schutz der Tiere in landwirtschaftlicher Tierhaltung“ (Österreich ist 1992 beigetreten) hat die Schaffung eines einheitlichen Mindeststandards für die landwirtschaftliche Tierhaltung und besonders für die Intensivhaltung zum Ziel bzw. verpflichtet zur artgerechten und den jeweiligen Bedürfnissen des Tieres (Bewegung, Beleuchtung, Belüftung, Temperatur usw.) angepaßten Haltung. Die Umsetzung dieser Konvention erfolgt in den Landestierschutzgesetzen.
Eine tiergerechte Unterbringung von Nutztieren muß den verschiedenen Ansprüchen der Tierkategorien und ihren Verhaltensweisen gerecht werden, damit den wichtigsten Bedürfnissen hinsichtlich Raumbedarf, Bewegungs- und Spieltrieb sowie dem Sozialverhalten entsprochen wird und Schäden vermieden werden. Die Bemühungen, eine Vereinbarung aller Bundesländer gemäß Art. 15a B-VG über den Schutz von Nutztieren zustande zu bringen, dauerten fast ein Jahrzehnt. Diese Vereinbarung ist am 19.9. 1995 in Kraft getreten. Darin wird u.a. bestimmt, daß Mindestanforderungen bezüglich Bewegungsmöglichkeit, Sozialkontakt, Bodenbeschaffenheit, Stallklima und Betreuungsintensität sowie Übergangsfristen bis zu 15 Jahren für die Anpassung bereits bestehender Ställe festzulegen sind. In dieser Vereinbarung verpflichten sich die Länder, im Rahmen ihrer Zuständigkeiten für den Bereich der Nutztierhaltung in der Landwirtschaft, einschließlich Pelztierhaltung, Rechtsvorschriften zum Schutz von Tieren zu erlassen. Diese Rechtsvorschriften sind spätestens ein Jahr nach Inkrafttreten der Vereinbarung in Kraft zu setzen. Tiergerechtere Haltungssysteme führen allerdings insgesamt zu höheren Produktionskosten, die über den Preis abgegolten werden müssen. Markenprogramme bieten hier zusätzlich eine Chance.
In der Mutterkuhhaltung wird die Laufstallhaltung stark propagiert und ist auch schon sehr verbreitet. Die üblichen Varianten dieser Haltungsform kommen bei richtiger Ausführung der erforderlichen Stalleinrichtungen der artgerechten Haltung von Mutterkuh und Kalb am nächsten. Auch hinsichtlich Arbeitswirtschaft und Tierbetreuung ist diese Haltungsform sehr positiv zu beurteilen.
Am 1. 1. 1995 ist das Tiertransportgesetz für die Straße (BGBl. Nr. 411/1994) in Kraft getreten. Basierend auf diesem Gesetz wurden mit Verordnungen die Betreuung, Fütterungszeiten, Tränkezeiten und Ruhezeiten geregelt. Darüber hinaus wurden Bestimmungen über die Ausbildung und Transportbescheinigung erlassen. Für die Landwirtschaft wurden einige Ausnahmen (z.B. Alm- und Weidehaltung, Veranstaltungen, Ausstellungen etc.) geschaffen (soferne die zurückgelegte Entfernung nicht mehr als 80 km beträgt). Eine der wichtigsten Regelungen des Gesetzes betrifft den Schlachttiertransport. Grundsätzlich darf nur der nächstgelegene geeignete inländische Schlachtbetrieb angefahren werden, wobei eine Gesamttransportdauer von 6 Stunden und 130 km nicht überschritten werden darf; auf der Autobahn zurückgelegte Kilometer werden nur zur

Hälfte gewertet. Mit der EU-Richtlinie 95/29 erfolgte eine EU-weit einheitliche Regelung bezüglich des Schutzes von Tieren beim Transport, wodurch eine Anpassung des österreichichen Rechtes erforderlich ist. Der Tiertransport auf der Schiene und in der Luft (Tiertransportgesetz-Luft, BGBl. Nr. 152/1996) unterliegt gesonderten Regelungen.

ANHANG

FAHRPLAN FÜR DIE MUTTERKUHHALTUNG

1. Geburtszeit

- jahreszeitlichen Produktionsrhythmus aufrechterhalten (Abkalbungen in arbeitsschwacher Zeit) *Erstkalbealter* ≈ 2 Jahre: daher intensivere Aufzucht der Zuchtkalbinnen bei Belegen (15–16 Monate, 400 kg)
- verhaltene Fütterung während der Trockenstehzeit und Bewegung (Auslauf) gewährleistet, leichte Abkalbungen und normales Nachgeburtsverhalten
- *Überwachung* der Abkalbung unbedingt erforderlich, Kalbetermine beachten!
  Ev. Kälberverluste wirken sich stark negativ auf die Wirtschaftlichkeit aus
- **Abkalbebox** (8–12 m^2) unbedingt erforderlich, Sichtkontakt zur übrigen Herde, Separierung 2–3 Wochen vor Geburt; Euter nicht ausmelken!
  Kontrolle des Euters
  Geburtshilfe: Sauberkeit durch Reinigung von Muttertier, Geburtsstricken und Händen und auf ABS (= Atmung, Bewegung, Saugen) achten
- Kuh nach dem Abkalben zudecken: Wärme fördert Abgang der Nachgeburt.
  Versorgung des Kalbes: Falls die Kuh es nicht trockenleckt, Kalb trockenreiben, Nabel ausstreifen und desinfizieren (Jodlösung, äußerlich! Penicillinpuder usw.), ehestmögliche Kolostrumaufnahme des Kalbes anstreben, ideal 1 Liter in den ersten 3 Stunden und zumindest 3 Liter in den ersten 24 Stunden
- Anteil Totgeburten und verendeter Kälber innerhalb 24 Stunden festhalten, Vitalität beurteilen.
  1. Wiegung des Kalbes: Zur Feststellung von
    - Rassenunterschieden
    - Einfluß des Geburtsgewichtes auf den Geburtsverlauf
    - Gewichtserhebung der Kälber

  Eintragungen in *Mutterkuhblatt* oder Kälberkarte
  Markieren der Kälber mit Plastik-Ohrmarken zur Erfassung der Leistungsdaten (aus 3 m Entfernung lesbar)
- bei *Nachgeburtsverhalten* 24 Stunden nach Geburt: Nachgeburtsabnahme, antibiotische Versorgung der Muttertiere durch den Tierarzt
- *Kälberschlupf* (bei Laufstallhaltung) nicht an Stallaußenwand, zugluftfrei, jederzeit erreichbar und ca. 1–1,5 m^2 jeKalb groß.
  In den ersten Wochen nach der Abkalbung *knappe Fütterung* der Muttertiere oder Beimengung von Futterstroh (Kühe von Zweinutzungsrassen haben sonst oft zuviel Milch eventuell ein zweites Kalb saugen lassen (Ammenkuhhaltung)

  - Kalb kann nicht alles aufnehmen *Eutererkrankungen* sind die Folge (Tierarzt)
  - Gefahr bei fetten Kühen: Fettabbau → Freßunlust → Fruchtbarkeitsstörungen
- Stoffwechselerkrankungen (Milchfieber, Azetonämie...) sind normalerweise kein Problem
- Allmähliche *Steigerung der Fütterungsintensität* (eigenes Futter ist kostengünstig) ≈ 12 kg/T/Tier/Tag *wichtig:* gute Qualität des Wirtschaftsfutters!
  Heu, Grassilage, nicht zuviel Maissilage, Mineralstoffe 50–100 g/Tier/Tag und Salz zur freien Aufnahme, *Kälberschlupf: Kraftfutter*
- *Enthornen* nach örtlicher Betäubung mit Brenneisen im Alter von 4 bis 6 Wochen; Kühe vom Tierarzt enthornen lassen
  Kastration von männlichen Kälbern bis 6 Monate
- In verseuchten Gebieten Kälber gegen *Lungenwürmer* impfen lassen
  1. Impfung: Kälber müssen mindestens 8–12 Wochen alt sein und dürfen noch nicht geweidet haben
  2. Impfung: frühestens 3 Wochen später

2. Beginn der Weideperiode

- Planung der Weidewirtschaft, Kontrolle der Weiden
- Zur Zeit der Umstellung älteres Heu oder Stroh zufüttern, um Blähungen und Durchfälle zu vermeiden, anschließend *ausschließlich Weidefütterung.* Kalb muß von Beginn an große Futtermengen aufnehmen, um nährstoffreiches Gras zu nützen.
- *2. Wiegung der Kälber* (Erfassen der Winterfutterperiode) vor Weidebeginn
  Weide: Kalbinnen zuerst getrennt halten: Futterneid, Trächtigkeit
- Frühjahrsabkalbungen: Zeitraum von Mitte Jänner bis Mitte März, geringe Krankheitsanfälligkeit, jahreszeitlicher Produktionsrhythmus kann dadurch aufrechterhalten werden.
  Abkalbungen fallen in die arbeitsschwache Zeit des Jahres.
- Mineralstoff- und Salzversorgung, ausreichende Wasserversorgung sicherstellen
- Wenn möglich, Naßstellen auszäunen oder trockenlegen → Parasitengefahr!
- Auf *Leberegelweiden* ≈ 300 kg Kalkzyanid ausbringen, an nassen Stellen mit Hand nachstreuen, um Schnecken zu bekämpfen
- Fliegenbekämpfung: Ohrclips gegen Kriebelmücken! Kratzvorrichtungen anbieten.
- *Um die Fruchtbarkeitsrate nach Besamung zu erhöhen,* eventuell Flushingfütterung (1–2 kg Kraftfutter/Kuh/Tag zu Beginn der Decksaison) bzw. Vitamingaben vorteilhaft (1 Woche 300 g/Kuh/Tag)
- Trächtigwerden der Kühe ist ein entscheidender wirtschaftlicher Faktor

- Problem der Brunstlosigkeit: Durch das Saugen des Kalbes kommt es zu einer gestörten Sexualhormonausschüttung und damit zu keiner Brunst (wenn möglich Kälber 3 Tage absetzen, aber: Gefahr von Euterentzündung)
- 3. *Wiegung* der Kälber zur Zeit der Herdentrennung
- Mähen überschüssiger Weiden → „Saubere Flächen", Überprüfung auf Giftpflanzen, Düngerreste
- günstige Weideführung in Form einer *Umtriebsweide!*
  Mindestens 6–10 Koppeln
  4–5 Tage/Koppel
  4–6 Ar/Kuh/Kalb
  aber auch Standweide möglich
- regelmäßige Beobachtung der Herde, maximal 3-Tage-Intervall (Wasser!)
- Klauenpflege ≈ 4 Wochen vor Weidebeginn
- *Sammelkotproben* untersuchen lassen
- falls erforderlich, Kälber gegen *Magen-Darm- und* (falls nicht geimpft) gegen *Lungenwürmer* behandeln und 1–2 Tage später Umtrieb auf „saubere Flächen" (z.B. im Frühjahr gemähte Weide)

3. Herbstweide

- *Läßt der Aufwuchs nach,* ist es günstig, den Kälbern etwas Kraftfutter zu geben (bei guter Weide fressen die Kälber kaum Kraftfutter), um Absetzgewichte zu steigern
- Bei naßkalter Witterung und geringem Futterangebot nehmen Tiere nicht mehr richtig zu, daher → *rechtzeitiges Absetzen*
- Kühe können ohne weiteres noch solange es die Witterung zuläßt, auf der Weide bleiben
- Ende der Weideperiode: Kühe scheren (Vorbeugung gegen Schmutz und Läuse)
- Herbstabkalbungen (Oktober–Jänner): Kälber erreichen höhere Absetzgewichte, Herdentrennung schon zu Weidebeginn notwendig. Bei Winterstallhaltung erhöhte Infektionsgefahr
- In verseuchtem Gebiet von *Leberegeln:*
  - in den ersten 3 Jahren sämtliche Rinder im Okt./Nov. und im Feb./März behandeln
  - in den folgenden Jahren genügt dann die alleinige Frühjahrsbekämpfung

4. Absetzen

- *Richtiger Absetzzeitpunkt* für Wirtschaftlichkeit entscheidend: Einstellerverkauf, Weideende, Trockenstehzeit

- *4. Wiegung der Kälber:* Absetzgewicht ist entscheidendes Merkmal für Beurteilung der Leistungen von Mutter und Kalb (Milchmenge, tägliche Zunahmen)
- *Beurteilung und Wiegung der Kühe:* Nachstellen nur der weiblichen Kälber mit bester Abstammung!
- *Trächtigkeitsuntersuchung aller Kühe durch den Tierarzt:* Nicht trächtige oder alte Kühe ausmerzen, weil unwirtschaftlich, nur trächtige Kühe überwintern
- Erfassung aller Daten und *Leistungskontrolle:* Diese ist für eine objektive Beurteilung und damit für die Wirtschaftlichkeit unerläßlich und zur Auswahl der Zuchtkalbinnen notwendig,
- Eintragung in *Mutterkuh- und Aufzuchtblatt* (für jede Kuh)
- Beim *Vergleich der Absetzgewichte* ist zu beachten:
  - weibliche Kälber erreichen ca. 89% des Gewichtes der Stierkälber
  - Kälber von Erstlingskühen sind um 15–20% leichter
  - Kühe mit längerer ZKZ → mehr Milch → Kälber schwerer
- V*erwendung und Vermarktung* der Kälber
  - Babybeef-Erzeugung
  - Einsteller-Produktion
  - Zuchtviehproduktion
  - Ausmast im eigenen Betrieb
  - Kalbinnenmast (mit oder ohne Vornutzung)
  - Ochsenproduktion

5. Winterfütterung

- Rauhfutter und Grassilage (je mehr Grassilage, desto bessere Qualität soll sie haben – Anwelkgrad 30–35%). Maissilage wenig oder gar keine, sonst zu starke Verfettung der Kühe → Schwergeburten! Ausreichend Mineralstoffe und Salz. Insgesamt *verhaltene Fütterung* (kein Kraftfutter!), sonst Energieüberversorgung!
- *Kalbinnen für die Nachzucht:* Intensiv (mit Kraftfutter) füttern, um sie in der Entwicklung zu fördern, getrennt von Altkühen füttern.
- *Räude- und Läusebehandlung* falls notwendig: 2mal im Abstand von 7 Tagen gesamte Herde mit einem milbenabtötenden Präparat waschen. Entwurmung der Kühe vor erstem Austrieb.
- Anzahl der Stallplätze und Futtervorrat wichtig! Erhöhte Infektionsgefahr
- Klauenpflege (Korrektur, Klauenfäule!)
- Durchsicht der Kalbetermine

Beispiel für saisonale Herdenführung

Abkalben – Belegen – Herdentrennung – Absetzen – Trockenperiode

Monat: 1 2 3 4 5 6 7 8 9 10 11 12

MUTTERKUH- UND AUFZUCHTBLATT

Betrieb: .... Anschrift ....

Kuh: .... Rasse: .... geb. am: .... Tät.-Nr.: .... Ohrmarke: ....

Vater: .... Nr.: .... Rasse: .... Mutter: .... Nr.: .... Rasse: ....

Jahr	Belegt am	Deckstier Name: Nr.: Rasse:	Soll kalben am Gekalbt am	Zwischen-kalbezeit (Tage)	Kalbever-lauf*) Geb.-Gew. (kg)	Geschlecht ♂ ♀ Ohrmarken-Nr.	Absetz-datum Absetzgew. (kg)	Alter (Tage) Tägl. Zu-nahme**) (g)	Verkaufs-erlös (öS) Sonstiges

*) 0 = ohne Hilfe
1 = Hilfe durch 1 Person
2 = Hilfe durch 2 oder mehr Personen
3 = Tierarzt/Kaiserschnitt

**) a) Bei Feststellung des Geburtsgewichtes: $\frac{\text{Absetzgewicht} - \text{Geburtsgewicht}}{\text{Alter in Tagen}}$ = Ø tägl. Zunahme

b) Ohne Feststellung des Geburtsgewichtes: $\frac{\text{Absetzgewicht}}{\text{Alter in Tagen}}$ = Ø Tagesentwicklung (TE)

SCHEMA: PRODUKTIONSVERFAHREN IN DER MUTTER- UND AMMENKUHHALTUNG

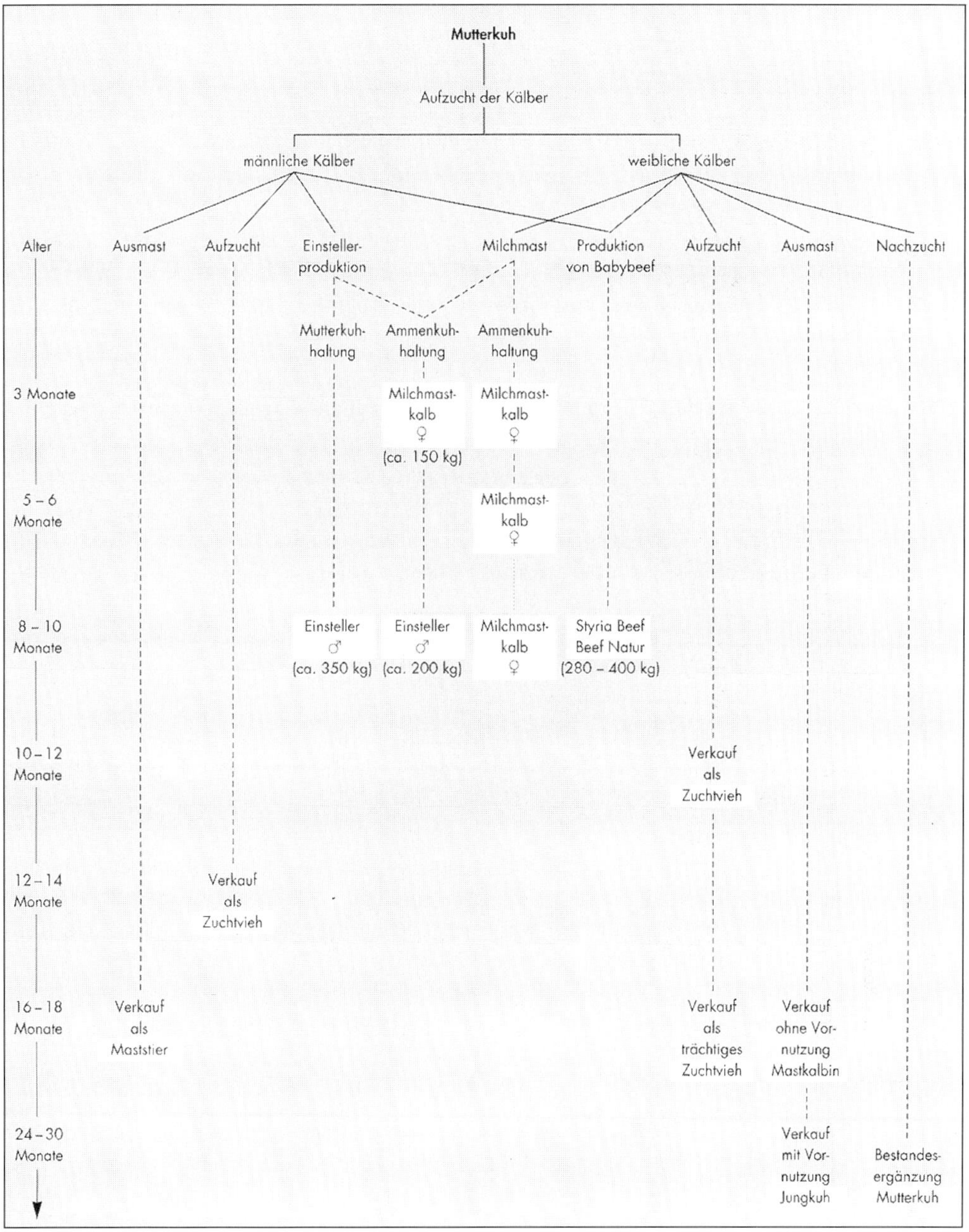

modif. nach PAHL und STEINHAUSER, 1989

LITERATURVERZEICHNIS

ACHLER, B., und Autorenkollektiv, 1989: Fleischrinderproduktion – Alles über Zucht, Haltung, Vermarktung. top agrar extra, Landwirtschaftsverlag Münster-Hiltrup.

ANONYM, 1989: Die wichtigsten Rahmenbedingungen für die Direktvermarktung von Rindfleisch. top agrar extra-Fleischrinderproduktion, 96–97, Münster.

ARBEITSAUSSCHUSS für Fleischerzeugung der Deutschen Gesellschaft für Züchtungskunde, 1996: Empfehlungen zur Qualitätsfleischerzeugung in der Mutterkuhhaltung. Züchtungskunde 68, 163–164.

BACH, H., 1987: Klassifizierung und Vermarktung von Rindfleisch. Rindfleisch-Schlachkörperwert und Fleischqualität; Kulmbacher Reihe, Band 7, 55–86.

BAL (Bundesanstalt für alpenländische Landwirtschaft Gumpenstein), 1989: Alternative Formen der Tierhaltung im Grünlandgebiet und deren Wirtschaftlichkeit. Veröffentlichungen der BAL, Heft 13.

BECZE, J., 1983: Richtungen und spezielle Fragen der Mastrinderzucht vom tierärztlichen und tierzüchterischen Standpunkt. Vortrag an der Fachtagung Wels, 1983.

BEEF HERD MANAGEMENT, Reference Binder and Study Guide, Alberta Agriculture, Canada.

BLT (Bayerische Landesanstalt für Tierzucht Grub), 1985: Mutterkuhhaltung. Landwirtschaftliche Bildungsstelle, München

BUNDESMINISTERIUM für Land- und Forstwirtschaft und Beratungsservicestelle, 1990: Beratungsschrift „Mutterkuhhaltung“, Wien.

BUNDESMINISTERIUM für Land- und Forstwirtschaft, 1995: 37. Grüner Bericht 1995, Wien.

BUNDESMINISTERIUM für Land- und Forstwirtschaft und Agrarmarkt Austria (AMA), 1996: Merkblatt und Ausfüllanleitung-Mutterkuhprämie 1996.

DLG (Deutsche Landwirtschafts-Gesellschaft), 1997: DLG-Futterwerttabellen für Wiederkäuer, 7. Auflage, in Druck; DLG-Verlag Frankfurt am Main.

ERNTE FÜR DAS LEBEN, 1995: Produktionsrichtlinien für den organisch-biologischen Landbau in Österreich. Zeitschrift für Ökologie und Landwirtschaft, 4490 St. Florian, Oberösterreich.

GEH (Gesellschaft für Ernährungsphysiologie der Haustiere – Ausschuß für Bedarfsnormen), 1986: Energie- und Nährstoffbedarf landwirtschaftlicher Nutztiere, Nr. 3: Milchkühe und Aufzuchtrinder. DLG-Verlag Frankfurt am Main.

GfE, 1993: Überarbeitete Empfehlungen zur Versorgung von Milchkühen mit Calcium und Phophor. Proc. Soc. Nutr. Physiol. 1, 108–113.

GREIMEL, M., 1997: 40.000 kg Richtmenge: Was nun? – Richtmenge zukaufen, oder ist die Mutterkuhhaltung eine Alternative? Fortschrittlicher Landwirt, Heft 3/97

GFRERER, H., HOLZER, G., LAHNER, H., LATTNER, G., MASSAUER, E., RUTH, P. und STAUDINGER, F., 1996: Bäuerliche Direktvermarktung; Rechtsvorschriften und Produktkatalog. 2. Auflage, Österreichischer Agrarverlag, Klosterneuburg.

GOLZE, M., 1995, in: Klauentierpraxis, Nr. 3, 1995, 31, 56–59, Mitteilungsblatt der Sektion Klauentiere der Österreichischen Gesellschaft der Tierärzte

GRUBER, L., GUGGENBERGER Th. und SCHAUER A., 1996: Aspekte, Einflußfaktoren und Bestimmung der Grundfutterqualität. Bericht über die 23. Tierzuchttagung, BAL Gumpenstein, 4.–5. Juni 1996.

HAMPEL, G., 1995: Fleischrinder und Mutterkuhhaltung. 2. Auflage, Verlag Eugen Ulmer, Stuttgart.

HONIKEL, K. O., 1988: Beeinflussung der Rindfleischqualität durch Kühlen, Reifen und Zubereiten. Bericht über die 15. Tierzuchttagung 1988, Veröffentlichung der BAL Gumpenstein, Heft 8, 73–88, 8952 Irdning.

HOARD'S DAIRYMAN, The National Dairy Farm Magazine, USA, Sept. 25, 1994.

HUTH, F. W., und SCHUTZBAR W,, 1981: Zur Frage des Laktationskurvenverlaufes beim Rind. Der Tierzüchter 33 (7), 286–288.

JARRIGE, R., 1989: Ruminant nutrition: Recommended allowances and feed tables. INRA/John Libbey Eurotext-Editions Medicine-Sciences, Paris/Montrouge, France.

KIRCHGESSNER, M., 1992: Tierernährung: Leitfaden für Studium, Beratung und Praxis. 8. Auflage, DLG-Verlag Frankfurt am Main, 533 S.

KONRAD, S., 1985: Züchterische Anforderungen an die Fleischqualität beim Schwein. Österreichische Gesellschaft für Land- und Forstwirtschaftspolitik, Wintertagung 1985, Wien, 169–182.

LOTTHAMMER, K.-H., 1978: Zur Bedeutung des β-Carotins für die Fruchtbarkeit des Milchrindes; Der Tierzüchter. 12, 520–522, 527–529.

LOTTHAMMER, K.-H., AHLSWEDE L., MEYER H., 1976: Untersuchungen über eine spezivische, Vitamin A-unabhängige Wirkung des β-Cerotins auf die Fertilität des Rindes, Dtsch. Tierärztl. Wschr. 83, 353–358.

MEYER, H., AHLSWERDE L., LOTTHAMMER K.-H., 1975: Untersuchungen über eine spezifische, Vitamin A-unabhängige Wirkung des β-Cerotins auf die Fertilität des Rindes, Dtsch. Tierärztl. Wschr. 82, 444–449.

ÖSTAT (Österreichisches Statistisches Zentralamt): Viehzählung. 25. bis 51. Jg., 1970 bis 1996.

PAHL, H., und STEINHAUSER H., 1989: Wirtschaftlichkeit der Mast weiblicher Rinder. Bericht über Landwirtschaft 67, 285–312.

PFINGSTNER, H., 1991: Wirtschaftlichkeit von Gebrauchskreuzungen bei Rindern und Schafen. Schriftenreihe der Bundesanstalt für Agrarwirtschaft Wien, Nr. 63.

REISINGER, M., 1995: Mutterkuhhaltung ja – aber wie? Aus: Fleischrinder aktuell; Informationsblatt des steirischen Fleischrinderverbandes, Ausgabe 4/1995.

ROCHE, J. F., et al, 1992: Postpartum anoestrus in dairy and beef cows. From: Clinical trends and basic research in animal production. Proceedings of the 12th International Congress on Animal Reproduction, The Hague, Netherlands, 23–27. 8. 1992. Reprinted from Animal Reproduction Science, Vol. 28, 1–4 (1992).

SCARS (Standing Committee on Agriculture Ruminants Subcommittee), 1990: Feeding standards for Australian livestock; Ruminants. CSIRO Publications Australia.

STEINWENDER, R., und GOLD H., 1989: Produktionstechnik und Gebrauchskreuzungen in der Mutterkuhhaltung. Die Bodenkultur 40, 335–354.

TEMISAN, V., und AUGUSTINI Chr., 1987: Wege zur Erzeugung von Qualitätsrindfleisch. Rindfleisch-Schlachtkörperwert und Fleischqualität; Kulmbacher Reihe, Band 7, 299–336.

WALTL, B., 1994: Gegenseitiges Besaugen – wo liegen die Ursachen? Aus: Blick ins Land, Nr. 2/94.

WEISSBACH, F., 1993: Energiebedarf von Weidetieren und zweckmäßiger Weidetierbesatz. Der Tierzüchter 11/93, 18–21.